U0171224

江苏省重点研发课题项目(BE2017717)

江苏省文物局科研课题项目(2017SK02)

民国钢筋混凝土建筑遗产保护技术

淳 庆 著

东南大学出版社

·南京·

内 容 提 要

本书介绍了民国钢筋混凝土建筑遗产的保护技术。全书内容主要有以下 8 个章节：(1) 绪论；(2) 民国钢筋混凝土建筑的构造特征研究；(3) 民国钢筋混凝土建筑的材料物理力学性能研究；(4) 民国钢筋混凝土建筑的结构设计方法研究；(5) 民国钢筋混凝土建筑的典型残损病害及剩余寿命预测方法研究；(6) 民国钢筋混凝土建筑的结构安全评估方法研究；(7) 民国钢筋混凝土建筑的适应性保护技术研究；(8) 结语与展望。

本书可供从事民国钢筋混凝土建筑遗产保护工程设计、施工、教学、科研等方面的技术人员参考。

图书在版编目(CIP)数据

民国钢筋混凝土建筑遗产保护技术 / 淳庆著. —南京：东南大学出版社，2021.6
  ISBN 978-7-5641-9593-9

  Ⅰ.①民… Ⅱ.①淳… Ⅲ.①钢筋混凝土结构-建筑-文化遗产-保护-中国-民国-文集 Ⅳ.①TU-87

中国版本图书馆 CIP 数据核字(2021)第 139801 号

民国钢筋混凝土建筑遗产保护技术
Minguo Gangjin Hunningtu Jianzhu Yichan Baohu Jishu

出版发行：东南大学出版社
社　　址：南京市四牌楼 2 号　　邮编：210096
出 版 人：江建中
责任编辑：戴　丽
责任印制：周荣虎
网　　址：http://www.seupress.com
电子邮箱：press@seupress.com
经　　销：全国各地新华书店
印　　刷：南京玉河印刷厂
开　　本：889mm×1194mm　　1/16
印　　张：14.25
字　　数：350 千字
版　　次：2021 年 6 月第 1 版
印　　次：2021 年 6 月第 1 次印刷
书　　号：ISBN 978-7-5641-9593-9
定　　价：68.00 元

本社图书若有印装质量问题，请直接与营销部联系。电话：025-83791830

前　言

　　1874年,世界第一座钢筋混凝土建筑在美国落成,直到1900年以后钢筋混凝土结构才在工程界得到了大规模的应用。在中国,钢筋混凝土结构最早出现在清朝末期,在民国时期得到大力发展。在众多民国建筑中,钢筋混凝土建筑占有很大的比例。目前,民国钢筋混凝土建筑大量存在于我国大中型城市,在北京、上海、武汉、天津、青岛、西安、厦门、广州、济南、南京、杭州等大城市尤为突出。在全国重点文物保护单位及省市级文物保护单位的名录中,民国钢筋混凝土建筑均占有相当比例。民国时期(1912—1949年)的钢筋混凝土建筑在材料性能、设计方法和建构特征上均明显不同于现代钢筋混凝土建筑,它是处在一个由古建筑结构形式向现代建筑结构形式过渡的一个历史时期。目前,大多数的民国钢筋混凝土建筑已经成为各级文物保护单位,它们具有重要的历史价值、艺术价值、科学价值和社会价值,见证了我国近代建筑技术的发展历程。目前,由于大多数民国钢筋混凝土建筑遗产使用至今已远超出普通钢筋混凝土结构的合理使用年限,这些民国钢筋混凝土建筑遗产均有不同程度的残损病害,如混凝土强度较低、碳化深度过大、内部钢筋锈蚀、混凝土表面开裂剥落或大面积露筋等现象,这些残损病害已严重威胁到民国钢筋混凝土建筑本体的安全以及使用人员的安全。因此,迫切需要对这些珍贵的民国钢筋混凝土建筑遗产进行科学合理的修缮和保护。为此,笔者基于近年来的相关科研与实践成果,以民国钢筋混凝土建筑遗产的适应性保护技术为目标撰写了本书。

　　全书由以下内容构成:第一章为绪论,主要对民国钢筋混凝土建筑的基本情况、研究意义与国内外相关研究现状进行了综述;第二章为民国钢筋混凝土建筑的构造特征研究,主要对民国钢筋混凝土建筑的楼地面、墙体、屋顶、门窗、楼梯的构造特征进行研究;第三章为民国钢筋混凝土建筑的材料物理力学性能研究,主要对民国时期的钢筋与混凝土性能进行研究,并对民国方钢-混凝土黏结滑移性能进行研究;第四章为民国钢筋混凝土建筑的结构设计方法研究,主要对民国钢筋混凝土结构中的梁构件、柱构件、板构件的结构设计方法和结构构造进行研究;第五章为民国钢筋混凝土建筑的典型残损病害及剩余寿命预测方法研究,主要对民国钢筋混凝土结构中常见的残损病害及其成因进行研究,并对钢筋锈胀开裂寿命预测方法进行研究;第六章为民国钢筋混凝土建筑的结构安全评估方法研究,主要对民国钢筋混凝土建筑的结构检测方法、结构安全鉴定方法进行研究并辅以案例验证;第七章为民国钢筋混凝土建筑的适应性保护技术研究，主要对不同残损病害程度下的民国钢筋混凝土建筑适应性保护技术进行研究并辅以案例验证；第八章为结语与展望。

本书研究内容得到江苏省重点研发课题项目(项目编号：BE2017717)和江苏省文物局科研课题项目(项目编号：2017SK02)等科研项目的资助，在此表示衷心的感谢。本书可供从事民国钢筋混凝土建筑遗产保护工程设计、施工、教学、科研等方面的技术人员参考。由于作者水平有限，书中难免存在疏漏与不足之处，敬请各位专家、学者、业界同仁和读者们批评指正。

淳　庆

2021 年 6 月

目　　录

第一章　绪论

建筑是人类文明的重要物质载体,也是一个国家社会财富的主要组成部分。建筑建成并投入使用后便被称为既有建筑,因此既有建筑这一概念涵盖了最广泛的所有已存在的建筑。在这些建筑中,具有重要的历史、艺术、科学和社会等方面价值的历史建筑通常被筛选出来并被赋予建筑遗产或文物建筑等其他相关名称。

近半个世纪以来,随着建筑遗产保护实践不断地发展,"建筑遗产"概念的内涵与外延不断得到拓展。国际建筑遗产概念演进呈现出的特征是:等级规格从高到低——从保护文物古迹发展到保护普通的历史建筑;尺度范围从小到大——从保护建筑单体扩展到保护历史建筑群和历史城镇;建筑类型从单一到多元——从保护皇家王室、宗教礼仪和政治外交的纪念性建筑发展到保护普通人的场所与空间;保存状态从有形到无形——从保护有形物质类遗产发展到保护无形的非物质文化遗产;年代范围从古代到近现代——从重点保护古代建筑遗产发展到同时重点保护古代和近现代建筑遗产;管理方式从自上而下的被动式到自下而上的主动式——从政府各级行政机构管理发展到社区、社团及公众参与管理;保护方式从静态到动态——从单纯保护到综合保护和再利用的有机结合。

在此趋势下,我国的民国建筑遗产日益得到更多的关注,并在法定保护制度上也有所体现:越来越多的民国建筑遗产被公布为各级文物保护单位,以第三次全国文物普查结果为例,"民国建筑遗产"约占到总数的 20%,未来在我国文物建筑中的比例也会不断增加。民国建筑遗产是中国特定历史阶段(1912—1949 年)的产物和见证,是中西方建筑文化的交汇,是中国古代建筑风格向现代建筑风格转变的过渡阶段。民国建筑遗产是中国城镇建筑遗产的重要组成部分,具有重要的历史价值、艺术价值、科学价值和社会价值,民国建筑遗产的保护与再利用具有重要的研究价值和广阔的发展前景。

1.1　民国钢筋混凝土建筑的基本情况

1874 年,世界第一座钢筋混凝土建筑在美国纽约落成,至 1900 年之后钢筋混凝土结构才在工程界得到了大规模的应用。在中国,钢筋混凝土结构最早出现在清朝末期,民国时期得到大力发展,在众多民国建筑中,钢筋混凝土建筑占有很大的比例。以南京为例,在《中国近代建筑总览·南京篇》[1]收录的 190 处民国建筑中,有 122 处为钢筋混凝土结构,约占民国建筑总数的 64.2%。目前,民国钢筋混凝土建筑大量存于我国大中型城市,在北京、上海、武汉、天津、青岛、西安、厦门、广州、济南、南京、杭州等大城市尤为突出。大多数民国钢筋混凝土建筑由于其承载了重要的历史文化信息,以及其特有的建筑价值,往往已成为或即将成为文物建筑。在全国重点文物保护单位及省市级文物保护单位的名录中,民国钢筋混凝土建筑均占有相当比例。例如,据统计,在世界文化遗产"开平碉楼"中,现存的民国时期的钢筋混凝土楼 1 474 座,在开平碉楼中数量最多,占 80.4%。

民国时期(1912—1949 年)的钢筋混凝土建筑不同于现代建筑,在材料性能、设计方法和建构特征上均不能同现代钢筋混凝土建筑相提并论,它是处在由古建筑结构形式向现代建筑结构形式过渡的一个历史时期。民国时期的钢筋混凝土建筑主要呈现三种形式:① 基本照搬古代建筑形制,用钢筋混凝土浇筑出来,代表作如原中央博物院大殿(图1.1)、灵谷寺阵亡将士纪念塔、金陵女子大学旧址、浙江绍兴大禹陵禹庙大殿(图1.2)等,以这种方式建造的大都是一些功能比较单一的重要公共建筑;② 新民族形式的建筑,平面设计参照西方现代建筑,适当融合中国传统建筑的装饰元素,这类建筑兼顾西方建筑技术的考虑,同时又带有强烈的中国民族风格,追求的是新功能、新技术、新造型与民族风格和谐统一的折中做法。代表作如国民大会堂旧址(图1.3)、国立美术陈列馆旧址、国民政府外交部旧址等;③ 仿西方建筑风格,这类建筑完全模仿西方国家在不同历史时期的建筑风格,主要有西方古典主义风格和西方现代主义风格,如交通银行南京分行旧址(图1.4)、福昌饭店、大华大戏院等。民国时期钢筋混凝土建筑的结构形式主要有两大类:① 钢筋混凝土框架结构:是由钢筋混凝土柱、梁组成的框架来支承屋顶与楼板荷载的结构,砖砌墙体不承重,仅起到围护和分隔作用;② 钢筋混凝土内框架结构:由内侧的钢筋混凝土柱、梁组成的框架和四周的砖砌墙体共同来支承屋顶与楼板荷载的结构,四周的砖砌墙体为承重墙,内部的砖砌墙体不承重。民国时期钢筋混凝土建筑所用的主要材料明显区别于现代建筑,钢筋一般采用方钢(又称竹节钢),如图1.5所示,外观和构造不同于现代的螺纹钢和圆钢;混凝土的强度较低,大多低于现代钢筋混凝土建筑所要求的最低强度要求。此外,民国钢筋混凝土建筑的诸多建构特征也明显区别于现代钢筋混凝土建筑,如受弯构件的高跨比、受压构件的高厚比、梁柱节点的构造、梁柱板钢筋的布置方式、钢筋的保护层厚度、主体结构与围护结构的连接构造等。

图1.1　原中央博物院大殿(1933年)

图1.2　浙江绍兴大禹陵禹庙大殿(1933年)

图1.3　国民大会堂旧址(1936年)

图1.4　交通银行南京分行旧址(1935年)

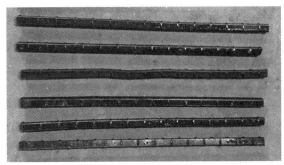

(a)   (b)

图 1.5　民国时期的方钢(竹节钢)

1.2　民国钢筋混凝土建筑保护的研究意义

1.2.1　钢筋混凝土结构的性能退化过程

　　钢筋混凝土结构材料不同于传统木构建筑和砖砌体结构的建筑材料,在正常的使用年限内,钢筋在混凝土包裹的碱性环境下能够很好地与混凝土共同工作,发挥其优越的抗拉性能,确保整体结构的安全。但如果使用年数过长,钢筋的混凝土保护层不断被碳化,碳化深度超过保护层厚度,钢筋的碱性环境丧失,钢筋就会开始生锈,一旦钢筋锈蚀膨胀就易导致混凝土保护层剥落,钢筋与混凝土之间的黏结力失效,钢筋混凝土构件就会丧失承载能力,在不利工况或荷载作用下极易局部或整体坍塌,对建筑结构和使用人员造成安全威胁(过程示意如图 1.6 所示)。1980 年 5 月 21 日,使用了仅仅 23 年的柏林议会大厦由于钢筋锈蚀导致其西南角坍塌,引起了全世界学者对于混凝土结构耐久性问题的重视。美国学者用"五倍定律"说明了混凝土耐久性的重要性,认为混凝土使用寿命可以分为 4 个阶段:① 设计、施工和养护阶段;② 出现初始损伤,但无损伤扩展阶段;③ 损伤扩展阶段;④ 出现大量损伤与破坏阶段。如果第一阶段因耐久性设计需要消耗的费用是"1",那么第二阶段出现轻微耐久性问题则立即修复的费用为"5",第三阶段出现耐久性问题才进行修复的费用则是"25",第四阶段出现严重耐久性问题之后再进行修复的费用则为"125"。这一可怕的放大效应,使得各国政府投入大量资金用于钢筋混凝土结构的耐久性问题研究。

　　我国学者在 20 世纪 90 年代开始关注钢筋混凝土结构的耐久性问题研究,但主要集中于现代钢筋混凝土建筑、桥梁、水工结构等的研究,而对于具有重要历史价值、艺术价值和科学价值的民国钢筋混凝土建筑的耐久性问题的研究却鲜有报道。

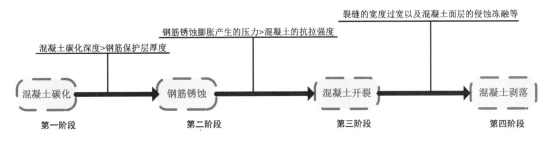

图 1.6　钢筋混凝土结构性能退化过程示意图

1.2.2　民国钢筋混凝土建筑保护的意义

目前,大多数的民国钢筋混凝土建筑已经成为国家级或者各省市级别的文物保护单位,它们承载了许多重要的历史信息和文化价值,见证了我国近代建筑技术的发展过程。其中,大多数民国时期的钢筋混凝土结构使用至今已超出普通钢筋混凝土结构的合理使用年限,现存的民国钢筋混凝土结构均有不同程度的残损病害,如混凝土强度较低、碳化深度过大(图1.7)、内部钢筋锈蚀(图1.8)、混凝土表面开裂(图1.9)或大面积露筋(图1.10)等现象,这些残损病害已严重威胁民国钢筋混凝土建筑本体的安全以及使用人员的安全。因此,无论是出于对文物建筑或历史建筑的保护要求,还是出于对建筑结构的安全使用要求,这些民国钢筋混凝土建筑都迫切需要得到较好的修缮和保护。

图 1.7　碳化深度过大

图 1.8　钢筋锈蚀现象

图 1.9　混凝土表面开裂

图 1.10　大面积露筋

近年来,伴随着城市化和新型城镇化进程加快、产业结构由第二产业向第三产业转变以及由此带来的城市用地结构调整,中国城市进入一个以更新再开发为主的发展阶段,如何对待这些遗留的民国建筑遗产,已成为城市发展建设中迫切需要解决的重大问题。在可持续发展战略已经深入的背景下,人们逐渐认识到传统一味地大拆大建、一次性推倒重建式的城市再开发建设方式不仅造成了资源的严重浪费、对生态环境的不良影响,而且许多新建建筑并没有带来城市社会文化与环境品质的明显改善与发展,更多的却是造成了城市风貌特色和历史文化内涵的缺失。由此,渐进式更新和建筑遗产保护再利用等观念逐渐被接受,人们开始重新审视并试图挖掘一直被忽视的民国建筑遗产及其背后所蕴藏的人文历史与社会经济价值。

虽然,全国各地政府也先后公布了各级文物保护单位名录、近现代优秀历史建筑及风貌区保护名录和保护条例,并出现了一些保护再利用较成功的案例,也有一些理论书籍和论文出版,但相关文献中关于民国钢筋混凝土建筑保护的研究大多是针对一些具体建筑案例而言的,而保护条例又较为笼统概括,缺乏实际操作性。目前,学界和工程界对民国钢筋混凝土建筑保护再利用的实践,尚处于初期的粗放探索阶段,尤其缺乏专门针对民国钢筋混凝土建筑的建构特征和病害机制的深入研究和总结,从而使当前的保护再利用缺乏科学合理的评估、设计与施工技术的指导,其保护再利用结果的优劣往往取决于决策者或设计者的个人认识、喜好与专业素养的高低。民国钢筋混凝土建筑修缮工程的质量良莠不齐,针对民国钢筋混凝土建筑的保护再利用要么"不作为",要么"过度作为",缺乏基于"真实性""完整性"和"安全性"考虑下的民国钢筋混凝土建筑的适应性保护技术的研究。

历史建筑中的木结构、砖石结构等经历了多种自然和人为灾害的洗礼,留存至今的多为在结构承载能力上优胜劣汰的产物;而民国钢筋混凝土结构目前使用年数超过其合理使用年限不久,安全隐患尚未充分暴露出来,例如,目前民国钢筋混凝土建筑的碳化深度普遍接近或超过保护层厚度,内部钢筋锈蚀而造成结构处在一个危险的临界点,一旦出现顺筋裂缝,在多种不利因素的耦合作用下,结构构件就可能丧失承载能力而出现脆性破坏,甚至造成整体建筑的连续倒塌。因此,综合考虑"真实性""完整性"和"安全性",对这些民国钢筋混凝土建筑的建构特征、结构机制及保护技术进行科学研究,为该类建筑的预防性保护和加固修缮提供科学依据,提升该类建筑遗产的安全性和耐久性,确保建筑本体和使用人员的安全,已是当务之急。

综上所述,对于民国钢筋混凝土建筑遗产的建构特征、结构机制及保护技术的研究主要有以下四个方面的需求:

(1)社会层面的需求:大量具有重要历史、艺术、科学和社会价值的民国钢筋混凝土建筑迫切需要得到更好的保护,为后人留下宝贵的历史文化资源。

(2)使用管理层面的需求:大量民国钢筋混凝土建筑存在不同程度的损伤,应尽快制定相应的结构安全评估方法及科学合理的保护技术,避免建筑的管理者或使用者盲目地"以安全为理由的"拆除或重建。

(3)技术层面的需求:民国钢筋混凝土建筑的建构特征、材料特性及设计方法均不同于现代钢筋混凝土建筑,技术人员迫切需要相应且合适的结构安全评估方法和科学合理保护方法,避免按照现代钢筋混凝土建筑的评估方法和加固方法对其"过度干预",破坏其历史、艺术和科学价值。

(4)使用安全层面的需求:民国钢筋混凝土建筑使用至今,基本都有七八十年以上的使用历史,均已超过钢筋混凝土建筑的合理使用年限,基本都存在不同程度的安全隐患,而这类建筑大多正在被使用,一旦出现损伤破坏,极易造成严重的人员伤亡与财产损失。

1.3 钢筋混凝土历史建筑保护的研究现状

1.3.1 国外研究现状

国外,尤其是欧美发达国家在钢筋混凝土建筑的应用方面有着较长的历史,对其保护技术的研究也较为成熟。目前,美国、英国、新西兰及欧盟多数发达国家均有他们自己的关于钢筋混凝土历史建筑的保护对策方面的规程或指导性文件。Dimitri V. Val 等[2]采用基于可靠性的有限元方法对多层钢筋混凝土框架的可靠性进行了研究,考虑了材料特性、几何形状、荷载和结构模型本身的不确定性,结果表明:钢筋强度、活荷载和模型本身的不确定性对框架可靠性的影响最大。1974 年,美国的 A. B. Robert[3]阐述了用于美国伊利诺伊州一栋使用了 65 年的钢筋混凝土结构历史建筑的表面处理措施及修缮技术。1998 年,美国的 T. E. Boothby 等[4]对 20 世纪中期兴建的美国工业用途及军用的一些薄壳混凝土历史建筑进行检查,对这些建筑结构的保护性修缮方法进行了探讨,并列出了专业的修复措施和步骤。1989 年,美国的 W. B. Coney[5]对历史建筑混凝土的修复、保存步骤(包括调查研究、分析、修补和维护)进行了讨论,并对混凝土劣化的原因,现场检查和试验,实验室测试、修复程序及方案规划等进行了探讨。1991 年,土耳其的 S. Ince 等[6]对苏联莫斯科的一栋历史建筑的修缮进行了阐述。美国的 C. L. Searls 等[7]对建于 1930 年的亚特兰大市政大厅进行了修缮研究,该建筑外部严重腐蚀,水泥剥落,立面出现大量贯穿裂缝,他们对其进行了试验测试以确定失效的原因所在并确定了相应的修缮方案。1993 年,美国的 S. A. Qazi[8]对地震作用下的库珀军火大楼这栋历史建筑进行了结构分析,研究刚性构架系统填实空隙承受地面平面向外的力作用的稳定性问题,并探讨了其外部构架的抗震修缮措施。1997 年,美国的 J. P. O'Connor 等[9]结合 4 个案例详细阐述了钢筋混凝土结构历史建筑评估和修复的重要性,他们从这些工程中得到 5 个关键结论,即:修复成功与否很大程度上取决于对损坏原因和范围的精确测评;结构排水、防水的湿气处理及考虑结构长期性能的精确设计;对混凝土合理修补;对潜在的碱骨料反应要进行评估;避免氯化物的侵入。1998 年,德国的 A. Kleist 等[10]针对一栋有 60 年历史的建筑钢筋混凝土单元严重腐蚀进行了修复研究,发现采用全面注入丙烯酸酯不仅可以阻止钢筋锈蚀的发展,而且有利于混凝土的耐久性。2000 年,英国的 D. Almesberger[11]对 SER-CO-TEC 公司采用无损检测方法检测、评估一些钢筋混凝土结构历史建筑、桥梁的情况进行了阐述。2001 年,希腊的 G. Batis 等[12]通过电流测量修复与未修复区域不同类别电腐蚀样本的腐蚀保护效应,证明阻锈剂能够有效抵抗钢筋的锈蚀,减缓钢筋混凝土的裂缝发展。2003 年,西班牙的 J. K. Borchardt[13]对马德里一处历史建筑的加固案例进行了阐述,对原材料进行了检测,使用了碳纤维复合材料(CFRP)加固技术,达到了良好的加固效果。2005 年葡萄牙的 P. B. Lourenco[14]对一个历史建筑修缮案例进行了详细的阐述,包括建筑的历史外貌,损坏调查及几何测定,先进数值分析,恰当补救措施,以及详细采用补强的细节,通过数值分析可以得到非常重要的信息,分析结果很好地解释了现存的损伤,可依此做出最优补强设计,能够缩小历史结构修复补救措施的范围。比利时鲁汶大学的 D. V. Gemert 和 Koen Van Balen 等[15-17]自 20 世纪 90 年代初开始对比利时等欧洲国家钢筋混凝土历史建筑的无损检测、现状评估、病害诊断、保护技术进行了一系列的研究;他们的团队在国际上较早地开展了混凝土的碳化、钢筋锈蚀等耐久性机制研究,建立了欧洲钢筋混凝土建筑的结构状态评估方法;

较早地开展了生物矿物材料用于钢筋混凝土历史建筑的表面防护研究;较早地开展了粘贴碳纤维布和粘贴钢板加固钢筋混凝土结构的研究,研究成果在欧洲的许多钢筋混凝土历史建筑的保护工程上得到应用。Christiane Maierhofer 等[18]介绍了一种裂缝观测方法在一座历史性混凝土雕塑上的应用。除了传统的手工测图和超声深度探测等方法外,还发明了一种新的裂缝追踪系统,此外,还探讨了主动热成像技术在混凝土裂缝研究中的适用性。Christoph Czaderski 和 Urs Meier[19]分别对一个用环氧树脂粘贴钢板加固的老旧混凝土梁进行了 47 年的监测研究,和一座采用粘贴纤维材料加固的老旧混凝土桥进行了 20 年的监测研究,分析了这两种加固技术在混凝土构件加固上的耐久性表现。Cristiano Riminesi 等[20]提出用消逝场介电测定法作为监测水泥基衰变的方法,结合标量网格分析仪和共振探针形成监测系统,可用于重要的历史性混凝土建筑和雕塑的耐久性监测工作中。Gina Crevello 等[21]在已有的对混凝土碳化和钢筋锈胀开裂的研究下,提出对钢筋混凝土历史建筑建立起环境监测系统,进行室内二氧化碳含量、温度和湿度等环境参数的长期监测,从而可以准确地预测钢筋混凝土历史建筑的剩余使用寿命。

1.3.2 国内研究现状

国内,虽然越来越多的学者开始研究民国钢筋混凝土建筑保护技术,但总体尚处于起步阶段。个别城市出台了针对民国建筑的修缮规程,如上海、天津分别颁布了《优秀历史建筑修缮技术规程》[22]和《天津市历史风貌建筑保护修缮技术规程》[23];但这些规程中关于民国钢筋混凝土建筑的保护技术较为笼统和肤浅,只有指导性的作用,缺乏实际操作性。

从 20 世纪 90 年代起,一批建筑学家和文物学家开始对民国建筑的保护展开研究,从建筑学的视野提出了民国建筑的维护、修复理论,并对一批民国建筑进行了实践,积累了一系列的研究成果。清华大学张复合在其主编的《中国近代建筑研究与保护》[24]论文集中,收集了大量关于我国近代城市历史地段的保护与发展、近代历史建筑的保护和再利用、中国近代建筑史、近代城市功能与演变研究、中国近代乡村建筑研究和保护等方面的论文。东南大学刘先觉的《近代优秀建筑遗产的价值与保护》[25]对中国近代遗产的四个方面内容进行了相关论述。同济大学常青[26-27]对近代建筑遗产保护的意义、近代建筑遗产在现代城市发展中的生存策略,以及历史建筑保护工程学的基本理论、技术手段与教学方法做了详细的研究与分析。伍江主编的《上海百年建筑史 1840—1949》[28],收录了多篇专业学术论文,其内容涉及近代建筑修复与保护,历史建筑的风格等,强调在近代建筑保护和修复的过程中,应还原建筑的历史性。王更生的《历史地段旧建筑改造再利用》[29]分析了对历史地段旧建筑采用改造再利用方式的根本的背景原因,借以揭示其重要的社会经济与历史文化意义。陈蔚的《我国建筑遗产保护理论和方法研究》[30]分别从"遗产保护修复原则与方法、保护设计方法以及遗产管理方法"等多层面深化对于建筑遗产保护理论的建设,尝试为建立有中国特色的建筑遗产保护理论框架提供研究基础。周志的《近代历史建筑外立面保护修缮技术及操作体系研究》[31]以近代历史建筑外立面为研究对象,针对其修缮方法、修缮材料、修复工艺等进行总结和探讨,并定量化地研究近现代历史建筑外立面保护修缮技术,建立近代历史建筑保护修缮技术的实用性分类体系。叶斌与周琦等结合长期的工程经验,主编了《南京近现代建筑修缮技术指南》[32],针对南京地区的近现代建筑的构造特征提出了修缮技术的指导。但是,上述研究主要是基于建筑学专业角度的保护理论与方法的研究,很少涉及对民国钢筋混凝土建筑结构性能与适应性保护技术的研究。

目前,对民国钢筋混凝土建筑的结构安全评估主要按照《民用建筑可靠性鉴定标准》[33]

《建筑抗震鉴定标准》[34]以及《既有混凝土结构耐久性评定标准》[35]等现行标准规范执行，这些标准规范均是依据现代钢筋混凝土结构特性编制的，不完全适合于民国钢筋混凝土结构。华中科技大学石灿峰[36]对武汉市区的历史建筑保护进行了研究，探讨了用于武汉市钢筋混凝土结构历史建筑修缮的结构杆件修复工法、结构杆件加固工法及结构系统加固工法。陈大川和胡海波[37]针对一栋建于 20 世纪 30 年代初的近代建筑，对其进行了检测鉴定，根据"功能更新，修旧如旧"的原则，提出相应的加固修复方案，包括基础加固、框架加固、楼面板加固、墙体加固、屋架加固。同济大学聂波[38]选取了工部局宰牲场（1933 老场坊）的改造作为主要的研究样本，从多角度观察了上海民国混凝土工业建筑的保护及再生策略，研究了混凝土工业建筑改造更新的模式、设计、细部处理，探讨了可以应用的技术可能，并与相关的案例做了对比分析。同济大学吴大利的《优秀历史建筑检测评定与加固方法的分析研究》[39]，对目前常用的几种结构加固方法进行了归纳，并结合上海市中华新村房屋的检测评定和加固，对适合于优秀历史建筑的检测评定与加固方法进行了探讨。天津大学刘亮亮的《近代历史风貌建筑的抗震性能研究》[40]，通过对天津天主教紫竹林教堂和天津青年宫两处近代建筑的现场勘察、检测，从结构体系、构造、材料和施工等方面分析了其抗震性能。李文贵和肖建庄[41]提出历史混凝土的处理应遵循"减量化、再使用、再循环、再生"的 4R 原则，从混凝土微观结构的生成机制和性能特征，建立混凝土微观结构性能与历史建筑修缮技术之间的联系。山东建筑大学郑鑫的《保护性建筑的抗震加固方法研究》[42]，以济南市区的两处历史建筑为例，研究了基础隔震加固技术在提高保护性建筑的抗震性能中的应用。范婷婷等[43]对 18 处已完成抗震加固的钢筋混凝土历史建筑进行统计分析，结合历史建筑的保护原则，对不同案例的不同加固方法进行分析与评价，论述了历史建筑加固的目的与保护原则的关系，分析了加固的必要性。此外，近些年国内还在历史混凝土建筑保护的技术运用上有所发展。程世卓[44]提出了一种基于原真性原则之下的，适用于近代混凝土建筑中混凝土材料的清洗原则及方法。大连理工大学张梦迪的《基于计算机技术的数字工具在修复工程中的应用研究》[45]结合计算机的数据库、机器学习、图像分析等技术，开发出了能提升近代混凝土建筑保护和修缮效率的数字化工具，一定程度减少了因修缮设计人员的主观理解的差异而导致修复工作产生的偏差。

综上所述，国外学者关于钢筋混凝土保护技术的研究虽然较为成熟，但由于具有中国特色的民国钢筋混凝土结构无论从建筑形式还是建构特征上均有别于国外的钢筋混凝土结构，且国内外的设计规范标准及建筑材料差异较大，因而不能简单地照搬国外经验来应用，而应借鉴和参考国外钢筋混凝土历史建筑保护的先进理念、方法和思路。目前国内大部分学者对于民国钢筋混凝土建筑保护的研究主要偏重于建筑历史和建筑价值方面的研究，而仅有小部分学者对民国钢筋混凝土建筑的保护技术展开研究，所采用的保护方法基本都按照现代混凝土建筑的加固修缮方法来执行，但民国钢筋混凝土建筑由于其建造年代、设计理念、建筑材料、营造技术与现代钢筋混凝土建筑明显不同，因此并不能简单地照搬现代的钢筋混凝土理论来应用。目前对民国钢筋混凝土建筑保护的针对性研究非常匮乏，例如缺乏综合考虑民国钢筋混凝土材料、构造和计算方法与现行规范差异的比较分析；缺乏对民国钢筋混凝土建筑结构体系的病害进行分类总结以及安全性评价；缺乏适用于民国钢筋混凝土的碳化寿命模型和剩余使用寿命预测模型的研究等。此外，针对民国钢筋混凝土建筑的结构性能、耐久性评定和结构安全评估等相结合起来的系统性研究还处于空白阶段。因此，在民国钢筋混凝土建筑普遍超过合理使用年限的严峻形势下，对其建构特征及合理保护技术进行系统研究，已是刻不容缓。

1.4　本书的主要研究内容

本书作者多年来从事民国钢筋混凝土建筑遗产的保护工作,基于对民国钢筋混凝土针对性保护技术的研究和主持相关加固修缮工程设计的亲身经历整理出此书。书中通过整理民国典籍、实地调研、试验研究、理论分析和工程实例研究,系统地提出了适合民国钢筋混凝土建筑的保护技术,希望能为从事民国钢筋混凝土建筑保护修缮相关的教学、科研、设计、施工等方面的工作提供参考和帮助。

全书共包括八个章节:

第一章为绪论,主要介绍了目前国内外对近代钢筋混凝土建筑遗产保护相关的研究现状,阐述了我国针对民国钢筋混凝土建筑遗产保护的紧迫性和必要性。

第二章为民国钢筋混凝土建筑的构造特征研究,主要包括楼地面、墙体、屋顶、门窗和楼梯等的构造特征研究。

第三章为民国钢筋混凝土建筑的材料物理力学性能研究,主要包括对民国时期的钢筋性能研究、民国时期的混凝土性能研究和民国时期的方钢-混凝土黏结性能研究。

第四章为民国钢筋混凝土建筑的结构设计方法研究,主要对民国时期的结构设计方法和我国现行规范的设计方法进行了比较分析,包括混凝土梁、柱和板三大类构件。

第五章为民国钢筋混凝土建筑的典型残损病害及剩余寿命预测方法研究,主要包括民国钢筋混凝土建筑的典型残损病害特征及成因分析,并提出了针对民国方钢混凝土建筑的剩余寿命预测方法。

第六章为民国钢筋混凝土建筑的结构安全评估方法研究,主要包括结构的安全检测和安全鉴定两部分,并且进行了案例分析。

第七章为民国钢筋混凝土建筑的适应性保护技术研究,主要包括混凝土柱、梁和板三大类构件的适应性保护技术,并进行了案例分析。

第八章为全书内容的总结,以及作者对民国钢筋混凝土建筑遗产保护未来研究工作的展望。

参 考 文 献

[1]　刘先觉. 中国近代建筑总览:南京篇[M]. 北京:中国建筑工业出版社,1992.

[2]　Val D V,Bljuger F,Yankelevsky D Z. Reliability assessment of damaged RC framed structures[J]. Journal of Structural Engineering,1997,123(7):889-895.

[3]　Robert A B. Shotcrete restoration of a historical landmark[J]. Concrete Construction,1974,19:161-163.

[4]　Boothby T E,Rosson B T. Preservation of historic thin-shell concrete structures[J]. Journal of Architectural Engineering,1998,4(1):4-11.

[5]　Coney W B. Restoring historic concrete[J]. Construction Specifier,1989,42:42-51.

[6]　Ince S,Yigin H. Reconstruction and restoration of petrovski passage[J]. ASTM Special Technical Publication,1996,1258:285-293.

[7]　Searls C L,Thomasen S E. Repair of the terra-cotta facade of Atlanta city[J]. Structural Repair and Maintenance of Historical Buildings Ⅱ,1991,1:247-257.

[8]　Qazi S A. Earthquake strengthening of a twelve story non-ductile concrete frame building with

　　　　unreinforced masonry using displacement control criterion[J]. Structural Engineering in Natural Hazards Mitigation, 1993,13：331-336.

[9] O'Connor J P,Cutts J M,Yates G R, et al. Evaluation of historic concrete structures[J]. Concrete International, 1997,19：57-61.

[10] Kleist A,Breit W, Littmann K. Restoration methods preserve history[J]. Concrete International, 1998,20(7)：47-50.

[11] Almesberger D. Diagnosis,control and monitoring of buildings and constructions[J]. Insight：Non-Destructive Testing and Condition Monitoring, 2000,42(9)：612-613.

[12] Batis G, Rakanta E, Routoulas A. Investigation of the protective effect of repair mortars with migrating corrosion inhibitor in deterioration of structural damage[J]. WIT Transactions on the Built Environment，2001,55：497-506.

[13] Borchardt J K. Reinforced plastics help preserve historic buildings[J]. Reinforced Plastics, 2003, 47(1)：30-32.

[14] Lourenco P B. Assessment,diagnosis and strengthening of Outeiro Church,Portugal[J]. Construction and Building Materials, 2005,19(8)：634-645.

[15] Van Gemert D. New materials, concepts, and quality control systems for strengthening concrete constructions[J]. Repair & Renovation of Concrete Structures,2005：233-240.

[16] Cizer O, Van Balen K, Van Gemert D. Competition between hydration and carbonation in hydraulic lime and lime-pozzolana mortars[J]. Advanced Materials Research, 2010(133/134)：241-246.

[17] Van Gemert D. Contribution of concrete-polymer composites to sustainable construction and conservation procedures[J]Restoration of Buildings and Monuments, 2012,18(3)：1-8.

[18] Maierhofer C, Krankenhagen R, Myrach P, et al. Monitoring of cracks in historic concrete structures using optical, thermal, and acoustical methools[M]// Toniolo L, Boriani M, Guidi G. (eds) Built Heritage：Monitoring Conservation Management. Research for Development. Cham, Switzerland：Springer, 2015.

[19] Czaderski C,Meier U. EBR strengthening technique for concrete, long-term behaviour and historical survey[J]. Polymers,2018,10(1)：1-17.

[20] Riminesi C, Marie-Victoire E, Bouichou M, et al. Moisture and salt monitoring in concrete by evanescent field dielectrometry[J]. Measurement Science and Technology,2017,28(1)：014002.

[21] Crevello G,Matteini I,Noyce P. Durability modeling to determine long term performance of historic concrete structures[M]//RILEM Bookseries. Cham：Springer International Publishing,2019.

[22] 上海市住房保障和房屋管理局,上海市房地产科学研究院,上海市历史建筑保护事务中心. 优秀历史建筑修缮技术规程：DG/TJ08—108—2014[S]. 上海：同济大学出版社,2014.

[23] 天津市保护风貌建筑办公室.天津市历史风貌建筑保护修缮技术规程：DB/T 29—138—2018[S]. 天津：天津市城乡建设委员会,2018.

[24] 张复合. 中国近代建筑研究与保护[M]. 北京：清华大学出版社,1999.

[25] 刘先觉. 近代优秀建筑遗产的价值与保护[C]//中国建筑学会. 中国近代建筑史国际研讨会. 2002.

[26] 常青. 建筑遗产的生存策略：保护与利用设计实验[M]. 上海：同济大学出版社,2003.

[27] 常青. 历史建筑保护工程学：同济城乡建筑遗产学科领域研究与教育探索[M]. 上海：同济大学出版社,2014.

[28] 伍江. 上海百年建筑史 1840-1949[M]. 2 版. 上海：同济大学出版社,2008.

[29] 王更生. 历史地段旧建筑改造再利用[D]. 天津：天津大学,2003.

[30] 陈蔚. 我国建筑遗产保护理论和方法研究[D]. 重庆：重庆大学,2006.

[31] 周志. 近代历史建筑外立面保护修缮技术及操作体系研究[D]. 天津：天津大学,2013.

[32] 叶斌,周琦,陈乃栋. 南京近现代建筑修缮技术指南[M]. 北京：中国建筑工业出版社,2018.

［33］ 四川省住房和城乡建设厅,中华人民共和国住房和城乡建设部. 民用建筑可靠性鉴定标准:GB 50292—2015［S］. 北京:中国建筑工业出版社,2016.

［34］ 中华人民共和国住房和城乡建设部,中华人民共和国国家质量监督检验检疫总局. 建筑抗震鉴定标准:GB 50023—2009［S］. 北京:中国建筑工业出版社,2009.

［35］ 中华人民共和国住房和城乡建设部,国家市场监督管理总局. 既有混凝土结构耐久性评定标准:GB/T 51355—2019［S］. 北京:中国建筑工业出版社,2019.

［36］ 石灿峰. 武汉市历史建筑结构诊断与修缮工法对策研究［D］. 武汉:华中科技大学,2005.

［37］ 陈大川,胡海波. 某近代建筑检测与加固修复设计［J］. 工业建筑,2007,37(7):100-103.

［38］ 聂波. 上海近代混凝土工业建筑的保护与再生研究(1880—1940):以工部局宰牲场(1933 老场坊)的再生为例［D］. 上海:同济大学,2008.

［39］ 吴大利. 优秀历史建筑检测评定与加固方法的分析研究［D］. 上海:同济大学,2009.

［40］ 刘亮亮. 近代历史风貌建筑的抗震性能研究［D］. 天津:天津大学,2008.

［41］ 李文贵,肖建庄. 4R 原则在混凝土历史建筑修缮中的应用［J］. 工业建筑,2010,40(S1):813-817.

［42］ 郑鑫. 保护性建筑的抗震加固方法研究［D］. 济南:山东建筑大学,2009.

［43］ 范婷婷,洪燕,刘卫东. 历史建筑抗震加固的案例分析:以钢筋混凝土框架结构为主［C］// 2017 第二届建筑与城市规划国际会议. 2017.

［44］ 程世卓. 基于原真性的近代历史建筑混凝土材料清洗原则及方法［J］. 混凝土,2017,12:160-163.

［45］ 张梦迪. 基于计算机技术的数字工具在修复工程中的应用研究:以辽宁近代历史建筑保护调查为例［D］. 大连:大连理工大学,2019.

第二章　民国钢筋混凝土建筑的构造特征研究

2.1　引言

建筑构造是建筑设计不可分割的一部分,它涉及建筑施工、建筑细部和建筑表现,是建筑工程实施中的重要环节,是体现工程技术水平的重要标志。近代中国部分城市开埠后,传教士通过各种途径自行筹建西式教堂,随后大批西方职业建筑师接替了业余传教士建筑师,中国第一批钢筋混凝土建筑诞生,这些建筑采用了新的结构设计方法,建筑构造方面也采用了水刷石面层、进口钢门窗等新的构造做法[1]。之后,一些在西方国家接受过系统学习的中国建筑师和工程师回国后开始设计和建造钢筋混凝土建筑。民国时期的钢筋混凝土建筑作为西方传入的新建筑技术,与中国本土的建筑材料和工艺做法相结合,出现了很多特别的建筑构造做法。这些民国建筑保留至今,由于年久失修或人为改造等,大多存在建筑构造方面的改造和残损病害。根据文物保护原则的要求,在修缮保护时需按照民国时期的建筑构造做法进行"去伪存真"。但很多时候因为缺乏具体的参考资料,导致这些修缮保护的原真性不高或做法错误等各种问题。

目前,对民国钢筋混凝土建筑的构造做法的研究甚少,赵福灵编著的《钢筋混凝土学》[2]提供了民国时期钢筋混凝土建筑的结构计算方法和基础、楼梯等的构造设计方法;张嘉苏编著的《简明钢骨混凝土术》[3]包含了一些楼梯、基础的设计方法和一般构造方法等;刘先觉等[4]分析了1920年初南京近代建筑中新式砖木结构、钢木混合结构和钢筋混凝土结构的发展过程以及当时建筑技术对建筑设计等的影响;聂波[5]以上海1933老场坊为例,研究了上海近代钢筋混凝土建筑的保护及再生模式,并探讨了相关的修复技术;彭展展[6]对民国时期南京典型校园建筑的建筑装饰风格进行了研究,同时归纳整理了屋顶、门、窗、柱等建筑构件的装饰做法;姜寒露[7]对大连和青岛的近代老街区中的建筑进行研究对比,总结分析了近代建筑中墙体、门、窗和建筑细部装饰等的构造做法;张鹏等[8]以上海外滩建筑为例,对上海近代建筑的结构类型演进及构件、体系等的关键特征进行了全面的讨论,研究了其技术选择的动因和作用;陈亮[9]针对7座南京的近代工业建筑,对其选址、规划布局、营造过程和结构体系等进行了分析研究。赖世贤等[10]通过分析《建筑新法》并结合上海外滩的建筑实例,厘清了近代钢筋混凝土建筑中木屋架结构技术和构造技术的发展过程。

综上所述,目前针对民国时期钢筋混凝土建筑遗产的构造研究鲜有报道,仅有的少数研究主要是案例分析,缺乏系统性研究。本章结合民国历史文献研究及民国钢筋混凝土建筑遗产保护的实践经验,通过对数十个典型的民国钢筋混凝土建筑的构造做法进行调研和分析,对民国钢筋混凝土建筑遗产的典型建筑构造做法进行研究总结,具体包括:楼地面做法、墙体做法、屋顶做法、门窗做法、楼梯做法。

2.2　民国钢筋混凝土建筑的演变

约 1900 年之后,钢筋混凝土建筑开始在全世界范围内大规模使用。在清朝末期部分城市开埠后,西方一批建筑师涌入中国,在租界内采用钢筋混凝土技术建造房屋。这些建筑采用西式的建筑设计风格、新式的钢筋混凝土结构技术,这是近代中国的第一批钢筋混凝土建筑,其建筑在构造方面采用了花岗岩贴面、水刷石面层、进口钢窗等新的构造做法,如 1905 年建的武汉汉口平和打包厂(图 2.1),1908 年建的上海"电话局大楼"(图 2.2)。

图 2.1　武汉平和打包厂旧址现状　　　　图 2.2　上海"电话局大楼"旧址现状

1912 年,孙中山先生在南京建立了中华民国临时政府。中国工程师学会创建于这个时期,中国土木工程师开始以社会群体形式出现,早期的中国建筑师也开始登上历史舞台,中国人开始在建筑活动管理方面模仿西方社会。在 1912—1919 年这短短的 7 年里,中国建筑体系发生了大变迁,传统建筑体系开始断裂,西方建筑体系全面输入。这一时期的建筑无论是官方行政办公建筑还是民居建筑,在建筑外观和建筑细部中经常采用西方样式[11]。新技术、新材料也纷纷引入,钢筋混凝土结构技术在大中城市迅速推开。其代表性的民国建筑有南京最早的钢筋混凝土结构建筑和记洋行(1912 年)(图 2.3)、南京浦口火车站车站大楼(1914 年)(图 2.4)。

图 2.3　南京和记洋行旧址现状(修缮前)　　　图 2.4　南京浦口火车站旧址车站大楼现状

1919 年之后,中国第一个建筑师学会成立[1],中国建筑师逐渐取代了西方建筑师,沿海开放的城市与工业发展较早的城市建设进入了快速发展时期。在这一时期,钢筋混凝土框架结构、型钢混凝土结构等新兴结构技术被引入和使用,建筑材料、建筑设备、建筑构造、建筑物理、建筑施工等各类建筑技术全方位发展。1927年,国民政府定都南京后,制定了《首都计划》,在将南京建设成为"全国城市之模范,并足比伦欧美名城"的目标之下,南京的城市建设迎来了"黄金十年",钢筋混凝土技术开始在南京广泛地使用;接着又有《大上海计划》,依托着沿海城市充裕的资金,出现了许多高层的钢筋混凝土建筑。这一时期的钢筋混凝土结构建筑如南京中山陵(1929年)(图2.5)、上海峻岭寄庐公寓(1934年)(图2.6)都很有代表性。

图2.5 南京中山陵现状

图2.6 上海峻岭寄庐公寓现状

1937年,抗日战争全面爆发。这个时期只有部分地区的建筑业或者教堂类建筑存在短暂的繁荣,比如上海公租界与法租界,有产者纷纷进入租界区躲避战火,刺激租界区的建筑业迅速发展。这时期代表性的建筑有:上海美琪大戏院(1941年)(图2.7)、南京基督教莫愁路堂(1942年)(图2.8)等。

图2.7 上海美琪大戏院现状

图2.8 南京基督教莫愁路堂现状

1945年,第二次世界大战结束,原国民政府迁都回南京,这时南京急需恢复建设。国民政府收回上海公租界与法租界,成立上海市都市计划委员会,制定了《大上海都市计划》。这一时期现代主义建筑潮流在全世界盛行,杨廷宝、童寯、赵深、陈植、范文照、庄俊等人将纯正的现代主义建筑风格带到中国战后的建筑活动中。这时期代表性的建筑有:浙江第一商业银行大楼旧址(1948年)(图2.9)、南京中央通讯社大楼旧址(1948年)(图2.10)等。

如今这些民国建筑绝大多数已成为各级文物保护单位或历史建筑,其包含了居住建筑、公共建筑和工业建筑等。它们有着重要的历史价值、艺术价值和科学价值,这些建筑形成于我国建筑发展从传统走向现代的过渡阶段。民国建筑师们把中国传统文化和西方先进的建筑思想相结合,运用新的设计方法,使用新材料、新工艺创造了一座座西方折中主义、西方古典式、中国传统宫殿式、新民族形式和西方现代派等风格各异的民国钢筋混凝土建筑,这些民国钢筋混凝土建筑是见证中国特定历史时期的重要物质载体。

图 2.9　浙江第一商业银行大楼旧址现状

图 2.10　南京中央通讯社大楼旧址现状

2.3　民国时期楼地面构造特征

楼地面是建筑的主要水平承重构件,它把荷载传到墙、柱和基础上,同时对墙和柱等竖向承重构件存在水平支撑作用。楼地面把建筑物沿高度方向分为不同的楼层,按高度方向分类,可把楼地面分为地面、楼面,这两种构件都有不同的构造设计方法,而民国钢筋混凝土结构建筑的楼地面构造做法很多与现代建筑的构造做法完全不同,有一些构造做法沿用至今,有一些构造做法现在已经不再使用。

2.3.1　地面

地面是建筑物最底层与土壤相接处的水平部分,其主要承受地面上的荷载,并把荷载均匀直接传递到地基。地面还兼具隔潮、防水、美观等作用。民国钢筋混凝土建筑的地面构造做法主要有实铺地面和架空地面两种类型。

2.3.1.1　实铺地面

实铺地面做法比较简单,第一层垫层均为 5～13 in("英寸"用"in"表示)(127～330.2 mm)的灰浆三合土或碎砖三合土,如果地面为水泥地做法,直接在垫层上浇筑 3 in(76.2 mm)厚水泥,或浇筑 2 in(50.8 mm)厚水泥三合土,面层为 1 in(25.4 mm)水泥粉光,但水泥地面面积不能过大,若面积过大时需用 1 in×1/4 in(25.4 mm×6.35 mm)的钢条进行分隔,每块面积不超过 60 ft²("平方英尺"用"ft²"表示)(5.574 m²)[12][图 2.11(a)、(b)]。如果地面是水磨石,在第二层水泥三合土上用青水泥或白水泥及岩石粉混合,干硬后磨光,厚 3/4～1 in(19.05～25.4 mm)[图 2.11(c)]。如果地面是水刷石,厚度一般为 1～3 in(25.4～76.2 mm)[图 2.11(d)]。如果地面是木地板,其做法比较特殊,需将地格栅埋于地坪的第二层中,第三层铺木地板[图 2.11(e)]。如果地面是花砖地面,第二层为 5 in(127 mm)厚水泥,再铺花砖地面[图 2.11(f)]。如果地面是马赛克,第二层为 2 in(50.8 mm)厚水泥三合土,再铺马赛克地面[图 2.11(g)]。

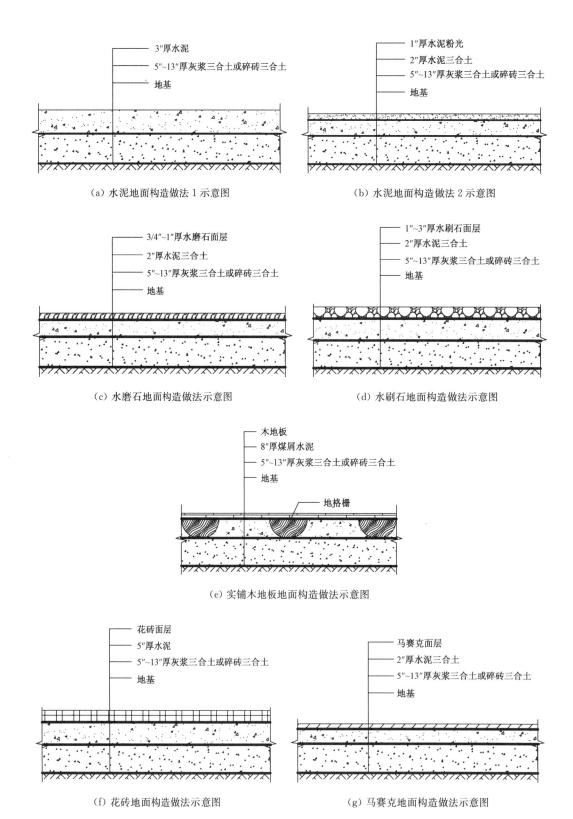

（a）水泥地面构造做法 1 示意图

（b）水泥地面构造做法 2 示意图

（c）水磨石地面构造做法示意图

（d）水刷石地面构造做法示意图

（e）实铺木地板地面构造做法示意图

（f）花砖地面构造做法示意图

（g）马赛克地面构造做法示意图

图 2.11　地面构造做法（注：1 in＝1″＝25.4 mm）

2.3.1.2 架空地面

架空地面做法比较复杂,一般是利用大放脚条形基础作为木格栅梁端的支撑,当跨度太大时,需增加地垄墙进行支撑。其具体做法是:先做 6 in(152.4 mm)厚满堂三合土,其材料是 1 份水泥,2 份黄砂,4 份石子的混合物或 1 份石灰,2 份黑砂,4 份碎砖的灰浆三合土。满堂三合土可以隔绝地下的潮湿空气上升,使架空层保持干燥。接着在满堂三合土上砌地垄墙,地垄墙顶端加防潮毡一皮或数皮,然后放置一条 4 in×3 in(101.6 mm×76.2 mm)的沿油木(图 2.12),地垄墙厚度一般为 5 in 或 10 in(127 mm 或 254 mm),间距约为 5~7 ft("英尺"用"ft"表示)(约 1 524~2 133.6 mm)。搁置地格栅的大放脚需要放宽,并加防潮毡一皮或数皮。地板下和满堂三合土上的墙垣和地垄墙在砌筑的时候需预留出风洞,使空气流通,当地垄墙高度超过 1 ft(304.8 mm)时,须砌成蜂巢形(图 2.13)。最后将地格栅架在大放脚和地垄墙之上,木地板刷上柏油后覆盖格栅[13]。

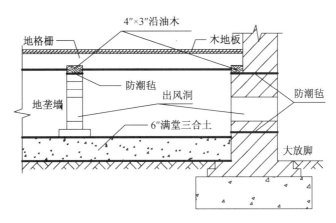

图 2.12 架空地面构造做法示意图(注:1 in＝1″＝25.4 mm)

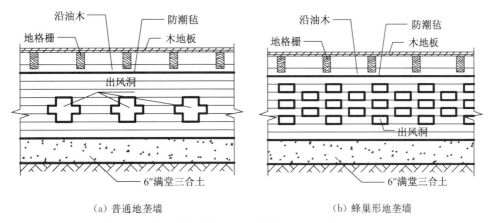

(a) 普通地垄墙   (b) 蜂巢形地垄墙

图 2.13 地垄墙构造做法示意图(注:1 in＝1″＝25.4 mm)

2.3.2 楼面

民国钢筋混凝土建筑的楼面构造做法与现代钢筋混凝土建筑的楼面做法存在一定的相似度。民国钢筋混凝土建筑的楼面做法也分为实铺楼面和架空楼面两种类型,实铺楼面主要指以混凝土楼板作为结构层,采用各种材料作为饰面的楼面构造做法;架空楼面指以木格栅作为结构支撑的楼面,这种楼面主要用于普通住宅。

2.3.2.1 实铺楼面

(1) 水泥砂浆楼面

水泥砂浆楼面是民国钢筋混凝土建筑中一种非常常见且方便使用的楼面做法,在现代的建筑中也经常使用,这种楼面施工相对简单,且十分实用。水泥砂浆楼面做法较为简单,直接在混凝土楼板上抹 1 in(25.4 mm)厚1:3(水泥:砂子)的水泥砂浆,并粉洋灰踢脚板,踢脚板抹灰高度为 6 in(152.4 mm),踢脚板表面可刷红色等颜色的漆(图 2.14)。水泥砂浆表面和踢脚板表面均需要磨光轧平。水泥砂浆楼面过大时,亦需要用 1 in×1/4 in(25.4 mm×6.35 mm)的钢条进行分隔,每块不能超过 60 ft²(5.574 m²)。

 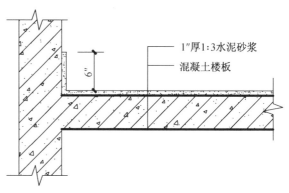

(a) 浙江大学某民国建筑水泥砂浆楼面 (b) 构造做法示意图

图 2.14 水泥砂浆楼面(注:1 in=1″=25.4 mm)

(2) 水磨石楼面

水磨石又名"意大利批荡",在民国时期称之为"磨石子",我国在 1890 年以后建造的近代建筑经常采用水磨石楼面做法。水磨石楼面的做法比较讲究,一般先在混凝土楼板上抹一层柏油作底层,接着铺 3 in(76.2 mm)厚1:3:5(水泥:黄砂:煤屑)煤屑三合土作为垫层,再铺 1 in(25.4 mm)厚1:2(水泥:黄砂)水泥砂浆,待养护 1 天后,按设计需要弹线、粘贴分隔条(可用铜条、铝条和玻璃条等,底部刷素水泥浆),再浇铺1:2:5 带色水泥石子浆于方格中,随后拍实抹平,养护 2～3 天后,进行洒水粗磨(要求磨平磨匀使嵌条外露),立即用水冲洗干净,再用同色水泥浆填补砂眼。再养护 2～3 天,进行洒水细磨,直到表面光滑为止,最后上蜡擦光。完成后水磨石饰面大约厚 3/4～1 in(19.05～25.4 mm)[14],具体见图 2.15。

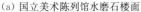 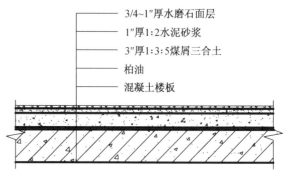

(a) 国立美术陈列馆水磨石楼面 (b) 构造做法示意图

图 2.15 水磨石楼面(注:1 in=1″=25.4 mm)

（3）马赛克楼面

马赛克楼面是用瓷土烧制成的小尺寸瓷片,组成各种图案粘贴在牛皮纸上,施工时直接贴在水泥结合层上[图 2.16(a)]。这种楼面做法主要用于防滑要求较高的卫生间和浴室的楼面,民国时期的构造做法为:2 in(50.8 mm)厚水泥三合土作垫层,上面铺设马赛克面砖[15]。

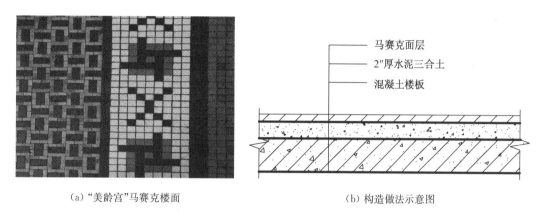

（a）"美龄宫"马赛克楼面　　　　　　　　（b）构造做法示意图

图 2.16　马赛克楼面(注:1 in=1″=25.4 mm)

（4）实铺木楼面

实铺木楼面是直接在混凝土楼板结构层铺设木地板的做法,其构造做法是先在混凝土楼板上刻出十字沟槽,再安插 2 in×3 in 或 2 in×4 in(50.8 mm×76.2 mm 或 50.8 mm×101.6 mm)格栅于其上,在格栅之间用煤屑水泥填实,如果想更加牢固,每隔 3 ft(914.4 mm)钉一横木条,最后铺木地板(图 2.17)。

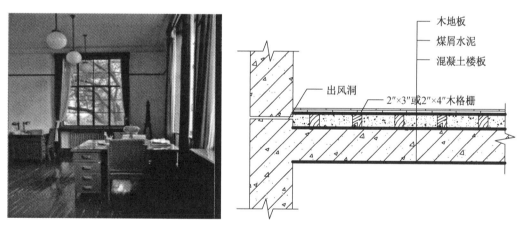

（a）金陵女子大学旧址民国建筑实铺木地板楼面　　　　　（b）构造做法示意图

图 2.17　实铺木地板楼面(注:1 in=1″=25.4 mm)

（5）弹簧楼面

弹簧地板楼面是专门为舞蹈房和戏台等功能设计的楼面。弹簧地板楼地面和普通的木地板楼地面表面上有一定的类似性,但是具体的构造做法完全不同。弹簧楼面有两种做法:第一种是将地板安置在一个两端挑出的杠杆上,杠杆中部固定在格栅上,两端各设有圆轴一枚;第二种是在混凝土楼板上设置钢制弹簧,弹簧另一端设置木制格架,最后铺设 1.6 in(40.64 mm)厚有斜钉的毛地板和 1.2 in(30.48 mm)厚有正钉的木地板各一层(图 2.18)。

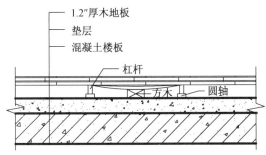

(a) 金陵女子大学旧址音乐楼弹簧楼面　　　　　(b) 构造做法1示意图

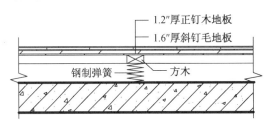

(c) 构造做法2示意图

图2.18　弹簧楼面(注:1 in=1″=25.4 mm)

2.3.2.2　架空楼面

（1）单式格栅楼板

只使用格栅支撑楼板上载重的架空楼板称为单式格栅楼板(图2.19)。单式格栅楼板的格栅以两端砖墙或混凝土梁作为支撑点,因此这种格栅也称为过桥格栅。单式格栅楼板是最简单的架空楼面做法,其组成只有楼板和格栅。

(a) 南京某民国建筑单式格栅楼板

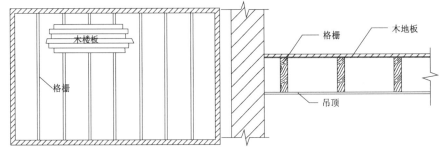

(b) 构造做法示意图

图2.19　单式格栅楼板

（2）复式格栅楼板

格栅中间有剪刀撑的架空楼板称为复式格栅楼板（图 2.20）。当格栅的跨度超过 15 ft（4 572 mm）时，应使用复式格栅楼板，格栅须搁置在大梁上，以减小格栅的跨度。格栅底部钉有灰板条，可做麻刀抹灰吊顶。

（a）南京某民国建筑复式格栅楼板

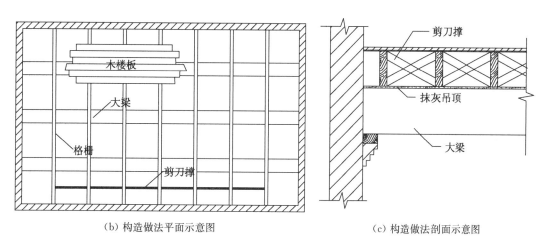

（b）构造做法平面示意图　　　　　　　　　（c）构造做法剖面示意图

图 2.20　复式格栅楼板

大梁的构造做法有四种（图 2.21），第一种为纯木梁，格栅搁置在木梁上；第二种为木梁中添加一块钢添板，这种梁称为合梁；第三种为工字钢钢梁，钢梁外可包混凝土，有利于防火，工字钢顶端需设置一块小木条，以备铺钉木地板；第四种为钢筋混凝土梁。梁与梁间的间距一般为 8 ft（2 438.4 mm）。

剪刀撑的构造方法是：用两根 2 in×1.5 in（50.8 mm×38.1 mm）的木条相交而成，其末端与格栅的上下位置距离 1/4 in（6.35 mm）。施工时先用白粉笔画出一条不小于 0.5 in（12.7 mm）的线以确定斜撑的具体位置，然后将剪刀撑安置于格栅上的白粉笔线处，最后用钉钉牢剪刀撑。为避免剪刀撑钉牢时开裂，可先在剪刀撑钉牢处锯一断口（图 2.22），剪刀撑必须连续不断且其间距不得超过 6 ft（1 828.8 mm）。

（3）撑档格栅楼板或三重格栅楼板

在大梁上附着木条，与大梁垂直，木条上又垂直搁置格栅，这样的格栅楼板做法成为撑档格栅楼板，这样的做法近似有三重格栅，因此也称为三重格栅楼板（图 2.23）。当格栅跨度大于 25 ft（7 620 mm）时，则应使用这种格栅楼板做法。与大梁垂直的木条称为牵

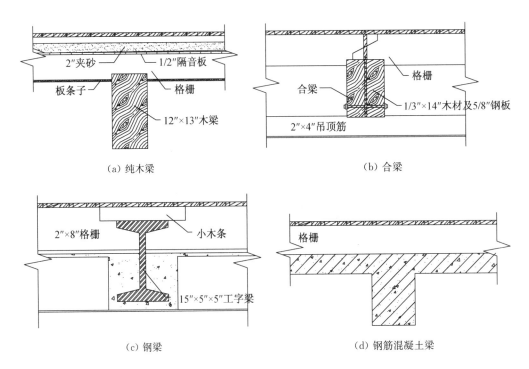

（a）纯木梁　　　　　　　　　　　　　　（b）合梁

（c）钢梁　　　　　　　　　　　　　　（d）钢筋混凝土梁

图 2.21　大梁构造做法示意图（注：1 in＝1″＝25.4 mm）

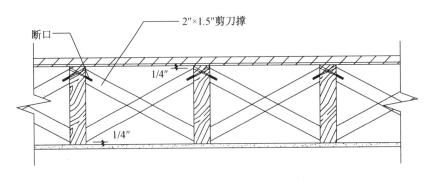

图 2.22　剪刀撑的构造做法示意图（注：1 in＝1″＝25.4 mm）

制梁，其上搁置格栅，其下搁置于大梁之上，牵制梁与格栅和大梁的连接采用螺钉进行固定。撑档格栅楼板的大梁间距一般为 12 ft（3 657.6 mm），牵制梁间距一般为 8 ft（2 438.4 mm）。

　　（4）木地板的接合

　　木地板的接合方法有两种，第一种是明接，即接合时有显著的接缝，如平接缝、门条接缝、顶头接缝、高低缝、嵌条接缝；第二种是暗接，即用钉和螺钉钉于木板的边缘凸出处，接缝和钉眼不显露，如高低雌雄榫接缝、高低雌雄斜接缝、叉头接缝。当楼板上经常有水，应采用暗接的接合方法，这样木板收缩和膨胀时不会损伤，灰尘也不易进入接缝内。木地板接合做法整理结果如表 2.1 所示。

（a）首都大戏院旧址撑档格栅楼板或三重格栅楼板

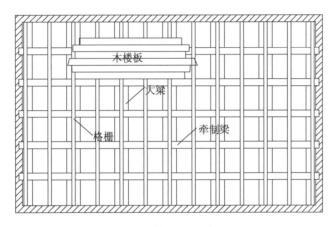

（b）构造做法平面示意图

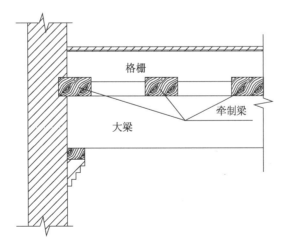

（c）构造做法剖面示意图

图 2.23　撑档格栅楼板或三重格栅楼板

表 2.1 木地板接合做法

类型	示意图	做法	类型	示意图	做法
平接缝		把木板的位置摆放好,木板一端钉牢另一端推紧,最后用钉将楼板钉牢	门条接缝		在楼板中心处挖一条雌缝,用木或铁榫头插嵌其中,可避免楼板向上弯曲
顶头平接缝		在平接缝的基础上,接缝边的顶头处用钉子斜角打入	顶头斜接缝		做法和顶头平接缝一样,但顶头斜接缝能使木地板更加牢固
高低接缝		木板一端挖一凹槽,另一端凸出,安装时进行接合	雌雄榫接缝		做法和高低接缝一样,两种做法都可避免灰尘进入缝内
嵌条接缝		在格栅上设置一块木块,木板端头挖凹槽,再进行接合,木板较厚,常用于工厂、栈房	叉头接缝		将木板的两端锯成狗牙形,互相接合,斜线长度的角度约 10°,这种做法造价最高
高低雌雄榫接缝		在木板一端挖一雌缝,嵌入铁榫头、钉子或螺旋钉,然后和雄缝接合	高低雌雄斜接缝		做法和高低雌雄榫接缝一样,这两种接缝造价较高

(5) 格栅的承托方式

格栅不能直接搁置在墙身上,必须搁置在沿油木上或铁垫头内,且木材伸入墙身不能超过 4.5 in(114.3 mm),这样能将荷载均匀地传递到墙体。架空楼面一般需要做挑头。挑头有如下四种做法:第一种墙身上层薄下层厚的情况,在上层墙垣收进处放置沿油木[图 2.24(a)];第二种墙身厚度无变化,则须在墙身挑出数皮砖块来安置沿油木,这种做法会导致室内有明显的畸形挑头,不美观[图 2.24(b)];第三种方法是用铁制的 4 in×3/8 in(101.6 mm×9.525 mm)铁挑头,两端相对弯起嵌入墙身,嵌入墙身的尺寸为 9 in(228.6 mm),挑出长度为放置沿油木的宽度,这样的做法能使线脚不显露[图 2.24(c)]。第四种不需要沿油木,直接在墙垣内设置 2 in×3/8 in(50.8 mm×9.525 mm)的铁垫头,这种方法简便[图 2.24(d)]。

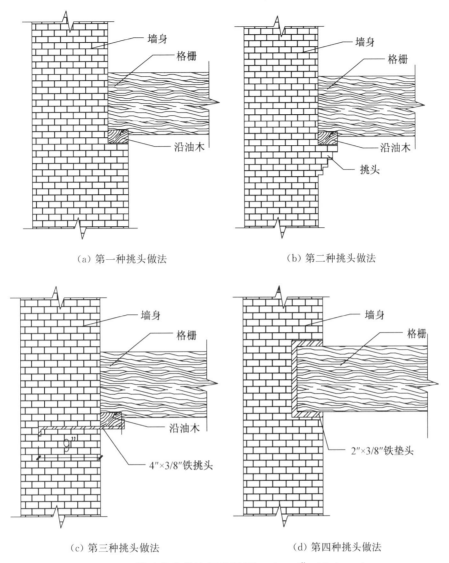

(a) 第一种挑头做法　　　　　　　　(b) 第二种挑头做法

(c) 第三种挑头做法　　　　　　　　(d) 第四种挑头做法

图 2.24　挑头构造做法示意图(注:1 in＝1″＝25.4 mm)

2.3.3　楼地面构造设计方法对比

现将部分民国钢筋混凝土建筑的楼地面构造做法与现行标准的构造做法进行对比,整理结果如表 2.2 所示。

表 2.2　楼地面构造设计方法对比

构造内容	民国构造做法	现代构造做法
实铺地面构造做法	结构层为石屑或混凝土,厚度大于 3 in (76.2 mm),垫层为灰浆三合土或碎砖三合土[12]	结构层采用 40 mm 厚 C20 细石混凝土,表面撒 1∶1 水泥砂子随打随抹光,1.5 mm 厚聚氨酯防水层,底下抹一道掺建筑胶的水泥浆,垫层用 80 mm 厚 C15 混凝土,地基层[16]

构造内容	民国构造做法	现代构造做法
架空地面做法	先做 6 in(152.4 mm)厚满堂三合土或灰浆三合土,三合土上砌地垄墙,地垄墙厚度一般为 5 in 或 10 in(127 mm 或 254 mm),间距约为 5~7 ft(约 1 524~2 133.6 mm),顶端加防潮毡一皮或数皮,置一条 4 in×3 in(101.6 mm×76.2 mm)沿油木;地板下和三合土上的墙垣和地垄墙预留出风洞,使空气流通[图 2.13(a)],超过 1 ft(304.8 mm)的地垄墙须砌成蜂巢形[图 2.13(b)];最后将地格栅架在大放脚和地垄墙之上(搁置地格栅的大放脚需要放宽,并加防潮毡一皮或数皮),木地板刷上柏油后覆盖格栅[17]	木地板高架地垄墙铺装构造:混凝土基层,然后为地垄墙(砌体地垄墙或混凝土地垄墙)、垫木、木龙骨垫层、毛地板垫层、防水卷材或发泡塑料卷材、木地板面层[18]
楼面的饰面做法	水泥楼面两种做法:①直接在垫层上做 3 in(76.2 mm)厚水泥;②结构层为 2 in(50.8 mm)厚水泥三合土,面层为 1 in(25.4 mm)水泥粉光	水泥楼面做法:15 mm 厚 1∶2.5 水泥砂浆,表面撒适量水泥粉抹压平整,35 mm 厚 C20 细石混凝土,1.5 mm 厚聚氨酯防水层,找坡层抹平,水泥浆一道,垫层或填充层,结构层[16]
	水磨石楼面做法:青水泥或白水泥及岩石粉混合,干硬后磨光,面层厚做 3/4~1 in(19.05~25.4 mm),2 in(50.8 mm)厚水泥三合土垫层	水磨石楼面做法:10 mm 厚 1∶2.5 水泥彩色石子地面,表面磨光打蜡,20 mm 厚 1∶3 水泥砂浆结合层,防水层,找坡层抹平,水泥浆一道,垫层,结构层
	马赛克楼面做法:马赛克面砖,2 in(50.8 mm)厚水泥三合土作垫层	马赛克楼面做法:马赛克面砖,干水泥浆擦缝;30 mm 厚 1∶3 干硬性水泥砂浆结合层,表面撒水泥粉,防水层,找坡层抹平,水泥浆一道,垫层,结构层

对比结果显示,民国钢筋混凝土建筑遗产的地面多为架空做法,楼面面层多为水泥、水磨石、花砖、马赛克、木地板等饰面;而现代钢筋混凝土建筑的地面多为实铺地面,楼面面层多为木地板、面砖等。民国时期钢筋混凝土建筑的地面架空做法与现代做法明显不同,由于架空地面多用木地板,因此地垄墙必须开洞通风,而且外墙底部也要开洞,保持架空层的通风干燥,有利于架空木地板的防腐。而现代钢筋混凝土建筑的架空地面多用钢筋混凝土板,因此地垄墙和外墙均不需要再开洞。民国钢筋混凝土建筑的楼面面层做法与现代钢筋混凝土建筑的楼面面层做法总体较为相似,不同之处主要在于分层材料的厚度方面。

2.4　民国时期墙体构造特征

墙体是建筑物的重要组成部分,其作用是承重、围护或分隔空间,民国钢筋混凝土建筑墙体的很多做法在现代建筑中却非常罕见。墙体在设计时分为三个部分,分别是基层墙体的设计、墙体饰面的设计、分间墙的设计。

2.4.1　基层墙体厚度的规定

基层墙体,即墙体的结构层,一般多指外墙墙体的结构层,一般使用砖砌体材料进行砌筑。民国时期的《西式房屋法规》和《华式房屋法规》对民国建筑的中心墙墙厚有严格的规定:

对于非公共建筑和非货栈建筑:①建筑的高度<25 ft(7 620 mm),单层建筑的墙身长

度不超过 30 ft(9 144 mm),墙体厚度不得小于 8.5 in(215.9 mm);建筑物的墙身长度超过 30 ft(9 144 mm)或房屋超过 2 层时,建筑顶层墙体厚度不得小于 8.5 in(215.9 mm),顶层以下墙体厚度不得小于 13 in(330.2 mm)[图 2.25(a)]。②建筑的高度 25～＜40 ft (7 620～＜12 192 mm),墙身长度不超过 30 ft(9 144 mm),建筑顶层墙体厚度不得小于 8.5 in(215.9 mm),顶层以下墙体厚度不得小于 13 in(330.2 mm);墙身长度超过 30 ft (9 144 mm),顶层墙体厚度不得小于 8.5 in(215.9 mm),一层墙体厚度不得小于17.5 in (444.5 mm),其余层墙体厚度不得小于 13 in(330.2 mm)[图 2.25(b)]。③建筑的高度 40～＜50 ft(12 192～＜15 240 mm),墙身长度不超过 30 ft(9 144 mm),顶层墙体厚度不得小于8.5 in(215.9 mm),一层墙体厚度不得小于 17.5 in(444.5 mm),其余层墙体厚度不得小于 13 in(330.2 mm);墙身长度为 30～45 ft(9 144～13 716 mm),二层及以下的墙体厚度不得小于 17.5 in(444.5 mm),二层以上墙体不得小于 13 in(330.2 mm);墙身长度超过 45 ft(13 716 mm),一层墙体厚度不得小于 21.5 in(546.1 mm),二层墙体厚度不得小于 17.5 in(444.5 mm),其余层墙体厚度不得小于 13 in(330.2 mm)[图 2.25(c)]。④建筑的高度 50～60 ft(15 240～18 288 mm),墙身长度不超过 45 ft(13 716 mm),二层及以下的墙体厚度不得小于 17.5 in(444.5 mm),二层以上墙体不得小于 13 in(330.2 mm);墙身长度超过 45 ft(13 716 mm),一层的墙体厚度不得小于 21.5 in(546.1 mm),二层的墙体厚度不得小于 17.5 in(444.5 mm),其余层墙体厚度不得小于 13 in(330.2 mm)[图 2.25(d)]。

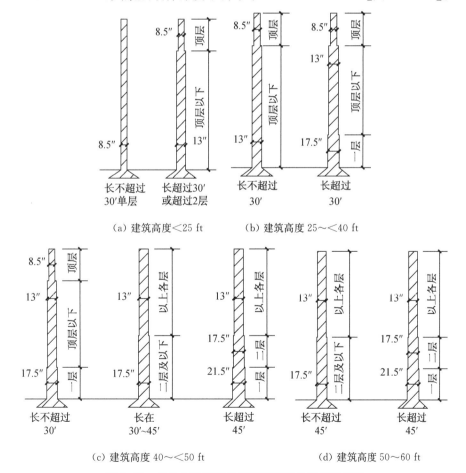

图 2.25　非公共建筑和非货栈建筑墙体厚度的规定
(注:1 ft＝1′＝12 in＝304.8 mm)

对于公共建筑和货栈建筑,要求更加严格。①建筑的高度<25 ft(7 620 mm),墙身长度不限,墙体厚度不得小于 13 in(330.2 mm)[图 2.26(a)]。②建筑的高度 25～<30 ft(7 620～<9 144 mm),墙身长度不超过 45 ft(13 716 mm),墙体厚度不得小于 13 in(330.2 mm);墙体长度超过 45 ft(13 716 mm),二层及以下墙体厚度不得小于 17.5 in(444.5 mm),其余层墙体厚度不得小于 13 in(330.2 mm),其余层墙体总高度不得大于 16 ft(4 876.8 mm)[图 2.26(b)]。③建筑的高度 30～<40 ft(9 144～<12 192 mm),墙身长度不超过 35 ft(10 668 mm),墙体厚度不得小于 13 in(330.2 mm);墙体长度在 30～45 ft(9 144～13 716 mm),顶层墙体厚度不得小于 13 in(330.2 mm),顶层墙体总高度不得超过 16 ft(4 876.8 mm),顶层以下墙体厚度不得小于 17.5 in(444.5 mm);墙身长度超过 45 ft(13 716 mm),一层墙体厚度不得小于 21.5 in(546.1 mm),顶层墙体厚度不得小于 13 in(330.2 mm),顶层墙体总高度不得大于 16 ft(4 876.8 mm),其余层墙体厚度不得小于 17.5 in(444.5 mm)[图 2.26(c)]。④建筑的高度 40～<50 ft(12 192～<15 240 mm),墙身长度不超过 30 ft(9 144 mm),顶层墙体厚度不得小于 13 in(330.2 mm),顶层墙体总长度不得超过 16 ft(4 876.8 mm),其余层墙体厚度不得小于 17.5 in(444.5 mm);墙身长度在 30～45 ft(9 144～13 716 mm),一层墙体厚度不得小于 21.5 in(546.1 mm),顶层墙体厚度不得小于 13 in(330.2 mm),顶层墙体总高度不得小于 16 ft(4 876.8 mm),其余层墙体厚度不得小于 17.5 in(444.5 mm);墙身长度超过 45 ft(13 716 mm),一层墙体厚度不得小于 26 in(660.4 mm),二层墙体厚度不得小于 21.5 in(546.1 mm),顶层墙体厚度不得小于 13 in(330.2 mm),顶层墙体总高度不得超过 16 ft(4 876.8 mm),其余层墙体厚度不得小于 17.5 in(444.5 mm)[图 2.26(d)]。⑤建筑的高度 50～60 ft(15 240～18 288 mm),墙身长度不超过 45 ft(13 716 mm),一层墙体厚度不得小于 21.5 in(546.1 mm),顶层墙体厚度不得小于 13 in(330.2 mm),顶层墙体总高度不得超过 16 ft(4 876.8 mm),其余层墙体厚度不得小于 17.5 in(444.5 mm);墙身长度超过 45 ft(13 716 mm),一层墙体厚度不得小于 26 in(660.4 mm),二层墙体厚度不得小于 21.5 in(546.1 mm),顶层墙体厚度不得小于 13 in(330.2 mm),顶层墙体总高度不得超过 16 ft(4 876.8 mm),其余层墙体厚度不得小于 17.5 in(444.5 mm)[图 2.26(e)]。

民国钢筋混凝土建筑的墙体厚度基本能符合现行标准的要求,且墙体厚度分类比较具体,这说明民国时期墙体厚度设计比较保守。

2.4.2 墙体饰面

墙体饰面设计即墙面装修,它对延长建筑的使用年限和提高建筑的整体艺术效果起着重要的作用。民国钢筋混凝土建筑的墙体饰面做法具有其独特的时代特点,种类丰富且保护效果显著,很多做法沿用至今。墙体饰面的做法有:水刷石墙面、拉毛墙面、斩假石墙面、砖墙外护墙面和瓷砖墙面等,这些做法有些仅适用于外墙,有些仅适用于内墙,有些外墙内墙均可使用。

2.4.2.1 水刷石墙面

民国时期,水刷石称为“水门汀”。水刷石墙面能使建筑墙面具有天然质感,而且色泽庄重美观,饰面坚固耐久,不褪色,也比较耐污染[图 2.27(a)]。水刷石一般多用于学校、医院等公共建筑的勒脚和墙体,拱券的饰面有时也会采用水刷石。由于水刷石会浪费很多水和水泥,且对环境有污染,现代建筑已经很少采用这种墙面装饰做法。

水刷石墙面的具体做法[图 2.27(b)]:先在基层墙体上抹一层 1∶2 水泥砂浆作底层,按需要钉上分格木条,待干后涂刷一道素水泥浆,随即用 1∶1.25～1∶1.5 水泥石子浆(可根据需要采用不同颜色的石子)抹平压实。待达到一定强度后,用棕刷由上到下,蘸水刷去面层水泥

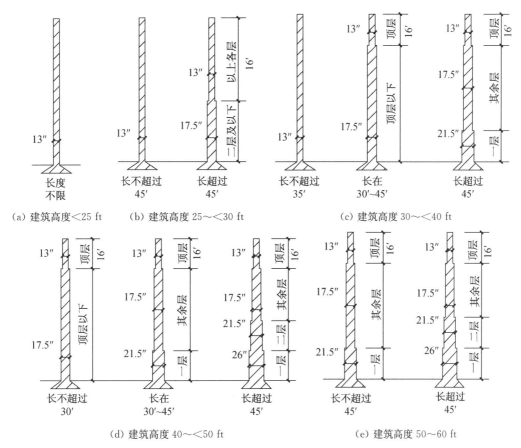

（a）建筑高度<25 ft　　（b）建筑高度 25～<30 ft　　（c）建筑高度 30～<40 ft

（d）建筑高度 40～<50 ft　　（e）建筑高度 50～60 ft

图 2.26　公共建筑和货栈建筑墙体厚度的规定
（注：1 ft＝1′＝12 in＝304.8 mm）

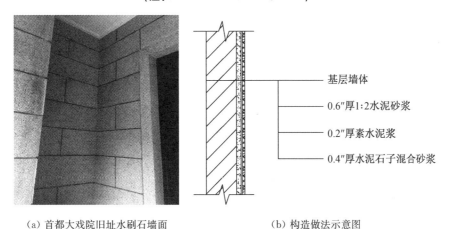

（a）首都大戏院旧址水刷石墙面　　（b）构造做法示意图

图 2.27　水刷石墙面（注：1 in＝1″＝25.4 mm）

浆,使石子颗粒外表露出。最后由上往下喷洒清水,冲洗干净表面即可,这一步称为"喷刷",喷刷是水刷石做法的关键工序,喷刷过早或过度,石子露出灰浆面过多容易脱落,喷刷过晚则灰浆冲洗不净,造成表面污浊影响美观。这种工艺通常用于外墙面、柱面等外部构件的装饰。

2.4.2.2　拉毛墙面

　　黄色拉毛墙面是民国时期典型的传统工艺做法,它能使墙面具有凹凸质感,而且外观美观、色彩多变、可以自由调控,具有视觉吸引力,适用于不同需求的墙面装饰。

拉毛墙面的具体做法(图 2.28):先用柴泥加石灰(2:1)打底,再做一层 1/4 in(6.35 mm)厚的灰浆,然后掺入有适量黄土的黄色灰浆进行拉毛,这个工序很考验工匠的手艺,所以必须由手艺精巧的工匠完成。拉毛完成后其毛面虽然凹凸不平,但其效果极其自然且色泽均匀。拉毛墙面通常用于外墙面的装饰,在现代建筑装修中的拉毛做法较多的采用油漆拉毛和水泥拉毛。

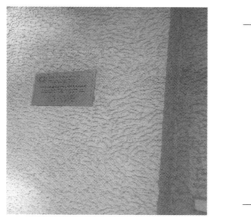
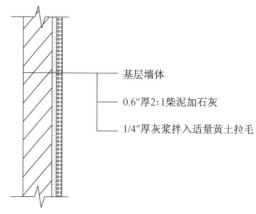

基层墙体

0.6″厚2:1柴泥加石灰

1/4″厚灰浆拌入适量黄土拉毛

(a)中国农工民主党第一次全国干部会议会址拉毛墙面　　(b)构造做法示意图

图 2.28　拉毛墙面(注:1 in=1″=25.4 mm)

2.4.2.3　斩假石墙面

斩假石墙面是民国时期常用的外墙面做法,它能仿制天然石材效果,通过加入不同的骨料或者掺入不同颜色的颜料,可以仿制诸如花岗石、玄武石、青条石等天然石材,又称"剁斧石",民国时期斩假石也称为"水泥假石"。其外形美观、坚固耐久,常用于外墙的装饰。

斩假石的具体做法:先在中心墙体基层上抹一层 1:2 水泥砂浆作底层,待一定强度后,用水泥和黄砂或白石屑混以粗砂作为里层,再用水泥和黄砂或白石屑混以细砂作为外层,再用木模板固定,用铁锤打坚固后立即将木模板拆开,用木楔子或铁板抹匀表面并去除空隙毛纹等瑕疵,最后等外层干硬后进行砍剁,使其纹理类似天然石材的纹理(图 2.29)。民国时期,斩假石经常用于勒脚、台口、腰线以及柱子等的装饰。

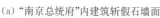
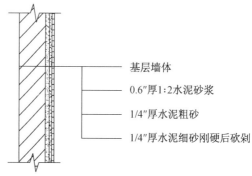

基层墙体

0.6″厚1:2水泥砂浆

1/4″厚水泥粗砂

1/4″厚水泥细砂刚硬后砍剁

(a)"南京总统府"内建筑斩假石墙面　　(b)构造做法示意图

图 2.29　斩假石墙面(注:1 in=1″=25.4 mm)

2.4.2.4　砖墙外护墙面

民国时期,外墙装修有两种独特的做法,即在基层墙体外表面再砌一层墙体做装饰或用 1 in×2.5 in×4 in(25.4 mm×63.5 mm×101.6 mm)长的砖片胶贴于基层墙体上,前者称为走砖构造做法(图 2.30),后者称为顶砖构造做法(图 2.31)。走砖构造做法常用于高层建筑的空心砖外墙的饰面,顶砖构造做法则用于普通砖墙的装饰。

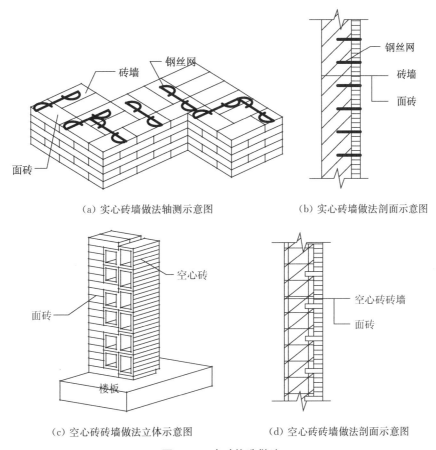

（a）实心砖墙做法轴测示意图　　　（b）实心砖墙做法剖面示意图

（c）空心砖砖墙做法立体示意图　　　（d）空心砖砖墙做法剖面示意图

图 2.30　走砖构造做法

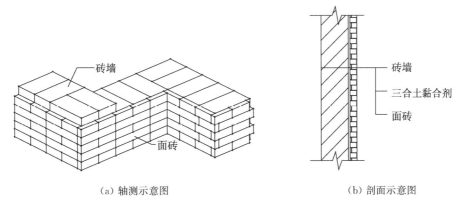

（a）轴测示意图　　　　　（b）剖面示意图

图 2.31　顶砖构造做法

2.4.2.5　瓷砖墙面

民国时期,瓷砖墙面装修是一种较为高级的做法,瓷砖不仅可以保护墙体,防止砖墙的风化和侵蚀,同时可增强建筑的整体感。

瓷砖墙面构造做法有两种:一是用三合土作为黏合剂直接贴合于基层墙体,这种方式

适合用于小块的瓷砖或顶砖构造做法，可以用于内墙和外墙的装饰[图 2.32(a)]。二是通过凸起的线脚，然后找平层找平后用金属外挂瓷砖，这种一般用于大块的石片和瓷砖，瓷砖外挂只能用于实心砖墙，不能用于空心砖墙，瓷砖外挂一般用于外墙的装饰[图 2.32(b)]。

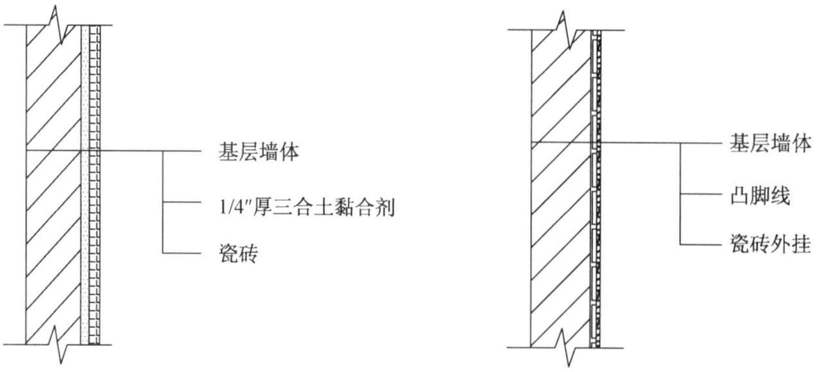

(a) 瓷砖贴面做法　　(b) 瓷砖外挂做法

图 2.32　瓷砖墙面构造做法示意图(注:1 in=1″=25.4 mm)

2.4.3　分间墙

民国时期，隔墙和隔断统称为分间墙，其主要起分隔空间的作用，部分分间墙还能起支撑楼板的作用。分间墙质量轻、结构简单、施工方便，还能起避火作用，再加上分间墙只适用于内墙，因此分间墙的材料很多，一般有实心砖、空心砖、木龙骨板等材料。

2.4.3.1　砖砌分间墙

砖砌分间墙的高度一般不超过 12 ft(3 657.6 mm)，其防火作用和强度是所有分间墙中最好的，唯一的缺点就是质量较大。

砖砌分间墙常用的材料有青砖和红砖，砌筑时采用石灰砂浆砌筑。分间墙一般采用半砖墙的砌法，另外还有两种砌法，分别是英式砌法和十字砌法，表 2.3 调研了民国建筑的砖墙砌法，结果表明民国建筑采用英式砌法最多，其次是十字砌法，这些砌法不仅适用于分间墙也适用于砖砌外墙。

表 2.3　民国建筑砖墙砌法

类型	图片	做法	建筑
半砖墙砌法	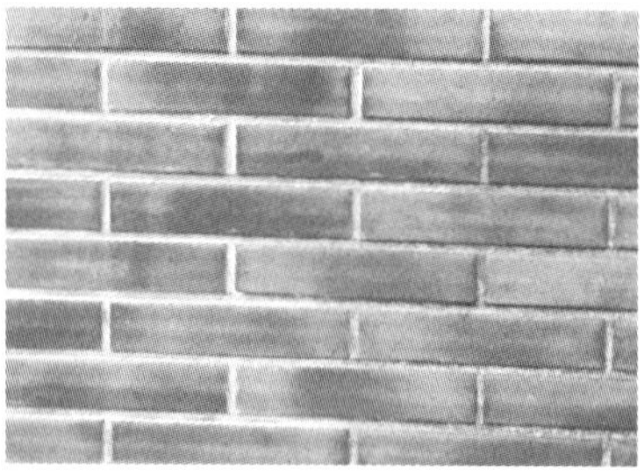	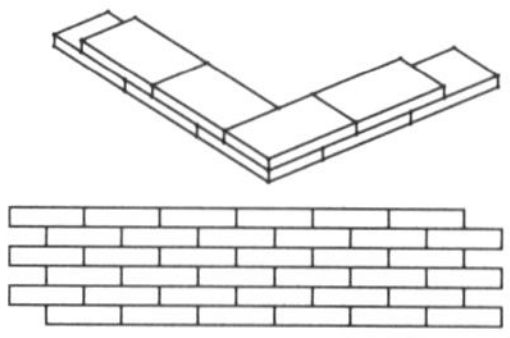 全顺	金陵大学旧址健忠楼

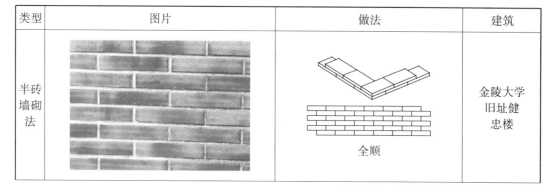

续表

类型	图片	做法	建筑
英式砌法		一顺一丁	金陵女子大学旧址民国建筑
十字砌法		梅花丁	南京大华大戏院

2.4.3.2 空心砖砌分间墙

空心砖指内部中空的砖块,空心砖的尺寸类型较多,种类有双眼、三眼至八眼,尺寸通常为 12 in×12 in×8 in(304.8 mm×304.8 mm×203.2 mm),12 in×12 in×6 in(304.8 mm×304.8 mm×152.4 mm),及 9.25 in×9.25 in×6 in(234.95 mm×234.95 mm×152.4 mm),9.25 in×4.5 in×9.25 in(234.95 mm×114.3 mm×234.95 mm)等。由于空心砖重质轻,经常用于隔墙,起着很好的隔音和防火作用,另外空心砖还可用于水泥平屋顶,起着很好的隔热作用。

空心砖砌筑时最好采用水泥黄砂(1:3)砌筑,每铺砌五皮,应铺钢丝网一道,起加固作用。钢筋网采用直径为 0.25~0.5 in(6.35~12.7 mm)的钢筋,做成十六号二分钢眼的钢丝网,用十九号的软钢丝进行扎牢,每隔 4 in(101.6 mm),必须扎软钢丝一道。再用特制的箍筋和拉筋固定在分间墙上,最后进行粉刷(图 2.33)。

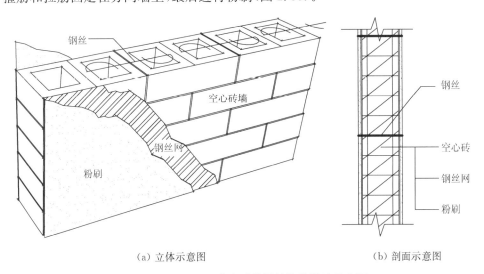

（a）立体示意图　　　　　　　　　　　（b）剖面示意图

图 2.33　空心砖分间墙构造做法示意图

2.4.3.3 木龙骨板分间墙

民国时期的木龙骨板分间墙主要有两种类型,第一种是普通的木板墙,采用竖直的木条作为结构层,即所谓板筋墙;第二种是木筋砖墙,即板筋间设置砖块。

普通木板墙有上槛和下槛,其分别设置于上楼板的格栅下和下楼板上,与格栅成直角,然后用木条子(即板墙筋)支撑。板墙筋一般采用 4 in×1.25 in(101.6 mm×31.75 mm)的木条子,间距 1 ft~1 ft 3 in(304.8~381 mm)不等,榫于上下槛之间。板墙筋之间可钉 4 in×2 in(101.6 mm×50.8 mm)的短小木条(称木筋),增加木板分间墙的刚度,也可用 2 in×3/4 in(50.8 mm×19.05 mm)的木板条钉在板筋面部增加其约束,具体见图 2.34。

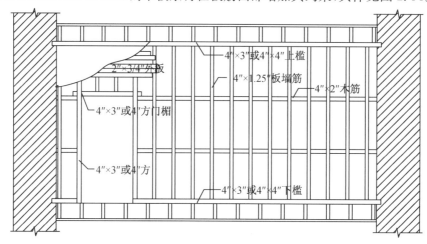

图 2.34 普通木板墙构造做法示意图(注:1 in=1″=25.4 mm)

木筋砖墙构造做法类似普通木板墙,但板筋之间砌 4.5 in(114.3 mm)的砖块,这样可以增加分间墙的防火和隔音效果。木筋砖墙采用 4 in×3.25 in(101.6 mm×82.55 mm)的板墙筋,间距依砖块数量而定,通常为 2 ft 3 in~3 ft(685.8~914.4 mm)之间,砖块砌筑高度约 2 ft(609.6 mm),板墙筋之间钉 4 in×3/8 in(101.6 mm×9.525 mm)的木筋增加刚度。木筋砖墙全长都需要有支撑,否则会产生沉陷、震动等危险,一般其高度不超过 10 ft(3 048 mm),超过 10 ft(3 048 mm)需要增加支撑或者改用半砖厚砖砌分间墙,具体见图 2.35。

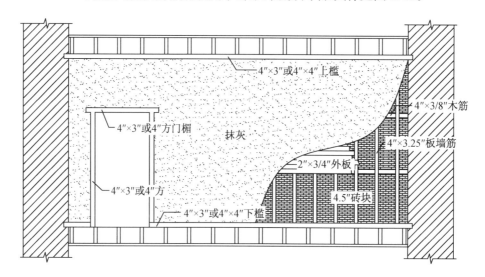

图 2.35 木筋砖墙构造做法示意图(注:1 in=1″=25.4 mm)

木龙骨板分间墙可采用抹灰饰面,即在木板条上抹灰,抹灰包括抹砂子一层,抹麻刀一层,抹纸灰一层,抹灰效果光平洁白(图2.36)。很多民国建筑的天花板、内墙、隔墙都会采用这种"板条抹灰"的构造做法。

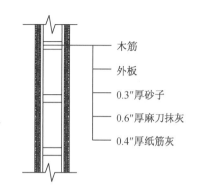

木筋
外板
0.3″厚砂子
0.6″厚麻刀抹灰
0.4″厚纸筋灰

(a) 浦口火车站旧址板条抹灰天花板和墙面　　　　(b) 墙面构造做法示意图

图2.36　板条抹灰(注:1 in＝1″＝25.4 mm)

木龙骨板分间墙质量轻,坚固,施工简便,受力均匀,但隔音、防火、防潮效果差。因此木龙骨板分间墙一般不设置在一层或地下室,木龙骨板分间墙使用时还需要增加防潮的设施。

2.4.4　墙体构造设计方法对比

现将部分民国钢筋混凝土建筑的墙体构造做法与现行标准的构造做法进行对比,整理结果如表2.4所示。

表2.4　墙体构造设计方法对比

构造内容	民国构造做法	现代构造做法
墙体外饰面	斩假石墙面做法:1/4 in(6.35 mm)厚水泥细砂硬后随即砍剁,1/4 in(6.35 mm)厚水泥粗砂,0.6 in(15.24 mm)厚1:2水泥砂浆,基层	斩假石墙面做法:10 mm厚1:2水泥石子(米粒石内掺30%石屑)面层赶平压实(斧剁斩剁两遍成活),素水泥浆一道,12 mm厚1:3水泥砂浆打底扫毛或划出纹道[19]
	水刷石墙面做法:0.4 in(10.16 mm)厚水泥石子混合砂浆面层,0.2 in(5.08 mm)厚素水泥砂浆,0.6 in(15.24 mm)厚1:2水泥砂浆,基层	水刷石墙面做法:8 mm厚1:1.5水泥石子(小八厘)或1:2.5水泥石子(中八厘)面层,刷素水泥浆一道,12 mm厚1:3水泥砂浆打底扫毛或划出纹道
	拉毛墙面做法:面层1/4 in(6.35 mm)厚灰浆拌入适量黄土拉毛,0.6 in(15.24 mm)厚柴泥加石灰(2:1)打底,基层	水泥拉毛墙面做法:表面面浆(或涂料)饰面,6 mm厚1:0.5:3水泥石灰膏砂浆找平拉毛,视不同基层类别做8~10 mm厚1:0.5:4或1:1:6水泥石灰膏砂浆打底扫毛或划出纹道,刷一道专用界面剂甩毛石膏拉毛墙面:表面面浆(或涂料)饰面,石膏拉毛,5 mm厚1:0.5:2.5水泥石灰膏砂浆找平,视不同基层类别做6~9 mm厚1:0.5:4或1:1:6水泥石灰膏砂浆打底扫毛或划出纹道,刷一道素水泥浆

构造内容	民国构造做法	现代构造做法
墙体内饰面	瓷砖贴面做法:瓷砖,1/4 in(6.35 mm)厚三合土黏合层,基层	瓷砖贴面做法:白水泥或彩色水泥细砂砂浆勾缝,瓷砖,5 mm 厚1:2建筑胶水泥砂浆黏结层,素水泥浆一道,结合层,基层[20]
	木板条抹灰做法:底层抹灰采用砂子,中层采用麻刀抹灰,面层采用纸筋灰	水泥条板墙或石膏条板墙抹灰:面浆饰面,2 mm厚面层耐水腻子刮平,3 mm厚底基防裂腻子找平,石膏浆一道,碱玻璃纤维网格布一层
	白粉墙做法:采用纸筋灰做法,粗草纸短纤维和石灰膏混合做成灰膏,用掺了水泥的纸筋灰打底找平,然后用纸筋灰罩面,通常抹灰厚1/4 in(6.35 mm)	白粉墙做法:采用乳胶漆做法,聚合物水泥砂浆修补墙基面(或水泥石膏砂浆找平),刮腻子三遍、打磨,封闭底涂料一道,乳液内墙涂料一道,乳胶涂料一道
木板隔墙	板墙筋断面为 4 in×1.25 in(101.6 mm×31.75 mm),板墙筋间距 1 ft～1 ft 3 in(304.8～381 mm);上槛和下槛断面为4 in×3 in 或 4 in×4 in(101.6 mm×76.2 mm或101.6 mm×101.6 mm),墙高度不超过 10 ft(3 048 mm)	现在装修工程中所用的木板隔墙已为工厂预制加工,已经没有对应的国家标准图集

对比结果显示,大部分民国钢筋混凝土建筑的外饰面和内饰面做法沿用至今并被改进,而现代钢筋混凝土建筑的饰面做法也呈现出多元化,除了继承了民国时期的这些传统饰面做法外,还有许多干挂面层和新材料面层做法等。民国时期钢筋混凝土建筑墙体外饰面常用的斩假石墙面、水刷石墙面以及拉毛墙面做法,与现代钢筋混凝土外饰面中的斩假石墙面、水刷石墙面以及拉毛墙面做法均有所不同,在材料、厚度、工艺等方面都有一定差异。

2.5 民国时期屋顶构造特征

屋顶是建筑的第五立面,民国时期的建筑师很重视屋顶的设计,再加上民国时期钢筋混凝土、钢结构等新技术的快速发展,民国建筑师对建筑的屋顶采用了各种形式,有现代主义的平屋顶,有中国固有式的坡屋顶,有中西合璧的屋顶,还有一些特殊的屋顶做法。

2.5.1 平屋顶

民国时期,由于钢筋混凝土结构技术快速发展并在民国建筑中普遍运用,加上平屋顶造价低,工期短,平屋顶建筑成为民国钢筋混凝土建筑中典型的屋顶形式。还有很多战后被毁的大屋顶民国建筑,由于造价等,经修复后改为平屋顶。

平屋顶建筑一般为梁板柱的框架结构,屋顶坡度一般为 2%,屋面板一般采用钢筋混凝土屋面板,然后根据功能要求设置防水层、保护层、保温层、隔热层。

2.5.1.1 平屋顶构造做法

平屋顶的设计分为上人平屋顶和不上人平屋顶,两者在构造做法上有一些差别。

上人平屋顶先在钢筋混凝土屋面板上刷一道松香柏油,再铺 1/2 in(12.7 mm)厚隔热板,接着铺一层牛毛毡,最后铺 1 in(25.4 mm)厚的花方砖面层(图 2.37)。

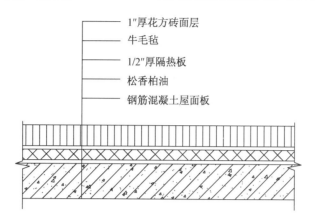

图 2.37　上人平屋顶构造做法示意图(注:1 in=1″=25.4 mm)

不上人平屋顶先在钢筋混凝土屋面板上刷一道松香柏油,再铺 1/2 in(12.7 mm)厚隔热板,接着铺两层牛毛毡,最后在表面撒柏油绿豆砂保护层(图 2.38)。

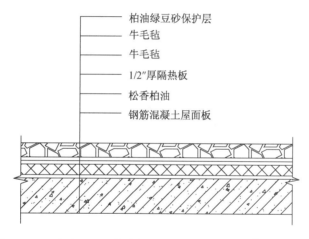

图 2.38　不上人平屋顶构造做法示意图(注:1 in=1″=25.4 mm)

2.5.1.2　屋面隔热保温

屋顶隔热保温是平屋顶建筑的重要功能需求,由于钢筋混凝土板传热速度较快,所以需要在钢筋混凝土屋面板上铺设隔热材料。由于空心砖质量轻,隔热较好,民国平屋顶建筑一般采用空心砖作为屋顶的隔热材料,即在混凝土屋面板上铺设一皮空心砖作为隔热层,然后铺设煤屑水泥,再用水泥砂浆找平,浇松香柏油后铺一层砂,再铺设牛毛毡一层,再浇松香油和铺设牛毛毡一层进行防水,最后在表面撒石卵子保护层(图 2.39)。空心砖隔热屋面是民国时期常见的屋顶隔热做法,也是民国时期特有的屋顶构造做法。

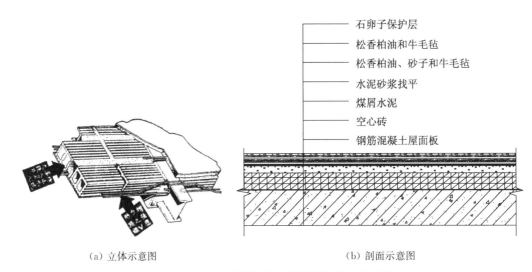

| 石卵子保护层 |
| 松香柏油和牛毛毡 |
| 松香柏油、砂子和牛毛毡 |
| 水泥砂浆找平 |
| 煤屑水泥 |
| 空心砖 |
| 钢筋混凝土屋面板 |

（a）立体示意图   （b）剖面示意图

图 2.39　空心砖隔热保温屋面构造做法示意图

2.5.1.3　屋顶防水

屋顶防水是建筑的重要功能需求,民国钢筋混凝土平屋顶建筑一般通过设置砂浆隔离层、牛毛毡防水层并覆盖三合土,做成 2% 的找坡进行排水(图 2.40)。

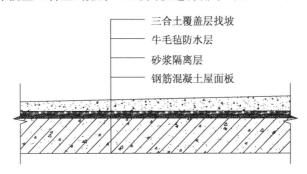

| 三合土覆盖层找坡 |
| 牛毛毡防水层 |
| 砂浆隔离层 |
| 钢筋混凝土屋面板 |

图 2.40　屋顶防水构造做法示意图

防水要求比较高的建筑,需要采用高级的防水做法。其具体做法是:先在混凝土板上涂一层油膏,粘一层油脂,再涂一层油膏,粘一层油毡,再涂一层油膏,随后铺 2.5 in(63.5 mm)厚的白灰、洋灰、焦砟混合料,最后压实轧光[21](图 2.41)。

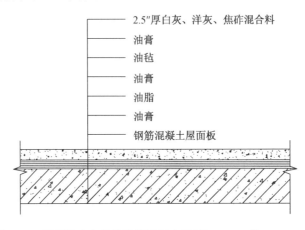

| 2.5″厚白灰、洋灰、焦砟混合料 |
| 油膏 |
| 油毡 |
| 油膏 |
| 油脂 |
| 油膏 |
| 钢筋混凝土屋面板 |

图 2.41　屋顶防水高级构造做法示意图(注:1 in＝1″＝25.4 mm)

2.5.1.4　女儿墙

民国钢筋混凝土建筑的女儿墙采用钢筋混凝土墙做法或砖砌筑方法,要求厚度为 6 in (152.4 mm),女儿墙外部还可砌 4 in(101.6 mm)轻气砖,高度没有严格限制,一般根据建筑师的设计要求而定。女儿墙应做泛水处理,泛水一般有白铁铅皮做成的单层泛水和双层泛水两种做法。女儿墙顶部要做压顶,压顶采用混凝土压顶,4 in(101.6 mm)厚,内部须放置三根圆钢条,或采用红砖压顶[22]。具体见图 2.42。

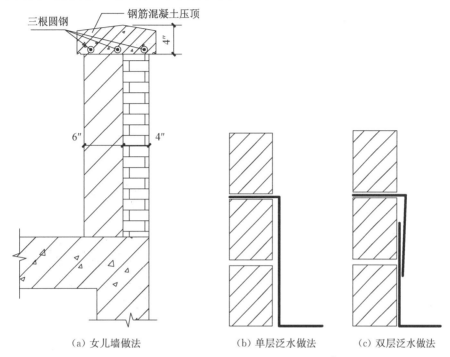

（a）女儿墙做法　　　（b）单层泛水做法　　　（c）双层泛水做法

图 2.42　民国建筑女儿墙构造做法示意图(注:1 in=1″=25.4 mm)

2.5.2　坡屋顶

民国钢筋混凝土建筑的坡屋顶很特殊,主要有两种类型的坡屋顶建筑,一种是普通的人字形屋顶,一般是住宅建筑和西方古典主义类型的建筑采用,另一种是由于当时《首都计划》和《大上海计划》的政治要求采用的"中国固有式"大屋顶建筑。

第一种普通坡屋顶一般采用屋架上设置檩条、屋面板、瓦片的做法,住宅的坡屋顶屋面一般没有特别的装饰,西方古典主义类型的坡屋面一般用于校园建筑、军事行政建筑,如孟芳图书馆旧址、国民政府国防部旧址。在细部装饰方面会有代表民族特色的中国式装饰,如石头檐口装饰,混凝土斗拱等,也会有现代主义的细部装饰,如老虎窗、烟囱等装饰做法(图 2.43)。

第二种大屋顶的做法是中国固有式建筑的做法,屋面一般为中国古建筑屋面样式,有庑殿顶、歇山顶、攒尖顶等类型。民国钢筋混凝土建筑的大屋顶有钢结构,也有钢筋混凝土结构。这种"中国固有式"大屋顶建筑是民国公共建筑的代表,很多公共建筑都是这种屋顶形式,如国民政府考试院旧址、南京中山陵、金陵大学旧址、金陵女子大学旧址、励志社旧址等(图 2.44)。校园建筑中大屋顶的形式大都采用灰筒瓦歇山式屋顶[23],其他公共建筑的大屋顶形式比较多,有灰筒瓦歇山屋顶,也有琉璃瓦庑殿顶等。在屋顶装饰上常采用古建筑屋顶的装饰做法,如斗拱、鸱吻、正脊、垂脊、脊兽、悬鱼等装饰。

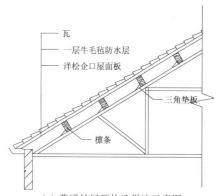

（a）普通坡屋顶构造做法示意图

（b）中央大学旧址健雄院的老虎窗

（c）中央大学旧址老图书馆的石制檐口

图 2.43　普通坡屋顶做法

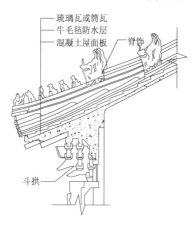

（a）大屋顶构造做法示意图

（b）国立中央博物院旧址"大屋顶"建筑

（c）金陵女子大学旧址民国"大屋顶"建筑

图 2.44　"中国固有式"大屋顶做法示例

　　屋面荷载通过屋架传递给下部的柱、墙等承重体系,屋架是民国建筑中的重要结构构件。民国时期处于一个承上启下的历史时期,在屋架形式上同时受到了传统建筑形制的影响以及西方现代建造方法的冲击,因此在屋架演进的过程中出现了很多别具特色的屋架形式。通过文献调研,将民国时期的主要屋架种类列于表2.5,并可归为两类:1～7为第一类,屋架中部无贯通柱;8～13为第二类,屋架中部有贯通柱。在第一类屋架中,1号屋架为我国传统木构建筑中的抬梁式屋架做法,2～7号屋架是在1号基础上的演变和优化,可以看出三角形的构造形式逐渐替代了矩形的构造形式,且梁架分布趋于均匀,结构受力状态更加优化。在第二类屋架中,屋架的演变以受力更加均匀为方向。总体而言,民国时期的屋架种类较多,在中西建筑文化交融的作用下,屋架的结构形式趋向于更加合理,部分屋架形式沿用至今。

表 2.5　民国建筑三角屋架类型

类型编号	示意图	类型编号	示意图
1		8	
2		9	
3		10	
4		11	
5		12	
6		13	
7			

注:该表由民国时期刊物《建筑月刊》1至13册的图纸整理绘制。

2.5.3 穹顶

穹顶的建筑风格属于典型的欧洲文艺复兴的古典建筑风格,是外国建筑师带入我国的建筑形式。民国时期的穹顶建筑,平面多为方形,四角有四根立柱,在两两立柱间设置半圆全拱,在每个拱顶上有几根不等高的小柱,小柱顶设一圈水平钢筋混凝土圈梁,圈梁上砌砖墙,墙顶支撑一个钢筋混凝土扁圆壳穹顶或钢结构穹顶[图 2.45(a)]。这样的结构形式很合理,由于穹顶的底部有一圈钢筋混凝土圈梁支撑,这样就可以完全承受穹顶产生的水平推力,使穹顶内力处于自平衡状态,支撑穹顶的四个半圆全拱只需要承受穹顶的重力,相应的支撑立柱也只承受重力,因而立柱的截面可以缩小,也不需要设置抵御水平推力的附设结构,这样大大地增加了建筑的使用面积,减少不必要的建筑面积[24]。穹顶内部可设置木龙骨做吊顶装饰,穹顶顶部可设置天窗,如中央大学旧址大礼堂的穹顶中开了八边形的天窗引入光线,改善光线不足的问题[图 2.45(b)]。

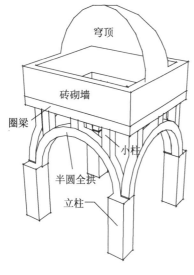

(a) 穹顶构造做法示意图　　　　　　　　　　(b) 中央大学旧址大礼堂

图 2.45　穹顶造型

2.5.4 屋顶构造设计方法对比

现将部分民国屋顶构造做法与现行标准的构造做法进行对比,整理结果如表 2.6 所示。对比结果显示,民国钢筋混凝土建筑的屋面构造与现代钢筋混凝土建筑的屋面构造大多不同。民国钢筋混凝土建筑的平屋顶排水坡度略小于现代钢筋混凝土建筑的平屋顶排水坡度。民国时期钢筋混凝土建筑屋面高级防水做法中的防水材料多用牛毛毡,其防水性能、密封性能和耐久性能远不如现代的防水材料。民国时期钢筋混凝土建筑的女儿墙混凝土压顶厚度小于现代做法要求,且民国时期的女儿墙没有安全高度要求。民国时期钢筋混凝土建筑的屋面一般不考虑保温隔热的构造做法,很难满足现行标准中建筑保温节能的要求。

表 2.6　屋顶构造设计方法对比

构造内容	民国构造做法	现代构造做法
排水坡度	平屋顶屋面排水坡度一般为 2‰	平屋顶屋面排水坡度一般为 2‰～5‰[25]
不上人平屋顶防水构造	先在钢筋混凝土屋面板上刷一道松香柏油,再铺 1/2 in(12.7 mm)厚隔热板,接着铺两层牛毛毡,最后在表面撒柏油绿豆砂保护层	钢筋混凝土屋面板上铺设保温层,最薄 30 mm 厚轻集料混凝土 2‰找坡层,20 mm 厚 1∶3 水泥砂浆找平层,防水卷材或涂膜层,10 mm 厚低强度等级砂浆隔离层,20 mm 厚聚合物砂浆铺卧,面砖
上人平屋顶防水构造	先在钢筋混凝土屋面板上刷一道松香柏油,再铺 1/2 in(12.7 mm)厚隔热板,接着铺一层牛毛毡,最后铺 1 in(25.4 mm)厚的花方砖面层	钢筋混凝土屋面板上铺设保温层,最薄 30 mm 厚轻集料混凝土 2‰找坡层,20 mm 厚 1∶3 水泥砂浆找平层,防水卷材或涂膜层,10 mm 厚低强度等级砂浆隔离层,20 mm 厚聚合物砂浆铺卧,C25 细石混凝土面层(双向配筋 Φ6)
女儿墙	混凝土压顶 4 in(101.6 mm)厚,内部须放置三根圆钢条;女儿墙高度无严格限制	混凝土压顶最小厚度为 120 mm;女儿墙常为 600 mm 高,但需加护栏至 1 000～1 200 mm;若女儿墙具有安全功能,高度一般为 1.0～1.2 m,高层建筑通常高于 1.5 m[26]
平屋顶高级防水做法	在混凝土板上涂一层油膏,粘一层油脂,再涂一层油膏,粘一层油毡,再涂一层油膏,铺白灰、洋灰和焦砟的混合料,最后压实轧光	根据建筑物重要性分为Ⅰ级和Ⅱ级防水,防水做法有卷材防水层、涂膜防水层和刚性防水层[25]
平屋顶保温层做法	空心砖隔热保护层做法:钢筋混凝土面板,空心砖,煤屑水泥,水泥砂浆找平,松香柏油、砂子和牛毛毡,松香柏油和牛毛毡,石卵子保护层	根据不同气候区和保温层材料,保温层厚度 20～520 mm 不等
坡屋面排水角度	沿袭中国传统建筑坡屋顶,坡度为 30°～45°	根据材料的不同,坡度可取 10%～50%[27]
坡屋面构造做法	屋架上设置檩条,檩条上安放洋松企口屋面板,然后铺一层牛毛毡作防水层,铺瓦	平瓦做法:钢筋混凝土屋面板上 15 mm 厚 1∶3 水泥砂浆找平层,防水垫层,保温或隔热层,顺水条,铝箔复合隔热防水垫层满铺,挂瓦条,平瓦

2.6　民国时期门窗构造特征

　　门窗是墙洞中可开启和关闭的建筑构件,门窗不仅有基本使用功能和围护功能,还起着装饰与美化的作用。民国时期的门窗具有独特的风格,大多数门窗都有当时的时代特点。根据实地调研发现,民国建筑的门窗主要有木门窗和钢门窗两大类,木门窗一般用于中式建筑和"中国固有式"大屋顶建筑中,钢门窗是时代发展演进的产物,主要用于西式建筑和新民族形式建筑中。

2.6.1 门

2.6.1.1 内平门

内平门一般用于建筑物内部,以及银行等沿街开放的建筑、大学校园中的一部分建筑(一般为行政类建筑)的一层正门,材料大多是木质,门上有中国传统花纹图案,常漆以红色、黑色、栗壳色等。

门的组成可以分为门框与门扇两个部分,其中门框与墙面的交接方式是:在墙体中预埋木砖,然后用铁钉将门框定于其上;门扇与门框的交接方式是:分别用螺栓将铰链的两翼固定于门框与门扇上,从而实现门扇的启闭(图2.46)。铰链一般为铜制铰链或白铁铰链。

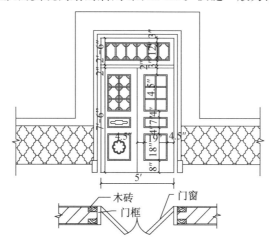

(a) 内平门构造做法示意图

(b) 国民大会堂旧址正门

(c) 金陵女子大学旧址教学楼内门

图 2.46 内平门(注:1 in=1″=25.4 mm,1 ft=1′=304.8 mm)

除了方形的内平门,一些仿古建筑的正门也设计成上部为半圆形的内平门,这种门称为券脸门。券脸门表面的漆色为黑色,其余的构造均与方形的内平门无异,在很多坡屋顶建筑和公共建筑中都可看见,如中央体育场旧址(图2.47)。

2.6.1.2 中平门

除了内平门外,民国建筑的门大部分都是中平门,因为它的构造较为简单,施工方便,其材料大多为钢质,颜色一般以绿色为主,少量仿古建筑的正门为黑色钢制门。

钢门由门框与门扇两部分组成,门框与墙体的连接方式是:先在墙体中预埋螺栓,然后将钢门框与其拴接,而门扇与门框的交接方式与木门类似(图2.48)。

2.6.1.3　外平门

相比之下,外平门在民国钢筋混凝土建筑中的所占比例很小,而且大多不是很正式,一般用在仓库建筑、公共建筑室内或其二层以上室外露台处,其用材也非常随意,一般是钢制的或是木板外包铁皮,构造上与钢制门相似(图2.49)。

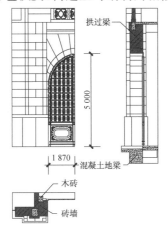

（a）中央体育场旧址正门测绘图　　　　（b）中央体育场旧址正门

图 2.47　券脸门

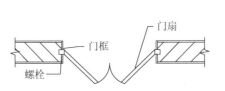

（a）钢制中平门设计图　　　　（b）中央大学旧址大礼堂侧门

图 2.48　中平门

（a）金陵女子大学旧址仓库门　　　　（b）交通银行南京分行旧址外出至露台的门

图 2.49　外平门

2.6.1.4　门的尺寸

民国时期对门的尺寸有以下的规定:单扇门的净宽为 2～3 ft(609.6～914.4 mm),双扇门的净宽为 3～6 ft(914.4～1 828.8 mm),当宽度大于 6 ft(1 828.8 mm)时,应用四扇门。在同一住宅内,门的高度最好一致,一般为 6 ft 6 in～7 ft(1 981.2～2 133.6 mm),若门上端装有气窗,可加高 1～2 ft(304.8～609.6 mm)。单扇门和双扇门可采用摇门[图 2.50(a)、(b)],四扇门可采用摺门[图 2.50(c)],摺门的中间两扇门应较边门稍宽,且每扇门的宽度小于 2 ft(609.6 mm)。当宽度大于 7 ft(2 133.6 mm)时,可做扯门[图 2.50(d)],即用铁轮推拉的门,门可藏于两边墙壁内,因此,两边墙壁的厚度应在 8 in(203.2 mm)以上,这种门造价较高,只用于高等住宅。还有一种和扯门相似的门,这种门称为推门[图 2.50(e)],即在门的上下槛内做槽,将门置于上下两端之间,使其能在槽内推拉,这种门尺寸不能过大,宽不得超过 2 ft 6 in(762 mm),高度小于 6 ft 8 in(2 032 mm)。在餐厅厨房内,通常用双向门[图 2.50(f)],其装于门洞中央,用弹簧连接门框和门扇,实现内外双向开闭,这种门在离地面 4 ft(1 219.2 mm)处常配以 36 in^2("平方英寸"用"in^2"表示)(23 225.76 mm^2)的玻璃[28]。

2.6.2　窗

2.6.2.1　窗的分类

按窗户开闭方式可分为平开窗、上落窗、推窗、旋窗、翻窗(图 2.51),按窗户种类可分为气窗、百叶窗、纱窗、高窗、屋面窗、天窗。

平开窗的每扇窗的尺寸不能超过 2 ft(609.6 mm),一般向外开启,且双扇平开窗必须向外开启,如果平开窗采用百叶窗,那么可向内开启。上落窗的宽度应小于 3 ft(914.4 mm),因为上落窗的造价较高,只用于高等住宅,如果上落窗配以纱窗,纱窗应装在上落窗外部。推窗和上落窗类似,只是开启方向是左右推移。推窗造价较低,普通住宅中经常使用。旋窗是轴装在窗洞中央,能上下旋转的窗,旋窗常装在外墙上,开启方向为向外开启。翻窗和旋窗类似,只是轴装在窗洞上边或下边,实现向外开启。当翻窗用在外墙时,窗轴装于窗洞上边,翻窗多用于气窗或装于较高墙的较高位置。

气窗设置在窗的顶部,起通风排气作用,其开启方式可做成翻窗或旋窗。如果气窗位于建筑的一层,其窗户的玻璃须配用冰片玻璃或漆白漆。气窗造价较高,常用于高等和中等住宅。百叶窗用于遮挡阳光和通风排气,同时可以阻挡风雨。百叶窗常用于外墙,常受风雨侵蚀而易变形,因此通常在百叶窗的四角钉直角铁皮,防止变形,其造价也较高,常用于高等住宅[图 2.52(a)]。纱窗用于防蚊虫,制作纱窗时,窗框四周须做企口,企口高度至少 3/8 in(9.525 mm)。纱窗的纱网可用三种材料,即铜丝纱、白纱及绿纱。铜丝纱造价最高,常用于高等住宅;白纱外表面涂以亚铅,效果可达到铜丝网,价格却较铜丝网低;绿纱价格最低,使用时间较长时会霉烂,因此不宜使用。纱窗的纱眼为每英寸十八眼。高窗指距离地面 4.5 ft(1 371.6 mm)以上的窗,一般设置在房屋的西北面和房间的内墙上。屋面窗是利用屋顶进行通风采光的窗,常用于层数较高的平屋顶建筑。屋面窗的宽度不得小于 4 ft(1 219.2 mm),最佳尺寸为 6～8 ft(1 828.8～2 438.4 mm),安装完屋面窗后,屋面窗和屋面的相交处必须加白铁泛水,避免漏水。天窗类似于屋面窗,但只起采光作用,天窗的面积一般为 2～10 ft^2(185 806.08～929 030.4 mm^2)[29][图 2.52(b)]。

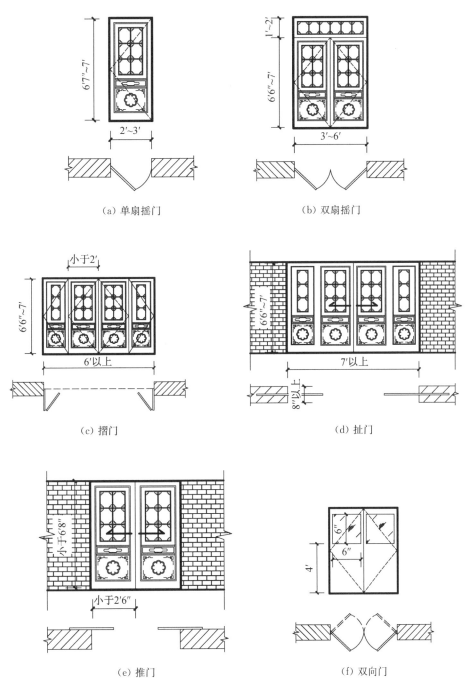

(a) 单扇摇门　　　　　　　　　　　(b) 双扇摇门

(c) 摺门　　　　　　　　　　　　(d) 扯门

(e) 推门　　　　　　　　　　　　(f) 双向门

图 2.50　门的尺寸(注:1 ft=1′=304.8 mm,1 in=1″=25.4 mm)

（a）中央大学旧址体育馆平开窗

（b）南京某民国建筑上落窗

（c）南京某民国工厂旧址推窗

（d）南京中央体育场旧址旋窗

（e）中央大学旧址大礼堂翻窗

图 2.51　民国钢筋混凝土建筑窗户实例

（a）浙江孤山馆舍白楼百叶窗

（b）中央大学旧址大礼堂天窗

图 2.52　窗户的部分种类

2.6.2.2 窗的宽度

窗户大多采用木料制作,在公共建筑中还会采用造价较高的钢窗。窗的做法、连接方式和门一样,窗户和墙体的关系也分为内平、中平、外平三种,窗上还会加入中国建筑传统的纹样装饰,如十字纹样、万字纹样等。窗的尺寸、高度也有较严格的规定。

窗洞的尺寸需要根据采光面积计算确定,但同一建筑内窗户的尺寸种类不宜太多,宽度和高低位置最好统一。一般来说,每扇窗户的宽度最好不超过 2 ft(609.6 mm),最佳宽度尺寸为 1 ft～1 ft8 in(304.8～508 mm)[图 2.53(a)]。当宽度超过 4 ft(1 219.2 mm)时,应用三扇窗[图 2.53(b)];当宽度超过 6 ft(1 828.8 mm)时,应用四扇窗[图 2.53(c)]。窗户采用的玻璃有三种,即平面玻璃、毛玻璃及花玻璃。平玻璃厚度为 1/16 in 或 1/8 in(1.587 5 mm 或 3.175 mm),毛玻璃和花玻璃厚度为 1/4 in 或 3/4 in(6.35 mm 或 19.05 mm)。窗格须为长方形,高度约为宽度的 1.5 倍,不能采用正方形的窗格,同一住宅内,窗格的大小和形状应一致。

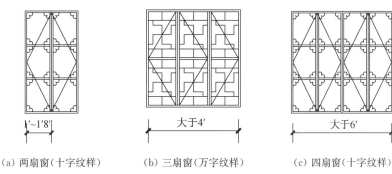

(a) 两扇窗(十字纹样)　　(b) 三扇窗(万字纹样)　　(c) 四扇窗(十字纹样)

图 2.53　窗的宽度(注:1 ft＝1′＝304.8 mm,1 in＝1″＝25.4 mm)

2.6.2.3 窗的高度

窗户的高度应考虑采光。如果窗洞只开在一边的墙上,窗的高度不得小于房间深度的 1/2,如果两边墙上都有窗洞,窗的高度不得小于房间深度的 1/4。

窗台离地面的高度(即窗台的高度)则是根据房间的用途而定的。起居室和卧室的窗台高度为 2.5～3 ft(762～914.4 mm),厨房、浴室及储藏室的窗台高度为 3～3.5 ft(914.4～1 066.8 mm)。

窗顶离地面的高度一般为 8.5ft～9.5ft(2 590.8～2 895.6 mm),每个房间内窗顶的高度一致且与门顶高度相同[24](图 2.54)。

2.6.2.4 过梁

门窗洞上应加过梁,过梁常见的形式有砖砌平拱过梁、砖砌弧拱过梁、钢筋混凝土过梁、木过梁(图 2.55)。过梁长度每边比门窗洞框宽 18 in(457.2 mm),过梁的总长度须超过 3.5 ft(1 066.8 mm)[14]。窗盘石(即窗台)可采用内安 3 根 3/8 in(9.525 mm)圆钢筋的钢筋混凝土做成,也可用砖砌做成,表面采用水刷石装饰,如果安装钢窗框,须做出榫头。

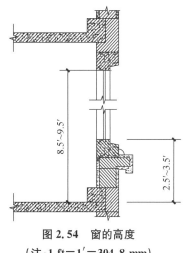

图 2.54　窗的高度
(注:1 ft＝1′＝304.8 mm)

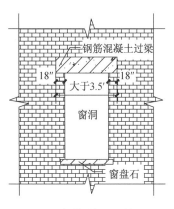  

（a）钢筋混凝土过梁　　　　（b）砖砌平拱过梁　　　　（c）砖砌弧拱过梁

图 2.55　门窗洞过梁(注：1 in＝1″＝25.4 mm)

2.6.3　门窗构造设计方法对比

现将民国钢筋混凝土建筑的门窗构造做法与现行标准的构造做法进行对比,结果如表2.7所示。

表 2.7　门窗构造设计方法对比

构造内容	民国构造做法	现代构造做法
门的尺寸	门的宽度: 单扇门:2～3 ft(609.6～914.4 mm), 双扇门:3～6 ft(914.4～1 828.8 mm), 门洞高度:6 ft 6 in～7 ft(1 981.2～2 133.6 mm), 亮子高度:1～2 ft(304.8～609.6 mm)	居住建筑 门洞宽度: 单扇门:800～1 000 mm, 双扇门:1 200～2 100 mm, 四扇门:3 000～3 600 mm 门洞高度:2 100～2 400 mm 亮子高度:300～500 mm[30]
窗的尺寸	窗洞宽度: 单扇窗和双扇窗,每扇窗宽:不超过 2 ft(609.6 mm),最佳尺寸为 1 ft～1 ft 8 in(304.8～508 mm),三扇窗:大于 4 ft(1 219.2 mm) 窗洞高度:起居室和卧室为 9～9.5 ft(2 743.2～2 895.6 mm),厨房、浴室及储藏室为 8.5～9 ft(2 590.8～2 743.2 mm) 窗台离地高度:起居室和卧室为 2.5～3 ft(762～914.4 mm),厨房、浴室及储藏室为 3～3.5 ft(914.4～1 066.8 mm)	窗洞宽度: 单扇窗:外窗通常大于 600 mm,双扇窗:900～1 200 mm,三扇窗:1 500～3 000 mm,四扇窗:2 400～3 000 mm 窗洞高度:通常为 600～1 400 mm,1 500～2 000 mm 高时包含亮子 窗台离地高度:900～1 000 mm
过梁	民国时期常见的形式有砖砌平拱过梁、砖砌弧拱过梁、钢筋混凝土过梁、木过梁。过梁长度每边比门窗洞框宽 18 in(457.2 mm),过梁的总长度须超过 3.5 ft(1 066.8 mm)	有较大振动荷载或可能产生不均匀沉降的房屋,应采用钢筋混凝土过梁;当过梁跨度不大于 1.5 m 时,可采用钢筋砖过梁;不大于 1.2 m 时,可采用砖砌平拱过梁[31]

对比结果显示,民国钢筋混凝土建筑的门窗构造、尺寸与现代建筑多有不同。民国时期对于钢筋混凝土建筑中门窗洞口的过梁尺寸规定了最小长度,而现行标准根据过梁类型限制了过梁最大长度和适用的门窗洞口尺寸。民国时期的门窗过梁主要有砖砌平拱过梁、砖砌弧拱过梁、钢筋混凝土过梁、木过梁四种形式,当时的尺寸要求虽不同于现行标准,但基本满足现行标准的构造尺寸要求。

2.7 民国时期楼梯构造特征

楼梯是建筑内的垂直交通设施,在民国钢筋混凝土建筑中,楼梯的使用材料主要有木材和钢筋混凝土,木楼梯用于普通住宅,钢筋混凝土楼梯多用于公共建筑,且大多为梁式楼梯。

2.7.1 楼梯的种类

民国钢筋混凝土建筑的楼梯可分为直楼梯、转角楼梯、圆楼梯等(又叫螺旋式楼梯),转角楼梯又分为二跑楼梯、三跑楼梯(图 2.56)。

直楼梯不设置平台、不改变方向,一段楼梯连接上下两层。直楼梯造价最低、构造简单、所用空间最少,一般用于双层建筑。

转角二跑楼梯在两层楼之间设置转角,转角处设置长方形平台。转角三跑楼梯在平台中间做踏步,把平台变成两小平台,三段楼梯一起连接上下两层。

圆楼梯主要是美观作用的选择,所以一般只用于高等住宅。

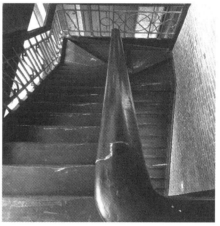

(a) 直楼梯　　　　　　　　　　　　　　　(b) 二跑楼梯

(c) 三跑楼梯　　　　　　　　　　　　　　(d) 圆楼梯

图 2.56　民国建筑的楼梯种类

2.7.2　楼梯的尺度

2.7.2.1　楼梯尺寸的规定

民国钢筋混凝土建筑的楼梯坡度一般为 30°～38°。对于不同建筑,楼梯的尺寸有不同的规定,对于低层建筑,楼梯净宽大于 2 ft(609.6 mm),踏板深大于 6 in(152.4 mm),竖板高小于 9 in(228.6 mm);对于普通住宅和中等住宅,楼梯净宽 2.5～3 ft(762～914.4 mm),踏板深度为 8～9 in(203.2～228.6 mm),竖板高小于 8 in(203.2 mm);对于高等住宅,楼梯净宽 3～4 ft(914.4～1 219.2 mm),踏板深度 9～10 in(228.6～254 mm),竖板高小于 7 in(177.8 mm)。所有楼梯踏板的檐边为 7/8～1 in(22.225～25.4 mm),所有踏步尺寸应满足下列公式之一:

$$b+h = 17.5 \sim 18 \text{ in}(444.5 \sim 457.2 \text{ mm}) \tag{2.1}$$

$$b+2h = 640 \text{ mm 或 } 750 \text{ mm} \tag{2.2}$$

其中:b 为踏板深度;h 为踏板高度。

2.7.2.2　楼梯平台的规定

每个 10 级或 12 级踏步须设置平台,或者楼梯高度达到 12 ft6 in(3 810 mm)时须设置平台。下部过道处净高应大于 6 ft (1 828.8 mm)(图 2.57)。平台下可设梯柱进行支撑,如果梯柱附近有门框,门框与梯柱之间的距离不得小于楼梯的宽度。

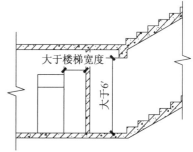

图 2.57　平台下部净空高度
（注:1 ft＝1'＝304.8 mm）

2.7.3　钢筋混凝土楼梯的构造

民国钢筋混凝土楼梯大都为现浇梁式楼梯,由踏步板、平台板、斜梁和平台梁组成,其构造做法与现代的现浇钢筋混凝土梁式楼梯基本相同。

梁式楼梯的踏步板支承在斜梁上,斜梁支承在平台梁上,梯段的跨度相当于踏步板的跨度,即斜梁的间距。斜梁的跨度为平台梁的水平方向投影的间距。因此,梁式楼梯梯段的荷载主要由斜梁承担,并传递给平台梁。一般在梯段的两侧设置斜梁;民国时期有时为了节约用料和模板,会将梯段板的一侧直接支承在紧靠的砌体墙中,此时梯段的跨度即为斜梁与墙的间距。

就类型而言,梁式楼梯可根据踏步的构造做法分为明步楼梯(图 2.58)和暗步楼梯(图 2.59)两种形式。明步楼梯的斜梁一般暴露在踏步板的下面,从梯段侧面就可以看到踏步;其在梯段下部会形成梁的暗角,容易积灰,不易打扫。暗步楼梯是梯梁在踏步板之上,形成反梁,梯段下面是严整的斜面,踏步包在两个斜梁之间;暗步楼梯弥补了明步楼梯的缺陷,但要注意斜梁宽度要满足结构的要求,往往宽度较大,从而使梯段的通行净宽变小。根据调研结果,民国钢筋混凝土楼梯大多为暗步做法。

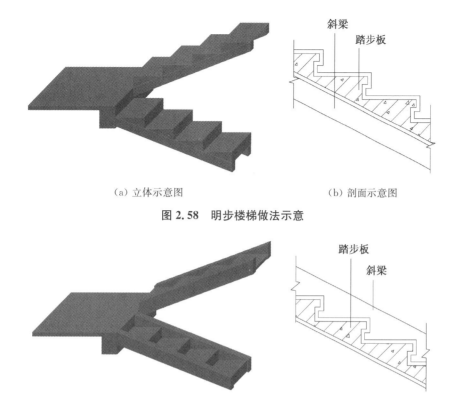

（a）立体示意图　　　　　　　　（b）剖面示意图

图 2.58　明步楼梯做法示意

（a）立体示意图　　　　　　　　（b）剖面示意图

图 2.59　暗步楼梯做法示意

2.7.4　楼梯的细部构造

2.7.4.1　楼梯的防滑处理

楼梯的踏板应采用水磨石、石板、木材、沥青胶泥、铁磨石等材料,能起防滑作用。民国时期,踏步通常采用凸起、凹槽、金刚砂、马赛克、橡胶条、铸铁或钢条作为防滑条进行防滑处理。平台则采用软木、橡胶、糙石等材料进行防滑,具体样式整理如表 2.8 所示。

表 2.8　民国建筑防滑条类型

类型	图片	建筑	类型	图片	建筑
金刚砂防滑条		国立美术陈列馆旧址	凸起防滑条		金陵大学旧址小礼堂
马赛克防滑条	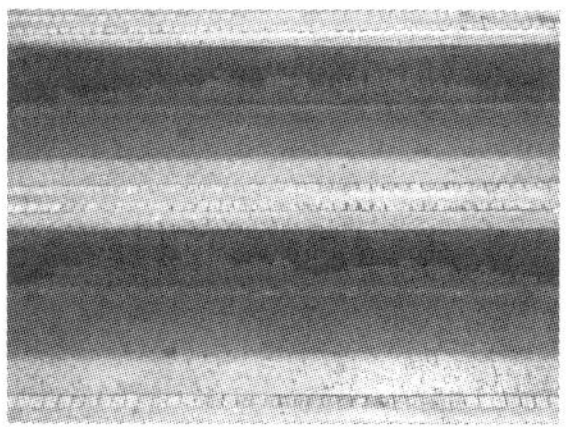	金陵女子大学旧址音乐楼	铸铁或钢条防滑条	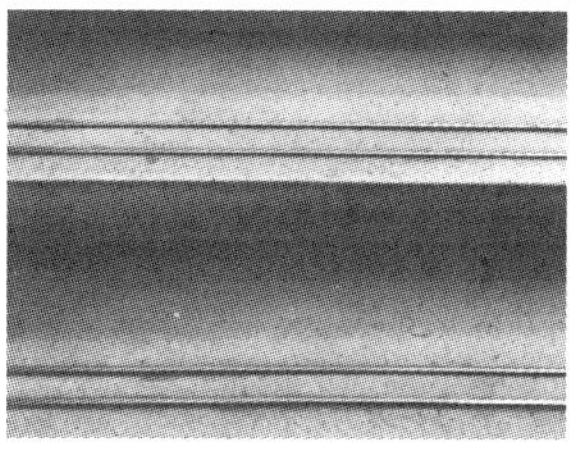	中央大学旧址大礼堂

2.7.4.2 栏杆扶手的构造

楼梯栏杆扶手既是安全设施又有装饰功能。民国时期要求:室外楼梯两边均须设置栏杆,当楼梯宽度大于 3.5 ft (1 066.8 mm)时,室内楼梯两边须设置栏杆。当楼梯宽度大于 8 ft(2 438.4 mm)时,楼梯中间须再设置一道栏杆,共三道栏杆。栏杆立柱一般用 3/4 in(19.05 mm)方熟铁或钢条,柱脚插入踏步中,立柱的间距不得超过 12 in(304.8 mm)[图 2.60(a)]。扶手做法比较多,可用 2 in×2 in×2.25 in(50.8 mm×50.8 mm×57.15 mm)的角钢或钢做成斜边扶手[图 2.60(b)],也可用直径为 1.25～1.5 in(31.75～38.1 mm)的钢管做成圆扶手[图 2.60(c)],还可用 2 in×4 in(50.8 mm×101.6 mm)的木材做成木扶手,并用帽钉和栓钉与立柱连接[图 2.60(d)]。具体栏杆扶手实例图见图 2.60(e)。

民国时期对楼梯栏杆高度要求是不低于 2 ft 8 in(812.8 mm),作者对 10 栋民国建筑的楼梯栏杆高度进行测量,测量数据如表 2.9 所示,结果表明民国楼梯梯段栏杆的高度范围为 860～1 070 mm,平均值为 954 mm,平台栏杆高度范围为 800～1 090 mm,平均值为 917 mm。楼梯栏杆高度符合民国时期要求,且基本满足现行标准室内楼梯栏杆高度的要求(不应小于 900 mm)。

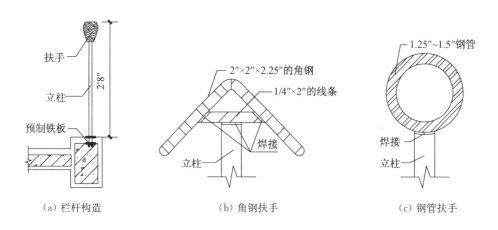

　　(a) 栏杆构造　　　　　　　(b) 角钢扶手　　　　　　　(c) 钢管扶手

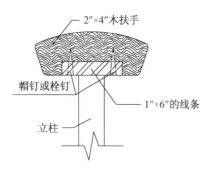 

　　(d) 木扶手构造做法示意图　　　(e) 金陵女子大学旧址音乐楼栏杆扶手

图 2.60　栏杆扶手做法示意图
(注:1 ft=1′=304.8 mm,1 in=1″=25.4 mm)

表 2.9　民国建筑楼梯栏杆高度测量结果　　　　　　　　　单位:mm

建筑名称	中央大学旧址中大院	中央大学旧址大礼堂	中央大学旧址老图书馆	金陵大学旧址西大楼	金陵大学旧址小礼堂
梯段栏杆高度	1 070	900	1 050	880	900
平台栏杆高度	990	950	1 090	900	800
建筑名称	南京大华大戏院	国立美术陈列馆旧址	金陵女子大学旧址图书馆	金陵女子大学旧址 12 号楼	金陵女子大学旧址音乐楼
梯段栏杆高度	860	900	1 000	970	1 010
平台栏杆高度	900	800	900	920	920

2.7.5　楼梯构造设计方法对比

现将民国钢筋混凝土建筑的楼梯构造做法与现行标准的构造做法进行对比,整理结果如表 2.10 所示。

表 2.10　楼梯构造设计方法对比

构造内容	民国构造做法	现代构造做法
踏步尺寸	$b+h=17.5\sim18$ in($444.5\sim457.2$ mm) $b+2h=640$ mm 或 750 mm	$130\leq h\leq200$ mm,$220\leq b\leq320$ mm[32]
坡度	楼梯坡度一般为 $30°\sim38°$	楼梯梯段最大坡度角不宜超过 $38°$,现行标准图集常用梯段最大坡度角不超过 $34°$[33]
平台	10 级或 12 级踏步须设置平台;平台下部过道处净高应大于 6 ft(1 828.8 mm)	超过 18 级踏步须设置平台;平台净宽不应小于楼梯梯段净宽,并不得小于 1 100 mm;平台下部过道处净高不应小于 2 000 mm
栏杆	栏杆高度不低于 2 ft 8 in(812.8 mm)	室内楼梯栏杆的高度一般不小于 900 mm

对比结果显示,民国楼梯梯段栏杆的高度范围为 860～1 070 mm,个别案例小于现行标准要求的最低高度 900 mm,平台栏杆高度范围为 800～1 090 mm,基本都小于现行标准要求的最低高度 1 100 mm。民国钢筋混凝土建筑的楼梯踏步尺寸构造要求和坡度要求基本符合现行标准要求。民国钢筋混凝土建筑中的混凝土楼梯多采用梁式楼梯,而现代钢筋混凝土建筑中的混凝土楼梯多采用板式楼梯或梁式楼梯。

2.8　本章小结

民国时期的钢筋混凝土建筑大多为文物建筑,具有重要的历史价值、艺术价值和科学价值。民国时期钢筋混凝土建筑的许多构造做法与现代钢筋混凝土建筑的构造做法都有所差别,因此在对民国钢筋混凝土建筑遗产进行修缮时,务必先弄清楚其主要的原始建筑构造做法,避免修缮做法的差异影响文物本身的历史价值、科学价值和艺术价值,才能确保文物的真实性和完整性,避免修缮的"过度干预",本章通过对民国钢筋混凝土建筑的构造设计方法进行整理研究,并将其与现行标准中的相关构造做法进行对比分析,得出以下主要结论:

(1)民国时期钢筋混凝土建筑的地面架空做法与现代做法明显不同,由于架空地面多用木地板,因此地垄墙必须开洞通风,而且外墙底部也要开洞,保持架空层的通风干燥,有利于架空木地板的防腐。而现代钢筋混凝土建筑的架空地面多用钢筋混凝土板,因此地垄墙和外墙均不需要再开洞。民国钢筋混凝土建筑的楼面面层做法与现代钢筋混凝土建筑的楼面面层做法总体较为相似,不同之处主要在于分层材料的厚度。

(2)民国时期钢筋混凝土建筑墙体外饰面常用的斩假石墙面、水刷石墙面以及拉毛墙面做法,与现代钢筋混凝土外饰面中的斩假石墙面、水刷石墙面以及拉毛墙面做法均有所不同,在材料、厚度、工艺等方面都有一定差异。

(3)民国钢筋混凝土建筑的平屋顶排水坡度略小于现代钢筋混凝土建筑的平屋顶排水坡度。民国时期钢筋混凝土建筑屋面高级防水做法中的防水材料多用牛毛毡,其防水性能、密封性能和耐久性能远不如现代的防水材料。民国时期钢筋混凝土建筑的女儿墙混凝土压顶厚度小于现代做法要求,且民国时期的女儿墙没有安全高度要求。民国时期钢筋混凝土建筑的屋面一般不考虑保温隔热的构造做法,很难满足现行标准中建筑保温节能的要求。

(4)民国时期对于钢筋混凝土建筑中门窗洞口的过梁尺寸规定了最小长度,而现行标准根据过梁类型限制了过梁最大长度和适用的门窗洞口尺寸。民国时期的门窗过梁主要有砖砌平拱过梁、砖砌弧拱过梁、钢筋混凝土过梁、木过梁四种形式,当时的尺寸要求虽不同于现行标准,但基本满足现行标准的构造尺寸要求。

(5)民国楼梯梯段栏杆的高度范围为860～1 070 mm,个别案例小于现行标准要求的最低高度900 mm,平台栏杆高度范围为800～1 090 mm,基本都小于现行标准要求的最低高度1 100 mm。民国钢筋混凝土建筑的楼梯踏步尺寸构造要求和坡度要求基本符合现行标准要求。民国钢筋混凝土建筑中的混凝土楼梯多采用梁式楼梯,而现代钢筋混凝土建筑中的混凝土楼梯多采用板式楼梯或梁式楼梯。

参考文献

[1] 汪晓茜. 大匠筑迹:民国时代的南京职业建筑师[M]. 南京:东南大学出版社,2014.

[2] 赵福灵. 钢筋混凝土学[M]. 上海:中国工程师学会,1935.

[3] 张嘉荪. 简明钢骨混凝术[M]. 上海:世界书局,1938.

[4] 刘先觉,杨维菊. 建筑技术在南京近代建筑发展中的作用[J]. 建筑学报,1996,11:40-42.

[5] 聂波. 上海近代混凝土工业建筑的保护与再生研究(1880—1940):以工部局宰牲场(1933 老场坊)的再生为例[D]. 上海:同济大学,2008.

[6] 彭展展. 民国时期南京校园建筑装饰研究[D]. 南京:南京师范大学,2014.

[7] 姜寒露. 近代老街区中的建筑细部形态研究[D]. 大连:大连理工大学,2017.

[8] 张鹏,杨奕娇. 中国近代建筑结构技术演进初探:以上海外滩建筑为例[J]. 建筑学报,2017,(S2):86-91.

[9] 陈亮. 南京近代工业建筑研究[D]. 南京:东南大学,2018.

［10］赖世贤,徐苏斌,青木信夫.中国近代早期工业建筑厂房木屋架技术发展研究[J].新建筑,2018,6：21-28.

［11］潘谷西.中国建筑史[M].7版.北京：中国建筑工业出版社,2015.

［12］中国近代建筑史料汇编编委会.中国近代建筑史料汇编(第一册)[M].上海：同济大学出版社,2014.

［13］中国近代建筑史料汇编编委会.中国近代建筑史料汇编(第三册)[M].上海：同济大学出版社,2014.

［14］中国近代建筑史料汇编编委会.中国近代建筑史料汇编(第二册)[M].上海：同济大学出版社,2014.

［15］中国近代建筑史料汇编编委会.中国近代建筑史料汇编(第四册)[M].上海：同济大学出版社,2014.

［16］中国建筑标准设计研究院.国家建筑标准设计图集：楼地面建筑构造：12J304[S].北京：中国计划出版社,2012.

［17］中国近代建筑史料汇编编委会.中国近代建筑史料汇编(第八册)[M].上海：同济大学出版社,2014.

［18］中国工程建设标准化协会.木质地板铺装工程技术规程：CECS 191— 2005[S].北京：中国计划出版社,2006.

［19］中国建筑标准设计研究院.国家建筑标准设计图集：工程做法：05J909[S].北京：中国计划出版社,2006.

［20］中国建筑标准设计研究院.国家建筑标准设计图集：内装修(墙面装修)：13J502—1[S].北京：中国计划出版社,2013.

［21］范磊.北京劝业场建筑特征与修缮技术研究[D].北京：清华大学,2014.

［22］彭长歆.广州近代建筑结构技术的发展概况[J].建筑科学,2008,24(3)：144-149.

［23］彭展展.民国时期南京校园建筑装饰研究：以原金陵大学、金陵女子大学、国立中央大学校园建筑为例[D].南京：南京师范大学,2014.

［24］罗午福.清华大学大礼堂的结构作法[J].建筑技术,2005,32(7)：472-473.

［25］中国建筑标准设计研究院.国家建筑标准设计图集：平屋面建筑构造：12J201[S].北京：中国计划出版社,2012.

［26］中华人民共和国建设部,中华人民共和国国家质量监督检验检疫总局.民用建筑设计通则：GB 50352—2005[S].北京：中国建筑工业出版社,2005.

［27］五洲工程设计研究院,中国建筑标准设计研究院.国家建筑标准设计图集：坡屋面建筑构造(一)：09J202—1[S].北京：中国建筑工业出版社,2010.

［28］中国近代建筑史料汇编编委会.中国近代建筑史料汇编(第十三册)[M].上海：同济大学出版社,2014.

［29］中国近代建筑史料汇编编委会.中国近代建筑史料汇编(第六册)[M].上海：同济大学出版社,2014.

［30］中华人民共和国国家质量监督检验检疫总局,中国国家标准化管理委员会.铝合金门窗：GB/T 8478—2008[S].北京：中国标准出版社,2009.

［31］中华人民共和国住房和城乡建设部.砌体结构设计规范：GB 50003—2011[S].北京：中国建筑工业出版社,2011.

［32］中华人民共和国住房和城乡建设部.民用建筑设计统一标准：GB 50352—2019[S].北京：中国建筑工业出版社,2019.

［33］中国建筑标准设计研究院.国家建筑标准设计图集：楼梯 栏杆 栏板(一)：15J403—1[S].北京：中国计划出版社,2015.

第三章 民国钢筋混凝土建筑的材料物理力学性能研究

3.1 引言

材料是结构的最基本组成部分,材料性能直接影响着结构构件承载力和整体受力。民国时期现代工业刚开始发展,钢筋混凝土建筑在我国刚刚起步,当时的钢材、水泥等原材料大多是舶来品。1889 年唐山细棉土厂首次引进国外技术生产水泥,首开我国的水泥工业的先河。至于钢材,虽洋务运动之时,已有福州船政局、开平矿务局等将炼钢计划提上日程,但最后都因为资金问题未能达成计划。所以大量的民国钢筋混凝土结构使用的钢筋都从美国、英国、比利时等国家进口。我国第一座真正意义上的西式钢铁厂是 1890 年落成的贵州青溪铁厂,其从英国企业购买设备并请来外国工程师提供技术支持,具备炼铁、炼钢和轧钢的新式钢铁加工制造能力。材料的制造技术和性能一直在发展,而且现代的工业体系已经在民国时的工业萌芽时期基础上多次更新换代,现在生产出来的钢筋、水泥、混凝土等建筑材料的性能都较民国时期有了很大的改变或提升;而钢筋和混凝土材料性能的不同又会导致钢筋受力性能、混凝土受力性能,以及钢筋-混凝土黏结滑移性能的变化,也会直接影响到结构构件和整体结构的承载力计算。

目前,针对民、国钢筋混凝土建筑的钢筋和混凝土材料性能的研究较少,国内主要有林峰、顾祥林等[1]通过试验获得了上海某历史建筑中两种钢筋(方钢和圆钢)共计 54 根钢筋试件的里氏硬度值和相应的应力-应变曲线关系,同时得到了钢筋的屈服强度和极限抗拉强度;朱开宇[2]采用里氏硬度法对上海总会大楼结构构件中的钢材抗拉强度进行了检测。陈礼萍[3]对上海某历史建筑中的钢筋抗拉强度进行了检测。目前,关于钢筋-混凝土黏结性能的理论与试验研究[4]、多尺度模拟方法研究[5]、黏结滑移关系拟合分析方法研究[6]以及钢筋与再生混凝土的黏结性能研究[7]等都已取得较多的研究成果,但这些研究都是针对现代圆形钢筋的,几乎没有学者关注到在民国时期大量使用的方形钢筋与混凝土之间的黏结性能。

综上,目前国内外学者关于民国钢筋混凝土建筑中的钢筋材料性能、混凝土材料性能及钢筋-混凝土的黏结性能的研究都很少,由于民国钢筋混凝土结构在材料性能、结构构造等方面都有别于现代钢筋混凝土结构,因此,并不能照搬现代钢筋混凝土结构设计规范中的钢筋强度、混凝土强度以及钢筋-混凝土的黏结性能对其承载力进行计算。因此,为了科学合理地保护民国钢筋混凝土建筑,本章对民国钢筋混凝土建筑中的钢筋材料性能、混凝土材料性能及钢筋-混凝土的黏结性能进行较为系统地研究。

3.2 民国时期的钢筋性能研究

3.2.1 民国钢筋表面形状特征研究

民国钢筋混凝土结构中的梁柱构件主筋大多采用方钢(又称竹节钢),梁柱构件的箍筋以及板筋大多采用圆钢,而民国钢筋混凝土结构中方钢的外观形状明显区别于现代螺纹钢,如图 3.1 所示。

(a)   (b)

图 3.1　民国时期的方钢

近年来,作者参与了十余个民国钢筋混凝土建筑的加固修缮工程,共搜集到了 66 根民国时期不同区域、不同建筑上的废弃旧钢筋,主要包括交通银行南京分行旧址、南京大华大戏院、常州大成一厂老厂房、原中央博物院大殿、南京陵园新村邮局旧址、浙江绍兴大禹陵禹庙大殿、南京首都大戏院旧址等民国钢筋混凝土建筑。对搜集到的民国方钢表面形状特征进行归纳统计,如表 3.1 所示。

表 3.1　民国方钢表面形状特征统计

截面边长/mm	16.0	21.6	25.7	22.7	22.8	22.5	21.9
横肋间距/mm	28.0	38.0	42.0	36.0	36.0	37.0	44.0
横肋错位/mm	0~6.0	17.0	17.0	15.0	15.0	15.0	20.0
横肋高/mm	2.0	2.0	2.0	2.0	2.0	2.0	2.0
横肋与纵轴夹角/°	90	90	90	90	90	90	90

根据目前的相关规范和标准,对民国方钢的外貌特征进行分析,如表 3.2 所示。中国标准 GB/T 1449.2—2018[8] 规定:横肋与钢筋轴线的夹角不应小于 45°;横肋公称间距不得大于钢筋公称直径的 0.7 倍;钢筋相邻两面上横肋末端之间的间隙(包括纵肋宽度)总和不应大于钢筋公称周长的 20%;公称直径大于 16 mm 时,相对肋面积不应小于 0.065。英国和欧盟标准 BS EN 10080:2005[9] 规定:横肋高为 $0.03d \sim 0.15d$,其中 d 为名义直径;横肋间距为 $0.4d \sim 1.2d$;横肋与钢筋轴线的夹角不应小于 45°;钢筋相邻两面上横肋末端之间的间隙总和不应大于钢筋公称周长的 25%;公称直径大于 12 mm 时,相对肋面积不应小于 0.056。美国标准 ASTM A615/A 615M[10] 规定:横肋高度不小于 $0.045d$;横肋间距最大为 $0.7d$;横肋与钢筋轴线的夹角不应小于 45°;横肋间距不得大于钢筋公称直径的 0.7 倍;钢筋相邻两面上横肋末端之间的间隙总和不应大于钢筋公称周长的 25%;相对肋面积不应小于 0.057[11]。表 3.2 为用三种文献方法对民国方钢表面形状特征的计算结果。

表 3.2 民国方钢表面形状特征计算结果

		16.0	21.6	25.7	22.7	22.8	22.5	21.9
截面边长/mm		16.0	21.6	25.7	22.7	22.8	22.5	21.9
横肋间距/mm	检测值	28.0	38.0	42.0	36.0	36.0	37.0	44.0
	GB/T 1449.2—2018[8]规定值	≤12.6	≤17.1	≤20.3	≤17.9	≤18.0	≤17.8	≤17.3
	BS EN 10080:2005[9]规定值	≤21.6	≤29.3	≤34.8	≤30.7	≤30.9	≤30.5	≤29.7
	ASTM A615/A 615M[10]规定值	≤12.6	≤17.1	≤20.3	≤17.9	≤18.0	≤17.8	≤17.3
横肋高/mm	检测值	2.0	2.0	2.0	2.0	2.0	2.0	2.0
	BS EN 10080:2005 规定值	≥0.54	≥0.73	≥0.87	≥0.77	≥0.77	≥0.76	≥0.74
	ASTM A615/A 615M 规定值	≥0.81	≥1.10	≥1.31	≥1.16	≥1.16	≥1.14	≥1.11
横肋间隙总和/mm	检测值	16.0	24.0	32.0	25.8	24.9	26.8	24.2
	GB/T 1449.2—2018 规定值	≤11.3	≤15.3	≤18.2	≤16.1	≤16.2	≤15.9	≤15.5
	BS EN 10080:2005 规定值	≤14.1	≤19.1	≤22.8	≤20.1	≤20.2	≤19.9	≤19.4
	ASTM A615/A 615M 规定值	≤14.1	≤19.1	≤22.8	≤20.1	≤20.2	≤19.9	≤19.4
相对肋面积	GB/T 1449.2—2018 模型计算值	0.061	0.043	0.037	0.045	0.046	0.043	0.037
	规定值	≥0.065	≥0.065	≥0.065	≥0.065	≥0.065	≥0.065	≥0.065
	BS EN 10080:2005 模型计算值	0.038	0.027	0.023	0.028	0.029	0.027	0.023
	规定值	≥0.056	≥0.056	≥0.056	≥0.056	≥0.056	≥0.056	≥0.056
	ACI Committee 408[12]模型计算值	0.051	0.036	0.031	0.038	0.038	0.036	0.031
	规定值	≥0.057	≥0.057	≥0.057	≥0.057	≥0.057	≥0.057	≥0.057

表 3.2 中的计算结果表明:民国方钢的横肋高度能满足现行标准要求,但横肋间距、横肋之间的间隙总和、相对肋面积均不能满足现行标准要求。

3.2.2 民国钢筋拉伸试验研究

3.2.2.1 试验设计

本次试验在南京航空航天大学结构实验室完成,所采用的设备主要为微机控制电液伺服万用试验机(图 3.2)。试验按照《金属材料 拉伸试验 第 1 部分:室温试验方法》[13]的要求执行。本次民国钢筋的拉伸试验共包括 36 根不同尺寸的方钢和 30 根不同尺寸的圆钢。图 3.3 为部分试验用民国钢筋。

图 3.2 微机控制电液伺服万用试验机

图 3.3 部分试验用民国钢筋

3.2.2.2　试验结果及分析

图 3.4 和图 3.5 分别是民国建筑中典型方钢和圆钢的应力-应变曲线,从应力-应变曲线图可以看出,民国建筑用方钢具有一定的屈服台阶,但流幅很小;而民国建筑用圆钢基本无明显屈服台阶。表 3.3 为民国建筑用钢筋力学性能的试验结果,从表 3.3 中数据可以看出,民国建筑用方钢的断后伸长率和强屈比的比值均能达到规范对 HRB400 钢筋的要求,但屈服强度和极限强度尚达不到规范对 HRB400 钢筋的要求;民国建筑用圆钢的断后伸长率、屈服强度和极限强度均能达到规范对 HPB300 钢筋的要求。

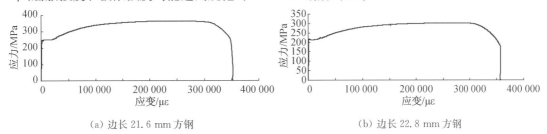

(a) 边长 21.6 mm 方钢　　　　　　　(b) 边长 22.8 mm 方钢

图 3.4　民国建筑中典型方钢的应力-应变曲线

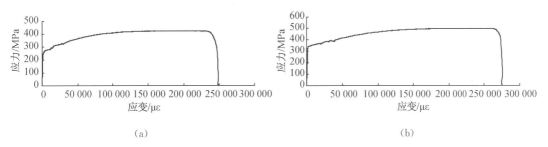

(a)　　　　　　　　　　　　　(b)

图 3.5　民国建筑中典型圆钢(截面直径 6 mm)的应力-应变曲线

表 3.3　民国建筑用钢筋力学性能试验结果

钢筋类型	断后伸长率/%	屈服强度/MPa	极限强度/MPa	强屈比	弹性模量/GPa
民国方钢(平均值)	32.25	278.60	375.86	1.35	181.67
GB/T 1499.2—2018[8] 中的 HRB400	≥16	≥400	≥540		≥200
民国圆钢(平均值)	25.08	350.65	464.37	1.32	224.88
GB/T 1499.1—2017[14] 中的 HPB300	≥25	≥300	≥420		≥210

从表 3.3 可以看出,民国时期的圆钢的极限强度基本能满足现代设计规范的要求,但是方钢的极限强度并不满足现代设计规范的要求。民国时期的规范要求钢筋的弹性模量为 206 700 N/mm²,因此,民国时期的圆钢的弹性模量能满足当时设计规范的要求,但是方钢的弹性模量并不满足当时设计规范的要求。从图 3.6 和图 3.7 可以看出,民国方钢屈服强度检测结果总体符合正态分布,平均值为 278.60 MPa;民国圆钢屈服强度检测结果也近似符合正态分布,平均值为 350.65 MPa。

按照现行规范的设计要求,材料强度的标准值需保证有 95% 的保证率,在符合正态分布的前提下,材料强度标准值=材料强度平均值−1.645×标准差。材料强度设计值=材料强度标准值/分项系数。根据实际检测结果,民国方钢的屈服强度标准值: $f_{yk} = f_{ym} - 1.645\sigma_y = 278.60 - 1.645 \times 29.81 \approx 229.56$（MPa）,民国圆钢的屈服强度标准值: $f_{yk} = f_{ym} -$

$1.645\sigma_y = 350.65 - 1.645 \times 44.88 \approx 276.82$（MPa）；按照现行规范[15]，民国方钢屈服强度设计值 $f_y = f_{yk}/\gamma_y = 229.56/1.1 \approx 208.69$（MPa），民国圆钢屈服强度设计值 $f_{yv} = f_{yk}/\gamma_y = 276.82/1.1 \approx 251.65$（MPa）。

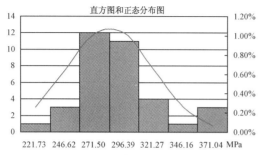
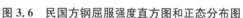

图 3.6　民国方钢屈服强度直方图和正态分布图

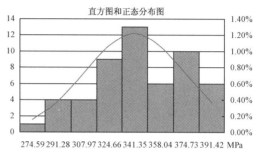

图 3.7　民国圆钢屈服强度直方图和正态分布图

3.2.3　民国钢筋化学成分及微观形态研究

本次试验主要研究民国时期钢筋的化学成分（方钢和圆钢各4组）、金相组织（方钢和圆钢各4组）、SEM形貌和微区成分（方钢和圆钢各4组）。本次试验所用钢筋为拉伸试验之后的钢筋。试验时，采用线切割和车削的方法在钢筋的相关部位取样，用 SPECTRO MAXxLMF-15 火花直读光谱仪和湿法化学分析方法测试样品的化学成分，用 OLYMPUS BX60M 型金相显微镜进行金相组织分析，用 Sirion 型扫描电子显微镜（SEM）进行微观形貌分析。

3.2.3.1　化学成分分析

用火花直读光谱仪和湿法化学分析方法进行化学成分测定，民国建筑用方钢和圆钢的化学成分测试结果如表3.4所示。

表 3.4　民国建筑用方钢和圆钢化学成分分析结果　　　　　　单位：%

化学成分	C	Si	Mn	P	S
民国方钢（平均值）	0.08	0.028	0.39	0.068	0.058
GB/T 1499.2—2018[8]中的 HRB400	≤0.25	≤0.80	≤1.60	≤0.045	≤0.045
EN10025—2—2004[16]中的 S450J0	≤0.20	≤0.55	≤1.70	≤0.030	≤0.030
ASTM A29/A29M[17]中的 1013	≤0.16	≤0.30	≤0.80	≤0.040	≤0.050
民国圆钢（平均值）	0.15	0.035	0.40	0.025	0.036
GB/T 1499.1—2017[14]中的 HPB300	≤0.25	≤0.55	≤1.50	≤0.045	≤0.045
EN10025—2—2004 中的 S450J0	≤0.20	≤0.55	≤1.70	≤0.030	≤0.030
ASTM A29/A29M 中的 1013	≤0.16	≤0.30	≤0.80	≤0.040	≤0.050

由表3.4中化学成分的分析结果可知：民国建筑用方钢和圆钢均属于碳素钢材质，且属低碳钢。民国方钢中C、Si、Mn含量均能满足我国和欧美现行规范要求，但P和S含量均高于我国和欧美现行规范要求。民国圆钢中C、Si、Mn和P含量均能满足我国和欧美现行规范要求，但S含量略高于欧洲规范要求。S含量较高会降低钢的韧性，并降低钢的耐腐蚀性。

3.2.3.2　金相组织分析

采用金相显微镜对四件民国方钢(5♯～8♯)和四件民国圆钢(1♯～4♯)进行金相组织分析。由金相分析结果可知,民国建筑用方钢试件的外表面有少量的浅层腐蚀凹坑及部分腐蚀产物。6♯、7♯、8♯三件方钢基体中的非金属夹杂物主要为硫化物,而5♯方钢基体中除硫化锰夹杂外,还有氧化铝、氧化硅夹杂物存在。四件方钢的表层组织与心部组织相近,其中6♯、7♯和8♯三件方钢的基体组织均为铁素体＋极少量珠光体,而5♯方钢的基体组织为铁素体＋珠光体。四件方钢的横截面和纵截面晶粒均大体呈等轴状,由此可判断这四件民国建筑用方钢均属热轧带肋钢筋。四件试件的金相组织中均未发现严重的夹杂物、带状组织、魏氏组织等有害组织。图3.8～图3.11分别为5♯方钢、6♯方钢、7♯方钢和8♯方钢的横截面和纵截面基体组织(×200)。

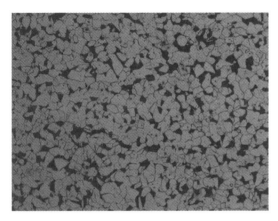
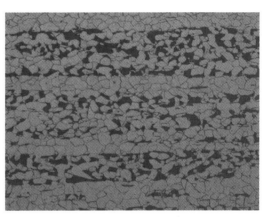

（a）横截面基体组织　　　　　　　　　　　（b）纵截面基体组织

图3.8　5♯方钢截面基体组织(×200)

（a）横截面基体组织　　　　　　　　　　　（b）纵截面基体组织

图3.9　6♯方钢截面基体组织(×200)

(a) 横截面基体组织　　　　　　　　　　　(b) 纵截面基体组织

图 3.10　7♯方钢截面基体组织(×200)

(a) 横截面基体组织　　　　　　　　　　　(b) 纵截面基体组织

图 3.11　8♯方钢截面基体组织(×200)

民国建筑用圆钢的外表面均有浅层腐蚀凹坑及部分腐蚀产物。1♯、2♯、3♯圆钢基体中非金属夹杂物主要为硫化物,4♯圆钢基体中除硫化锰夹杂外,还有氧化铝、氧化硅夹杂物存在。四件圆钢的表层组织与心部组织相近,其基体组织均为铁素体+珠光体,且横截面和纵截面晶粒均大体呈等轴状,由此可判断这四件民国建筑用圆钢均属热轧圆钢。四件试件的金相组织中均未发现严重的夹杂物、带状组织、魏氏组织等有害组织。图 3.12～图 3.15 分别为 1♯圆钢、2♯圆钢、3♯圆钢和 4♯圆钢的横截面和纵截面基体组织(×200)。

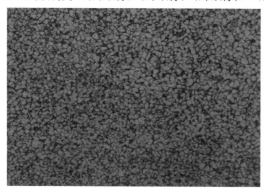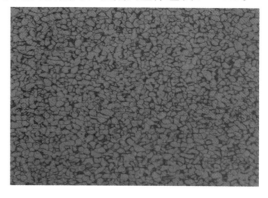

(a) 横截面基体组织　　　　　　　　　　　(b) 纵截面基体组织

图 3.12　1♯圆钢截面基体组织(×200)

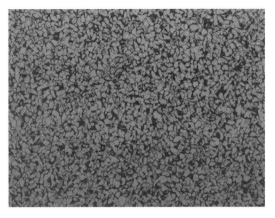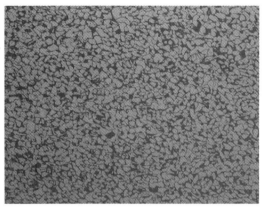

（a）横截面基体组织　　　　　　　　　　（b）纵截面基体组织

图 3.13　2♯圆钢截面基体组织(×200)

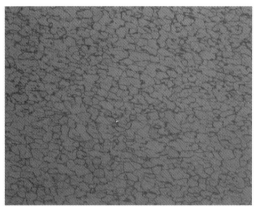

（a）横截面基体组织　　　　　　　　　　（b）纵截面基体组织

图 3.14　3♯圆钢截面基体组织(×200)

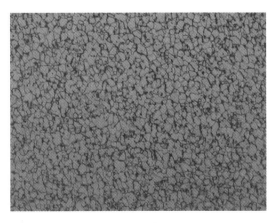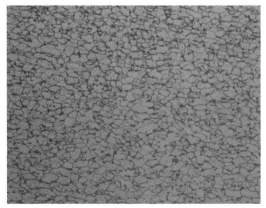

（a）横截面基体组织　　　　　　　　　　（b）纵截面基体组织

图 3.15　4♯圆钢截面基体组织(×200)

3.2.3.3 SEM 微观形貌分析

由断口形貌分析结果可知,这四件民国建筑用方钢的拉伸断口特征相同,宏观均表现为方杯锥状的断口形貌。断裂均起源于心部,由心部向外缘扩展,最后断裂区在外缘,断口有明显的宏观塑性变形特征。断口的源区、扩展区和最后断裂区呈现不同形态的韧窝花样。其中源区表现为等轴状的韧窝花样;扩展区表现为抛物线状韧窝花样;而最后断裂区表现为拉长的剪切状韧窝花样。四件方钢试件的断口整体呈现韧性断裂特征。图 3.16 为 6♯方钢的 SEM 断口形貌分析图。

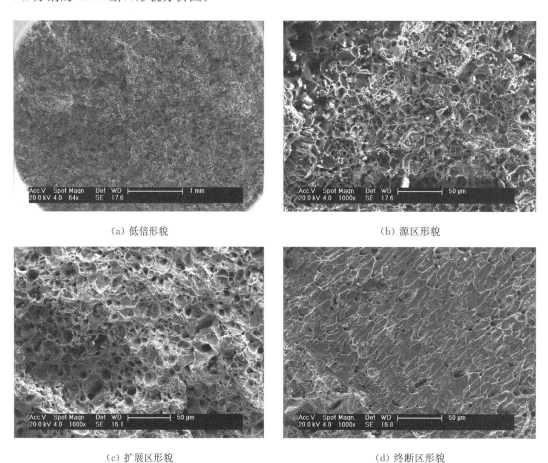

(a) 低倍形貌　　　　　　　　　　　　　　(b) 源区形貌

(c) 扩展区形貌　　　　　　　　　　　　　　(d) 终断区形貌

图 3.16　6♯方钢的 SEM 断口形貌分析

此外,另四件民国建筑用圆钢的拉伸断口特征也相同,宏观均表现为圆杯锥状的断口形貌,断裂均起源于心部,由心部向外缘扩展,最后断裂区在外缘,断口有明显的宏观塑性变形特征。断口的源区、扩展区和最后断裂区呈现不同形态的韧窝花样。其中源区表现为等轴状的韧窝花样,扩展区表现为抛物线状韧窝花样,而最后断裂区表现为拉长的剪切状韧窝花样。四件圆钢试件的断口整体呈现韧性断裂特征。图 3.17 为 3♯圆钢的 SEM 断口形貌分析图。

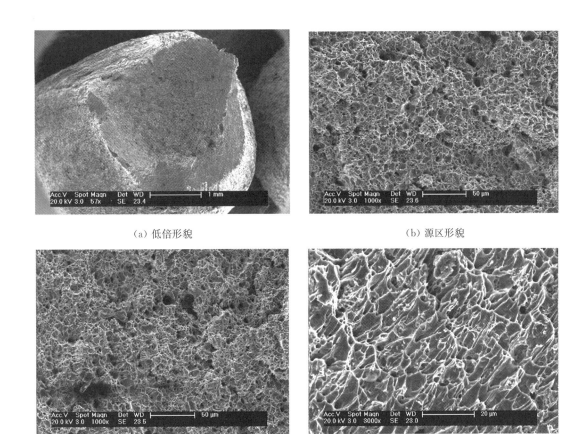

(a) 低倍形貌　　　　　　　　　　　　　　(b) 源区形貌

(c) 扩展区形貌　　　　　　　　　　　　　(d) 终断区形貌

图 3.17　3♯圆钢的 SEM 断口形貌分析

3.2.4　民国钢筋里氏硬度与强度关系研究

本章对钢筋的里氏硬度与强度之间的关系进行了研究,通过对钢筋的硬度检测值与之前拉伸试验得到的钢筋强度数据进行拟合分析,从而确定钢筋里氏硬度与其强度之间的量化关系,为民国建筑用钢筋的现场无损检测技术提供理论依据。试验总共进行了 12 根方钢和 16 根圆钢的硬度检测,每根钢筋的测点数是 5 个。本次试验参照《金属材料　里氏硬度试验　第 1 部分:试验方法》[18],试验采用北京美泰科仪检测仪器有限公司生产的 MH320 里氏硬度计,如图 3.18 所示。试验时,应对试验面进行处理(切割、打磨或抛光等),使其具有金属光泽,且不应有氧化皮及其他污物,试样表面粗糙度 $Ra \leqslant 1.6$。表 3.5 是部分钢筋试件的里氏硬度试验结果。

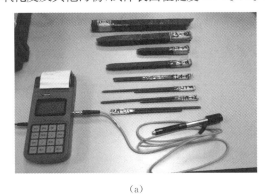

(a)　　　　　　　　　　　　　　　　　(b)

图 3.18　里氏硬度计检测

表 3.5　部分钢筋试件的里氏硬度试验结果

试样编号		硬度					硬度均值	屈服强度/MPa	抗拉强度/MPa	弹性模量/GPa
方钢	L6-01	331	351	348	—	—	343	261.18	355.03	199.80
	L7-01	384	380	374	360	372	374	263.70	366.78	230.70
	L7-03	358	364	363	364	381	366	255.68	360.39	147.30
	L8-01	356	351	370	362	357	359	276.01	364.97	176.90
	L8-02	347	369	355	360	—	358	270.36	367.68	202.90
	L11-03	—	333	331	347	329	335	284.18	370.52	208.30
	L12-02	394	392	374	361	394	383	272.38	362.69	178.00
圆钢	L14-01	—	245	241	238	249	243	274.59	425.49	220.00
	L13-02	234	243	241	259	245	244	334.39	437.72	213.10
	L14-03	235	250	236	244	245	242	294.28	421.71	119.60
	L15-01	241	243	237	238	259	244	313.10	411.49	118.80
	L15-03	248	256	245	241	246	247	328.25	434.71	231.70
	L16-02	258	247	240	253	259	251	374.37	454.85	217.80
	L17-01	239	234	237	239	237	237	319.02	441.96	208.10
	L19-02	244	253	252	248	255	250	384.48	496.97	214.90
	L22-02	253	244	245	241	249	246	365.22	487.66	288.20

　　根据上述试验结果,并结合英国和欧盟标准 BS EN 10080:2005[9]中的数据,采用线性回归分析方法,可分别得出钢筋屈服强度、钢筋抗拉强度与硬度之间的关系。其中,方钢与圆钢的屈服强度、抗拉强度与硬度之间的关系见图 3.19～图 3.22。

　　对于方钢而言,屈服强度 f_y、抗拉强度 f_u 与里氏硬度值 HLD 之间的关系分别如式(3.1)、式(3.2)所示。

$$f_y = 1.464 \times HLD - 243.28 \tag{3.1}$$

$$f_u = 2.993 \times HLD - 710.09 \tag{3.2}$$

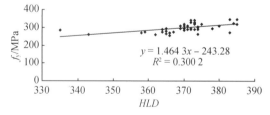

图 3.19　方钢屈服强度与硬度之间关系

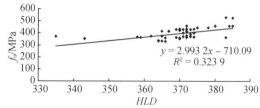

图 3.20　方钢抗拉强度与硬度之间关系

　　对于圆钢而言,屈服强度 f_y、抗拉强度 f_u 与里氏硬度值 HLD 之间的关系分别如式(3.3)、式(3.4)所示。

$$f_y = 7.132 \times HLD - 1\,402.6 \tag{3.3}$$

$$f_u = 5.527 \times HLD - 895.58 \tag{3.4}$$

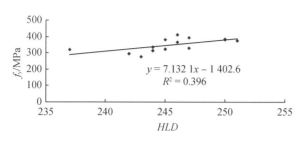

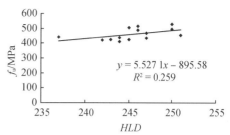

图 3.21　圆钢屈服强度与硬度之间关系　　　　图 3.22　圆钢抗拉强度与硬度之间关系

3.3　民国时期的混凝土性能研究

3.3.1　民国时期的水泥材料发展历程

民国时期的水泥生产方式主要由干法和湿法两种,干法生产水泥工艺是由唐山启新洋灰股份有限公司(原唐山细棉土厂)于 1906 年购买史密斯公司设备并聘请德国工程师引进的,而湿法生产水泥工艺则等到 1923 年南京中国水泥厂的落成才从德国学来[19],两者工艺的主要区别在于原料不同。干法工艺首先将地上探取的黏土质原料和石灰质原料碾碎成的小块分别送入转筒式的干燥机烘干,再将其送入内部有钢球的圆筒式旋转球磨机中进行粗磨,然后按比例(黏土∶石灰石＝1∶4)将原料送入内部有燧石质的圆管式旋转管磨机中进行细磨得到混合原料后送入回转炉中高温烘烧(温度约为 1 400 ℃)成坚硬的烬块,在冷却后将烬块与适量的石膏混合,置于球磨机中磨成极细的水泥粉末。湿法工艺则首先将黏土质原料和石灰质原料调和成含水的浆料后送入搅拌机中透彻混合,再于湿管磨机中细磨浆料移入储藏柜,之后利用唧筒将其打入烘炉得到烬块,烬块的处理过程与干法相同[20]。

虽然湿法工艺耗煤量高,但通过湿法得到的水泥熟料质量更优,且耗电较低,易于传输,扬尘较少,因此湿法工艺引进后在国内迅速传播。由于民国时期的民族主义情绪高涨,国内业主和建造商都倾向于使用国产水泥以支持本国民族工业的发展。唐山启新水泥厂基本占据了 1923 年之前的建筑水泥市场,1923 年之后由于南京中国和华商两家水泥厂投产,建筑水泥市场形成了三足鼎立之局面[21]。

三家水泥厂皆引进了当时国际上都较为领先的设备和技术,生产的水泥质量颇高,启新牌水泥更是在 1915 年就获得了巴拿马太平洋万国博览会大奖,在国际上都具有一定的影响力,上海的杨锡镠建筑事务所亦推荐建造时选用启新牌水泥[22]。1934 年,原国民政府施行海关新政,对进口水泥征收高额关税,进一步保护了我国的水泥工业[23]。

民国时期国内厂商生产的水泥一般为波特兰水泥,该水泥是由 72％～77％的石灰石与20％～25％的黏土高温煅烧而成的粉状物,主要成分是 60％～65％的石灰、20％～25％的黏土以及 5％的碱性物质、二氧化铁、氧化镁等,与我国现行国家标准《通用硅酸盐水泥》[24]中规定的硅酸盐水泥 P·Ⅰ 类似。由于唐山启新、南京中国以及华商三家水泥厂在民国时期国内水泥市场上已形成了垄断势力,从而保证了民国建筑水泥的质量。

3.3.2　民国时期的混凝土骨料及配比

钢筋混凝土中的骨料,尤其是粗骨料,在混凝土中起着骨架作用。相较于水泥,骨料有更好的耐久性和稳定性,对于减少混凝土收缩、抑制裂缝发展、降低水化热和提供耐磨性大有裨益。民国时期所著的《简明钢骨混凝土术》[25]指出,砂即细骨料(公称直径小于 5 mm)应采用河砂、山砂以及人工制成的花岗砂,质地以石英质为佳,但其中不可含硫磺质、黏土和有机物,且应当粗粒与细粒混合使用,基本上与现行《普通混凝土用砂、石质量及检验方法标准》[26]中所要求的相当;石子即粗骨料(公称直径大于 5 mm)要求有一定级配,且限制最大公称直径为 3~4 cm,石质为不含杂质的花岗石石英最佳,灰石砂石次之,形状不宜扁平或细长、质地不宜柔软,与现行标准要求基本相同。但上海公共租界工部局[27]对粗细骨料的公称直径划分界限为 3.175 mm,与现行标准有一定差异。

文献[25,27]指出,民国混凝土选取的配合比通常情况下约为 1∶2∶4 的体积比,即一份水泥、两份砂子、四份石子,上海山西路南京饭店[22]、南京新街口交通银行旧址[28]所用的混凝土配比皆为水泥∶砂子∶石子=1∶2∶4;《工程估价》[29]考虑到三者的空隙率不同,推荐 1∶2∶4 体积比的混凝土在实际拌和时按 1∶2.25∶4.41 的体积比。拌和方法则常采用先倒水泥与砂子拌和,之后再倒入石子并逐渐加水拌和的顺序。混凝土所需的水量依不同的拌和方法有所区别,对于房屋建筑常用的墙、柱、梁、板等内部有钢筋骨架的构件,推荐采用湿拌的方式。民国工程师需要调整混凝土强度时大都采用控制水灰比的方式,通常拌和混凝土时的水量约占全材料质量的 10%~13%。混凝土中的石子直径通常为 12.7~25.4 mm,砂子直径通常为 1.27 mm 左右。

3.3.3 民国时期混凝土强度及保护层厚度分析

近年来,作者主持了十余项民国钢筋混凝土结构的加固修缮工程,共收集到 154 个民国混凝土构件的取芯检测数据,对数据进行分析,见表 3.6 和图 3.23。从表 3.6 和图 3.23 结果可以看出,民国钢筋混凝土结构混凝土强度基本介于 C10~C20 之间,与当时的设计要求总体基本吻合。混凝土强度检测结果总体符合正态分布,平均值为 16.36 MPa。

表 3.6 混凝土抗压强度检测结果

典型案例		绍兴大禹陵禹庙大殿(1933)	交通银行南京分行旧址(1935)	南京大华大戏院(1934)	常州大成一厂老厂房(1935)	原中央博物院大殿(1937)	励志社大礼堂旧址(1931)
混凝土抗压强度	平均值/MPa	17.18	12.05	17.62	21.31	20.60	16.2
	CV/%	16.28	2.58	14.20	17.80	9.69	14.49
典型案例		南京陵园新村邮局旧址(1947)	和记洋行旧址(1912)	南京首都大戏院旧址(1931)	南京挹江门城门楼(1946)	江苏省邮政管理局旧址(1918)	南京招商局旧址(1947)
混凝土抗压强度	平均值/MPa	16.08	12.53	13.44	12.28	15.40	14.30
	CV/%	15.79	17.53	14.28	7.57	16.69	19.73

注:CV 是变异系数,为标准差与平均数的比值,余同。

按照现行规范的设计要求,材料强度的标准值需保证有 95% 的保证率,在符合正态分布的前提下,材料强度标准值=材料强度平均值-1.645×标准差。材料强度设计值=材料强度标准值/分项系数。在不考虑碳化的情况下,根据实际检测结果,民国混凝土的抗压强度标准值:$f_{ck}=f_{cm}-1.645\sigma_c=16.36-1.645\times4.79\approx8.48$(MPa),抗拉强度标准值:$f_{tk}=0.88\times0.395f_{ck}^{0.55}(1-1.645\delta_{fc})^{0.45}\approx1.20$(MPa);按照现行设计规范[15],民国混凝土

抗压强度的设计值 $f_c = f_{ck}/\gamma = 8.48/1.4 \approx 6.06$(MPa)，民国混凝土抗拉强度的设计值 $f_t = f_{tk}/\gamma_c = 1.20/1.4 \approx 0.86$(MPa)。

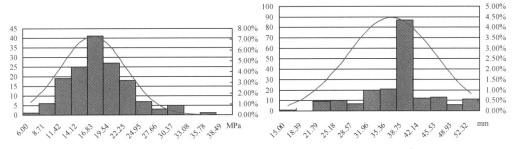

图 3.23　混凝土抗压强度直方图和正态分布图　　图 3.24　梁柱保护层厚度直方图和正态分布图

民国时期的规范对混凝土保护层厚度的要求，梁柱纵筋混凝土保护层厚度（钢筋中心到构件边缘距离）不小于 38.1 mm，板混凝土保护层厚度不小于 25.4 mm。对多个民国钢筋混凝土结构的保护层厚度进行检测，作者共统计了 139 个梁柱纵筋混凝土保护层厚度（纵筋外边缘至构件边缘距离）和 86 个板筋保护层厚度（纵筋外边缘至构件边缘距离）的数据，平均值为 35.96 mm。试验结果见表 3.7 和图 3.24，检测结果总体与当时规范要求基本吻合，数据的离散性较大，主要是因为当时各地区、各公司的施工水平不均衡。

表 3.7　民国混凝土建筑钢筋保护层厚度检测结果

典型案例	梁柱保护层		板保护层	
	平均值/mm	CV/%	平均值/mm	CV/%
绍兴大禹陵禹庙大殿(1933 年)	40.6	19.0	30.0	8.6
交通银行南京分行旧址(1935 年)	32.1	20.8	16.2	10.5
南京大华大戏院(1934 年)	34.2	18.8	15.2	12.1
常州大成一厂老厂房(1935 年)	36.0	11.8	20.0	15.8
原中央博物院大殿(1937 年)	34.8	19.5	20.2	14.9
励志社大礼堂旧址(1931 年)	34.1	11.0	18.0	12.0
和记洋行旧址(1912 年)	35.8	21.6	37.3	17.8
江苏省邮政管理局旧址(1918 年)	41.6	17.3	30.0	19.2
南京招商局旧址(1947 年)	36.6	17.7	20.0	14.7

3.4　民国时期的方钢-混凝土黏结滑移性能研究

3.4.1　试验研究

3.4.1.1　试验材料准备

试验所使用的民国方钢，为近年来作者在民国建筑加固修缮工程中保留下来的废旧钢筋，如图 3.25 所示。为研究其力学性能，在南京航空航天大学结构实验室采用微机控制电液伺服万用试验机,按照国家标准《金属材料 拉伸试验 第1部分:室温试验部分》[13]要求,对3根边长为22.8 mm与3根边长为21.6 mm的方钢进行拉伸试验,试验结果如表3.8所示。

表3.8 民国方钢测试结果

钢筋类型	伸长率/%	屈服强度/MPa	极限强度/MPa	屈强比	弹性模量/GPa
民国时期方钢	32.25	278.6	375.86	1.35	181.67

试验中所用混凝土,均参照民国时期相关标准[25,27]的要求制作而成。研究表明,民国钢筋混凝土具有如下特征:民国时期生产的水泥大都为由60%~65%的石灰、20%~25%的黏土以及5%的碱性物质、二氧化铁、氧化镁等组成的波特兰水泥,成分与硅酸盐水泥P·Ⅰ类似;细骨料(公称直径小于5 mm)采用河砂、山砂以及人工制成的花岗砂,质地为石英质,其中不含硫磺质、黏土和有机物;粗骨料(公称直径大于5 mm)按一定级配配料,限制最大公称直径于3~4 cm,石质为不含杂质的花岗石石英;水泥、细骨料、粗骨料的体积比为1∶2∶4,拌和水量控制在总重的10%~13%。根据上述制备方法(由于P·Ⅰ硅酸盐水泥没有32.5♯规格的,本次试验水泥选用32.5♯P·C复合硅酸盐水泥),同批制备了3个边长为150 mm的标准立方体材性试件和18个拉拔试验的标准件,并按照规范要求养护28天,如图3.26所示。

将上述边长150 mm的混凝土标准立方体试件进行抗压强度试验,试验采用量程1 000 kN的液压试验机,加载速度为0.3 MPa/s[30],当试块出现大量裂缝或急剧变形的时候,停止调整液压机油门,直至试块破坏,见图3.27,测得的初始数据见表3.9。

图3.25 民国方钢试件

图3.26 浇筑混凝土试件

图3.27 抗压强度试验混凝土破坏形态

表3.9 抗压强度试验测试结果

试件编号	1♯	2♯	3♯
破坏力/kN	356.24	315.86	336.58

3个试件的破坏荷载算术平均值约为336.23 kN,且3个试件的破坏荷载与它们的算术平均值的差值皆不超过15%,因此此组试件的试验结果有效[30]。

混凝土的立方体抗压强度按照式(3.5)计算:

$$f_{cu} = \frac{F}{A} \tag{3.5}$$

式中:f_{cu}为混凝土立方体抗压强度(MPa);F为试件破坏荷载(N);A为试件承压面积(mm^2)。

根据试验结果和上述公式可知,此批混凝土试件的立方体抗压强度为 14.9 MPa,相较民国文献[27,31]中所要求的混凝土极限抗压强度(即 16.9 MPa)偏小 11.8%,偏差不超过 15%,可认为此批混凝土极限抗压强度基本符合民国规范的要求。

3.4.1.2 试验设计

参考《混凝土物理力学性能试验方法标准》[30]选用图 3.28 所示的无横向箍筋的立方体中心拔出试件作为拉拔试验的标准件,拉拔试件的具体参数见表 3.10,拉拔试件所制作的模具见图 3.29。

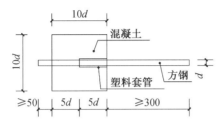

图 3.28 拉拔试验标准件(注:d 为方钢截面宽度)   图 3.29 拉拔试件模具

表 3.10 拉拔试验试件部分参数

试件类型	试件边长/mm	方钢截面边长/mm	横肋间距/mm	钢筋状态	试件数量	试件编号
A 类	160	15.875	32	未锈蚀	6	1#～6#
B 类	160	15.875	32	锈蚀	4	7#～12#
C 类	220	22.225	34	未锈蚀	6	13#～18#

拉拔试验的拉拔力施加装置选取 1 000 kN 的液压试验机,加载方式采用油压控制法,速率为 2 mm/min。拉拔力 F(单位:N)由液压试验机上的荷载传感器测得。试件以及其加载测试装置见图 3.30 和图 3.31。加载测试装置的上、下钢板厚度为 20 mm,通过 4 根 M20 的全螺纹杆连接。位移测试点 1 和位移测试点 2 通过激光位移计装置测量其相对固定端的位移 s_a、s_b,位移测试点 3 通过激光引伸计装置测量固定端的位移 s_c。

由试验量测的结果可求得固定端相对滑移 s_l 与自由端相对滑移 s_u:

$$s_l = s_b - s_c \tag{3.6}$$

$$s_u = s_a - s_b \tag{3.7}$$

Windisch[32]针对上述拉拔试验件提出了一种修正试验方案。试验结果表明:由该方案处理试验数据后,所得到的滑移特征值和应力特征值,更能准确反映实际黏结滑移关系。该方法可描述如下:首先对拉拔试验的试验数据分析模型提出两个关于黏结滑移本构关系的基本假设:①黏结段上的黏结应力和相对滑移的关系与钢筋截面所处的位置无关;②黏结应力沿着钢筋黏结段呈线性变化。

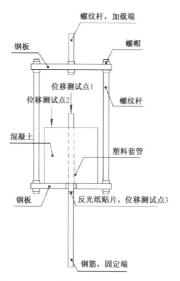
图 3.30　试件及其加载装置示意图

图 3.31　试件及其加载测试装置

根据试验数据绘制拉拔力-固定端相对滑移曲线 $F\text{-}s_1$ 和拉拔力-自由端相对滑移曲线 $F\text{-}s_u$ 见图 3.32。当自由端开始产生相对滑移（$s_u = 0$），可以得到拉拔力特征值 F_1 和对应的固定端相对滑移（$s_1 = s_1$）。当固定端产生相对滑移 s_1（$s_u = s_1$），可以得到拉拔力特征值 F_2 和对应的固定端相对滑移（$s_1 = s_2$）。以此类推，所有的拉拔力特征值 F_i 和相对滑移特征值 s_i 可以被得到（i 取 $1,2,3,4,\cdots$）。

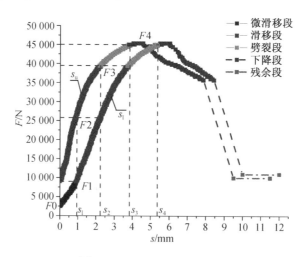
图 3.32　$F\text{-}s_1$ 和 $F\text{-}s_u$ 曲线

在钢筋与混凝土尚未产生相对滑移或处在微相对滑移状态时，存在主要由化学吸附胶着力引起的初始黏结应力 τ_0，参考 Martin[33] 的建议取 $\tau_0 = 0.04 f_{cu}$。

基于前述两个假设，可推出相对滑移特征值为 s_i 时的黏结应力特征值 τ_i 与拉拔力特征值 F_i 之间的关系式：

$$\frac{1}{2d \cdot l_b} A f = \tau \tag{3.8}$$

式中：$A = \begin{bmatrix} -1 & 1 & 0 & 0 & 0 & 0 & \cdots \\ 1 & -1 & 1 & 0 & 0 & 0 & \cdots \\ -1 & 1 & -1 & 1 & 0 & 0 & \cdots \\ 1 & -1 & 1 & -1 & 1 & 0 & \cdots \\ \vdots & \vdots & \vdots & \vdots & \vdots & \vdots & \vdots \end{bmatrix}$，$\boldsymbol{f}^{\mathrm{T}} = \begin{bmatrix} 2dl_{\mathrm{b}}\tau_0 & F_1 & F_2 & F_3 & \cdots \end{bmatrix}$、$\boldsymbol{\tau}^{\mathrm{T}} =$

$\begin{bmatrix} \tau_1 & \tau_2 & \tau_3 & \cdots \end{bmatrix}$，其中 $\boldsymbol{f}^{\mathrm{T}}$ 和 $\boldsymbol{\tau}^{\mathrm{T}}$ 代表 $\boldsymbol{f}$ 和 $\boldsymbol{\tau}$ 的转置。

3.4.2　分析方法

3.4.2.1　数据拟合方法

目前常见的钢筋混凝土黏结滑移本构关系主要有连续式[34,35]和分段式[15]两类。这两种黏结滑移本构关系的极限黏结应力及所对应的相对滑移量有巨大差别，原因在于连续式黏结滑移本构关系是基于试件滑移量较小的试验结果统计回归的。而民国钢筋混凝土由于混凝土强度较低、钢筋横肋的水平投影面积远小于现代钢筋等，在拉拔试验时所产生的相对滑移量远大于现代钢筋混凝土，因此民国钢筋混凝土的黏结滑移本构模型更接近于我国规范[15]所给出考虑较大滑移量的分段式 $\tau - s$ 曲线模型。本书将采用如图 3.33 所示的四段式模型来对试验所得数据进行拟合。

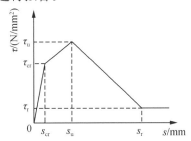

τ_{cr}—劈裂应力（N/mm²）；s_{cr}—劈裂段的最大相对滑移（mm）；τ_{u}—极限黏结强度（N/mm²）；s_{u}—破坏段的最大相对滑移（mm）；τ_{r}—残余应力（N/mm²）；s_{r}—残余段的最小相对滑移（mm）。

图 3.33　四段式钢筋-混凝土黏结滑移本构关系

由于混凝土试验中的各类不确定性及民国方钢特殊性所带来的误差，本书提出一种改进的四折线拟合法。将 3.4.1.2 节中观测所得相对滑移特征值记作 s_{ij}^*，黏结应力特征值记作 τ_{ij}^*，本小节拟合黏结应力特征值记作 $\widetilde{\tau}_{ij-\mathrm{Methods}}$。[$i$ 取 1,2,3,4,…，代表第 i 个观测点；j 取 1,2,3,…,18，代表第 j 个试件；式中下角标 Methods 代表拟合采用方法，本书采用了 LM(Levenberg-Marquardt)法与 UGO(Universal Global Optimation)法；例如 $\tau_{34-\mathrm{LM}}$ 代表 4 号试件中第三个观测点，采用 LM 方法的拟合值]，则该拟合问题可以表述为：针对 j 个试件中的每一个试件，对于一系列已知点集(s_{ij}^*，τ_{ij}^*)，式(3.9)可以对其进行拟合。

$$\widetilde{\tau}_{ij-\mathrm{Methods}}(s) = \begin{cases} P_1 s + P_0 & 0 \leqslant s < \widetilde{s}_{\mathrm{cr-Methods}}^{j} \\ P_2 s + P_3 & \widetilde{s}_{\mathrm{cr-Methods}}^{j} \leqslant s < \widetilde{s}_{\mathrm{u-Methods}}^{j} \\ P_4 s + P_5 & \widetilde{s}_{\mathrm{u-Methods}}^{j} \leqslant s < \widetilde{s}_{\mathrm{r-Methods}}^{j} \\ P_6 & s \geqslant \widetilde{s}_{\mathrm{r-Methods}}^{j} \end{cases} \tag{3.9}$$

其中：$P_1 \sim P_6$ 为拟合待定参数，$\widetilde{s}_{\mathrm{cr-Methods}}^{j} = \dfrac{P_3 - P_0}{P_1 - P_2}$、$\widetilde{s}_{\mathrm{u-Methods}}^{j} = \dfrac{P_5 - P_3}{P_2 - P_4}$、$\widetilde{s}_{\mathrm{r-Methods}}^{j} =$

$\dfrac{P_6-P_5}{P_4}$ 分别为待定方法第 j 组的劈裂段、极限段和残余段的拟合拐点横坐标。

本书比较了下述两种拟合方法:方法 LM 能借由执行时修改参数来结合高斯-牛顿算法以及梯度下降法的优势,并对两者之不足做出改善[36]。LM 法将式(3.9)改写为如下最小二乘问题:

$$\min_{s\in s_y^*} \frac{1}{2} \parallel f(s) \parallel_2^2 \tag{3.10}$$

$$f(s) = \widetilde{\tau} - \tau^* = \begin{cases} \widetilde{\tau}_{1j-\text{LM}} - \tau_{1j}^* \\ \widetilde{\tau}_{2j-\text{LM}} - \tau_{2j}^* \\ \cdots \\ \widetilde{\tau}_{ij-\text{LM}} - \tau_{ij}^* \end{cases} \tag{3.11}$$

其中:$f(s)$ 的雅各比矩阵为:

$$\boldsymbol{J}_f = \begin{bmatrix} \dfrac{\partial f}{\partial s_{1j}^*} \\ \dfrac{\partial f}{\partial s_{2j}^*} \\ \cdots \\ \dfrac{\partial f}{\partial s_{ij}^*} \end{bmatrix} \tag{3.12}$$

则式(3.10)的最优化迭代方程为:

$$s^{k+1} = s^k + (-\boldsymbol{J}_f^\mathrm{T}\boldsymbol{J}_f + \lambda\boldsymbol{I})^{-1}\boldsymbol{J}_f^\mathrm{T}\boldsymbol{f} \tag{3.13}$$

其中:k 为迭代次数,T 为转置符号,$\boldsymbol{I}$ 为单位矩阵,λ 为惩罚因子,结合式(3.10)~式(3.13)可得式(3.9)的最佳拟合值。

方法 UGO 为专业拟合软件 1stOpt 所给出的内置算法,该算法是目前唯一不依赖使用NIST(National Institute of Standards and Technology)提供的初始值,而能以任意随机初始值就可求得全部最优解的算法[37]。

通过上述方法计算获得的拟合曲线 $\widetilde{\tau}_{\text{LM}}$-$s$ 和 $\widetilde{\tau}_{\text{UGO}}$-$s$ 将综合式(3.14)~式(3.16)进行可靠性评估。

$$F_{\text{value}} = \frac{\sigma\widetilde{\tau}_{ij-\text{Methods}}}{\sigma_{\tau_{ij}^*}} \tag{3.14}$$

$$SSE = \sum_{k=1}^{i} w_{kj}(\tau_{kj}^* - \widetilde{\tau}_{kj-\text{Methods}})^2 \tag{3.15}$$

$$COD = 1 - \frac{SSE}{\sum_{k=1}^{i} w_i(\tau_{kj}^* - \widetilde{\tau}_{ij}^*)^2} \tag{3.16}$$

其中:σ 为样本方差,w 为权重因子,$\widetilde{\tau}_{kj}^*$ 为观测平均值。

F 值表达了自变量对因变量方差的解释力度,通过计算 F 值查阅分布临界值可得 P 值,可以得到拟合是否符合显著性水平,即所拟合公式是否有效。SSE 为和方差,用 2 范数来衡量拟合值和观测值之间的误差,其量级取决于变量,因此需要结合 COD 系数(R^2)值来判断曲线的拟合优劣水平。式(3.14)计算所得 F 值满足显著水平检验,且式(3.15)计算 SSE 越小,式(3.16)计算所得 COD 越接近于1,则说明拟合方法越好。

经过上述判别方法,得出更优拟合方法后,可得到式(3.9)表达式,根据表达式可以求

得第 j 组试件拟合的四折线本构模型拐点,记作矩阵 $\widetilde{\boldsymbol{P}}^{j}_{\text{Methods}} = \begin{bmatrix} \widetilde{s}^{j}_{\text{cr-Methods}} & \widetilde{\tau}^{j}_{\text{cr-Methods}} \\ \widetilde{s}^{j}_{\text{u-Methods}} & \widetilde{\tau}^{j}_{\text{u-Methods}} \\ \widetilde{s}^{j}_{\text{r-Methods}} & \widetilde{\tau}^{j}_{\text{r-Methods}} \end{bmatrix}$。为

进一步消除 j 组实验中因随机性带来的误差,本书通过对比三种求取中心点的方法,对上述 j 组拟合拐点进行中心化,确定中心化拐点矩阵 $\widehat{\boldsymbol{P}}$。

首先,平均值点是一种较为常见的求取中心点的办法,它通过随机误差项抵消的方式减少累积误差。其满足式(3.17):

$$\widehat{\boldsymbol{P}}^{\text{Means}}_{\text{Methods}} = \frac{1}{j}\sum_{j}\widetilde{\boldsymbol{P}}^{j}_{\text{Methods}} = \begin{bmatrix} \frac{1}{j}\sum_{j}\widetilde{s}^{j}_{\text{cr-Methods}} & \frac{1}{j}\sum_{j}\widetilde{\tau}^{j}_{\text{cr-Methods}} \\ \frac{1}{j}\sum_{j}\widetilde{s}^{j}_{\text{u-Methods}} & \frac{1}{j}\sum_{j}\widetilde{\tau}^{j}_{\text{u-Methods}} \\ \frac{1}{j}\sum_{j}\widetilde{s}^{j}_{\text{r-Methods}} & \frac{1}{j}\sum_{j}\widetilde{\tau}^{j}_{\text{r-Methods}} \end{bmatrix} = \begin{bmatrix} \widehat{s}^{\text{Means}}_{\text{cr-Methods}} & \widehat{\tau}^{\text{Means}}_{\text{cr-Methods}} \\ \widehat{s}^{\text{Means}}_{\text{u-Methods}} & \widehat{\tau}^{\text{Means}}_{\text{u-Methods}} \\ \widehat{s}^{\text{Means}}_{\text{r-Methods}} & \widehat{\tau}^{\text{Means}}_{\text{r-Methods}} \end{bmatrix}$$

$$(3.17)$$

而后,最小欧氏距离点是到一组点集中各点欧氏距离和最近的点。其满足式(3.18):

$$\widehat{\boldsymbol{P}}^{\text{Eu}}_{\text{Methods}} = \begin{bmatrix} \widehat{s}^{\text{Eu}}_{\text{cr-Methods}} & \widehat{\tau}^{\text{Eu}}_{\text{cr-Methods}} \\ \widehat{s}^{\text{Eu}}_{\text{u-Methods}} & \widehat{\tau}^{\text{Eu}}_{\text{u-Methods}} \\ \widehat{s}^{\text{Eu}}_{\text{r-Methods}} & \widehat{\tau}^{\text{Eu}}_{\text{r-Methods}} \end{bmatrix}$$

$$\Leftrightarrow \begin{cases} \text{row}(1)\in(s,\tau)\Rightarrow\min\sum_{j}\sqrt{(s-\widetilde{s}^{j}_{\text{cr-Methods}})^2+(\tau-\widetilde{\tau}^{j}_{\text{cr-Methods}})^2} \\ \text{row}(2)\in(s,\tau)\Rightarrow\min\sum_{j}\sqrt{(s-\widetilde{s}^{j}_{\text{u-Methods}})^2+(\tau-\widetilde{\tau}^{j}_{\text{u-Methods}})^2} \\ \text{row}(3)\in(s,\tau)\Rightarrow\min\sum_{j}\sqrt{(s-\widetilde{s}^{j}_{\text{r-Methods}})^2+(\tau-\widetilde{\tau}^{j}_{\text{r-Methods}})^2} \end{cases}$$

$$(3.18)$$

再后,最小马氏距离点表示数据的协方差距离,与欧氏距离不同的是它考虑到各种特性之间的联系,可以排除变量之间的相关性的干扰,不受量纲的影响。其满足式(3.19):

$$\widehat{\boldsymbol{P}}^{\text{Mahal}}_{\text{Methods}} = \begin{bmatrix} \widehat{s}^{\text{Mahal}}_{\text{cr-Methods}} & \widehat{\tau}^{\text{Mahal}}_{\text{cr-Methods}} \\ \widehat{s}^{\text{Mahal}}_{\text{u-Methods}} & \widehat{\tau}^{\text{Mahal}}_{\text{u-Methods}} \\ \widehat{s}^{\text{Mahal}}_{\text{r-Methods}} & \widehat{\tau}^{\text{Mahal}}_{\text{r-Methods}} \end{bmatrix}$$

$$\Leftrightarrow \begin{cases} \text{row}(1)\in(s,\tau)\Rightarrow\min\sum_{j}\sqrt{(s-\widetilde{s}^{j}_{\text{cr}},\tau-\widetilde{\tau}^{j}_{\text{cr}})D_{\text{cr}}^{-1}(s-\widetilde{s}^{j}_{\text{cr}},\tau-\widetilde{\tau}^{j}_{\text{cr}})^{\mathrm{T}}} \\ \text{row}(2)\in(s,\tau)\Rightarrow\min\sum_{j}\sqrt{(s-\widetilde{s}^{j}_{\text{u}},\tau-\widetilde{\tau}^{j}_{\text{u}})D_{\text{u}}^{-1}(s-\widetilde{s}^{j}_{\text{u}},\tau-\widetilde{\tau}^{j}_{\text{u}})^{\mathrm{T}}} \\ \text{row}(3)\in(s,\tau)\Rightarrow\min\sum_{j}\sqrt{(s-\widetilde{s}^{j}_{\text{r}},\tau-\widetilde{\tau}^{j}_{\text{r}})D_{\text{r}}^{-1}(s-\widetilde{s}^{j}_{\text{r}},\tau-\widetilde{\tau}^{j}_{\text{r}})^{\mathrm{T}}} \end{cases}$$

$$(3.19)$$

其中 $\boldsymbol{D}_C^{-1}$ 为矩阵 $\boldsymbol{Q} = \begin{bmatrix} \tilde{s}_C^1 & \tilde{\tau}_C^1 \\ \tilde{s}_C^2 & \tilde{\tau}_C^2 \\ \cdots & \cdots \\ \tilde{s}_C^j & \tilde{\tau}_C^j \\ s & \tau \end{bmatrix}$ 协方差矩阵的逆矩阵（C 取值为 cr、u、r）。当求得中心化拐点矩阵 $\hat{\boldsymbol{P}}$ 后，则可确定四折线 $\tau\text{-}s$ 本构模型。

3.4.2.2 有限元模型对比

采用考虑黏结滑移的钢筋混凝土有限元模型，模拟图 3.30 和图 3.31 的无横向箍筋的立方体中心拔出试验。通过平均值点、最小欧氏距离点、最小马氏距离点三种方法计算四折线 $\tau\text{-}s$ 黏结滑移本构模型的混凝土极限承载力与试验实测值之差，确定最优的 $\tau\text{-}s$ 模型。

本节有限元模型的建立采用商用有限元计算软件 ANSYS(17.2)，模型中选用 Link8 单元模拟钢筋材料，钢筋的材料参数根据表 3.8 确定，钢筋的本构模型选用双线性等向强化模型 BISO 模拟，钢筋的应力-应变关系曲线[38]见图 3.34。Solid65 单元模拟混凝土材料，采用 Willam-Warnke 破坏准则考虑混凝土的拉裂和压碎，根据 3.4.1.1 节中实测数据及现行规范[14]设置单轴抗压强度设计值 $f_c = 14.9$ MPa，单轴抗拉强度设计值 $f_t = 1.43$ MPa，弹性模量 $E_c = 1.41 \times 10^4$ MPa，泊松比 $\nu_c = 0.2$，密度 $\rho = 2\,400$ kg/m³。由于缺乏试验数据，双轴抗压强度 f_{cb} 和在围压 σ_h^a 作用下的单轴抗压强度 f_1、双轴抗压强度 f_2 参考 f_c、f_t 的取值，张开裂缝的剪力传递系数 β_t 取 0.5，闭合裂缝的剪力传递系数 $\beta_c = 0.95$，拉应力释放系数 T_c 取 0.6，均由《ANSYS 工程结构数值分析》[38]中数据确定。混凝土处于单轴受压状态时的应力-应变关系采用《钢筋混凝土原理》[39]提出的受压应力-应变全曲线方程，并根据"既有混凝土应力-应变曲线方程的研究"[40]的试验结果考虑混凝土龄期年限修正方程的参数值，修正结果采用随动强化模型 KINH 模拟，如图 3.35 所示。

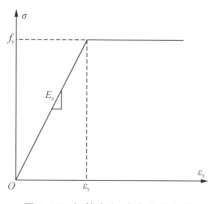

图 3.34 钢筋应力-应变关系曲线

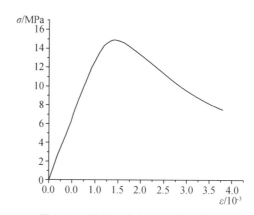

图 3.35 混凝土应力-应变关系曲线

在模型中，钢筋-混凝土间的黏结滑移作用通过采用三个相互垂直的 Combin39 单元，分别模拟钢筋与混凝土之间的纵向与切向黏结滑移作用以及咬合作用。假设节点 i 为纵向钢筋单元的节点，节点 j 为相邻混凝土单元的节点，s 为 i、j 节点的切向相对位移，Δd_v 为 i、j 节点的法向相对位移，l 为相邻 Combin39 单元沿纵向钢筋切向的间距，沿着纵向钢筋切向的 Combin39 单元的黏结力与相对滑移的关系[41]，可以结合 3.4.2.1 节中得出的 $\tau\text{-}s$ 模型确定为式（3.20）：

$$F_{\mathrm{h}} = 4 d l \tau(\hat{s}) \tag{3.20}$$

纵向钢筋法向的 Combin39 单元的力与相对位移的关系：

$$F_{\mathrm{v}} = E_{c} l \Delta d_{v} \tag{3.21}$$

考虑几何大变形后的切线刚度矩阵为：

$$[K_{\mathrm{e}}^{nl}] = [K_{\mathrm{e}}^{inc}] + [K_{\mathrm{e}}^{\sigma}] + [K_{\mathrm{e}}^{u}] + [K_{\mathrm{e}}^{a}] \tag{3.22}$$

其中：$[K_{\mathrm{e}}^{inc}]$ 为主切向矩阵，$[K_{\mathrm{e}}^{\sigma}]$ 为应力-刚化矩阵，$[K_{\mathrm{e}}^{u}]$ 为位移-转动矩阵，$[K_{\mathrm{e}}^{a}]$ 为压力载荷刚度矩阵。

迭代方程为：

$$[K_{\mathrm{e}}^{nl}]\{\Delta u\} = \{F\} - \{F_{\mathrm{nr}}\} \tag{3.23}$$

其中：$\{\Delta u\}$ 为位移增量，$\{F\}$ 为外部载荷向量，$\{F_{\mathrm{nr}}\}$ 为内部力向量。

然后，采用位移加载与位移收敛准则，并结合上述参数与式(3.20)～式(3.24)即可计算出有限元模型的极限承载力 $F_{\max}$，将其与试验所得的 j 个 $F_{\max}^{j}$ 值计算 Log-Cosh 损失成本[42]，成本最低的 $\tau - \hat{s}$ 模型则最好。Log-Cosh 损失成本如式(3.24)所示：

$$L(F_{\max}^{j}, \hat{F}_{\max}) = \sum_{j} \log(\cosh \frac{1}{\min F_{\max}}(\hat{F}_{\max} - F_{\max}^{j})) \tag{3.24}$$

3.4.3　结果分析

3.4.3.1　试验结果

图 3.36 所示为中心拉拔试验中常见的三种混凝土破坏模式。第一种破坏模式一般由于钢筋偏心放置或钢筋弯曲，导致保护层薄弱的一侧迅速达到抗压极限，因压溃而导致试验终止，由于本试验钢筋未见明显变形且中心放置，因此该类破坏未见于本次试验中。第二种破坏模式一般由于混凝土未表现出明显的脆性，因此不产生贯穿梁底受力区的裂缝，由 3.4.1.1 节可知，民国混凝土配方极易导致混凝土表现出脆性特征，因而该种破坏模式仅存在于少数几个试验试件中。第三种破坏模式为本次试验中大量出现的情况，本书以其中较为典型的 A 类 5♯ 试件为例阐述该种破坏模式的试验现象。A 类 5♯ 试件根据试验数据绘制的 F-s_{l} 与 F-s_{u} 曲线如图 3.32 所示，其受力阶段可以大致分为五个阶段。

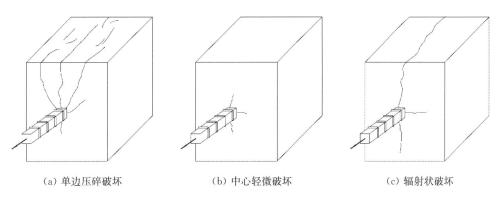

(a) 单边压碎破坏　　　　　(b) 中心轻微破坏　　　　　(c) 辐射状破坏

图 3.36　中心拉拔试验常见混凝土破坏模式

(1) 微滑移阶段:开始受力时,由于化学作用导致的初始黏结应力存在,加载端滑移量近乎为0,自由端未产生滑移。拉拔力超过 F_0 时,加载端开始出现相对滑移,黏结应力分布限于靠近加载端这一部分区域,黏结应力大小呈 $\tau_0 - s_1$ 线性分布,并且由于黏结应力较小,加载端的相对滑移呈曲线快速增长;

(2) 滑移阶段:拉拔力的大小超过 F_1 时,自由端开始产生相对滑移,加载端和自由端的相对滑移开始呈明显的线性增长,此时的黏结应力在钢筋上的分布区域扩大,但由于此时的黏结应力的增长速率更快,因此相对滑移的增长速率较之前变小;

(3) 劈裂阶段:当拉拔力的大小超过 F_2 之后,混凝土内部开始自加载端出现纵向裂缝,黏结应力变小,相对滑移速率增长加快;

(4) 破坏阶段:拉拔力的大小达到 F_3 之后,混凝土裂缝发展至自由端,发出劈裂声响;此时由于混凝土已可视作破坏,因此滑移增长速率急剧加快,荷载可有少量增长,最终混凝土发生劈裂破坏(图3.37、图3.38),滑移增长速率接近峰值;

(5) 下降阶段:拉拔力的大小达到 F_4 之后,荷载缓慢下降,滑移以最大速率发展一段时间后开始减速。

混凝土劈裂面上留有钢筋的肋印和擦痕(图3.39),钢筋的肋前区附着有混凝土的破碎粉末(图3.40)。需要说明的是,典型的中心拔出试验应该还包含残余段,但因试验条件限制,本书个别试件并未追踪到,因此在下文拟合时,对这些试件根据规范限定其残余段。参考混凝土结构试验方法标准[43], $\tau_r = f_{t,r} = 0.395(f_{cu})^{0.55}$, $f_{t,r}$ 为混凝土的抗拉强度特征值(MPa)。

由表3.11可知,LM法和UGO法在本次拟合中均满足显著性水平检验,且UGO法的 SSE 值小于LM法,说明其拟合结果离散性较小,UGO法的 COD 值大于LM法,说明其拟合值与观测值更接近。结合图3.41与图3.42可知,UGO法的拟合值更可靠,且残差分布情况更为合理,可以认为UGO拟合法更适合拟合民国方钢黏结滑移曲线。因此,参考3.4.2.2节中描述的拟合方法,令Methods取值为UGO法,可以得到18组试验数据的 $\tilde{\tau}_{UGO} - s$ 曲线,如图3.43所示。

图3.37　拉拔试件混凝土劈裂破坏侧面　　图3.38　拉拔试件混凝土劈裂破坏自由端面

图 3.39　混凝土劈裂面(拉拔试件经过破型处理)

图 3.40　拔出钢筋的肋表面

表 3.11　LM 拟合法和 UGO 拟合法计算结果对比

非线性拟合算法	拟合参数					拟合统计指标		
						残差平方和（SSE）	R^2（COD）	F 统计量
UGO 法	P_0	P_1	P_2	P_3	P_4	8.73	0.75	30.68（P 值<0.01）
	0.34	18.02	5.43	2.10	−97.53			
	P_5	P_6	P_7	P_8	P_9			
	41.19	0.67	0.14	0.38	0.42			
LM 法	P_0	P_1	P_2	P_3	P_4	19.47	0.70	37.78（P 值<0.01）
	0.34	17.73	6.99	1.78	−32.30			
	P_5	P_6	P_7	P_8	P_9			
	15.70	0.72	0.18	0.33	0.44			

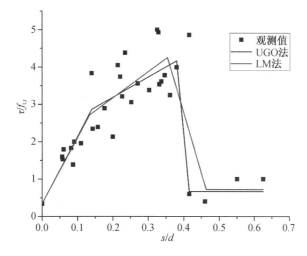

图 3.41　LM 拟合法和 UGO 拟合法计算结果对比

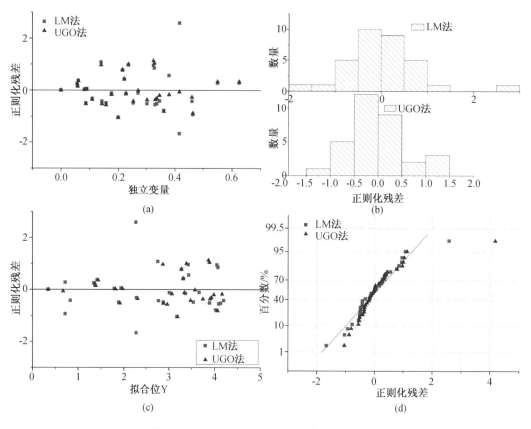

图 3.42　LM 拟合法和 UGO 拟合法残差对比

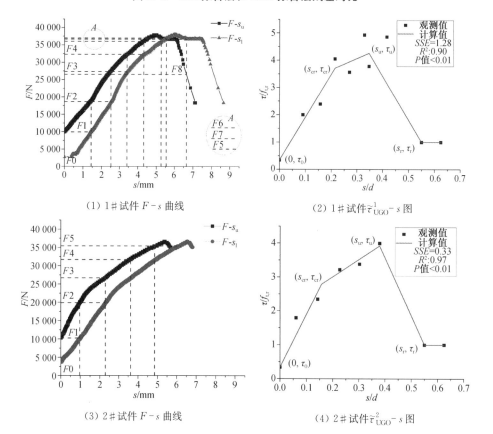

（1）1# 试件 $F-s$ 曲线

（2）1# 试件 $\tilde{\tau}_{UGO}^1 - s$ 图

（3）2# 试件 $F-s$ 曲线

（4）2# 试件 $\tilde{\tau}_{UGO}^2 - s$ 图

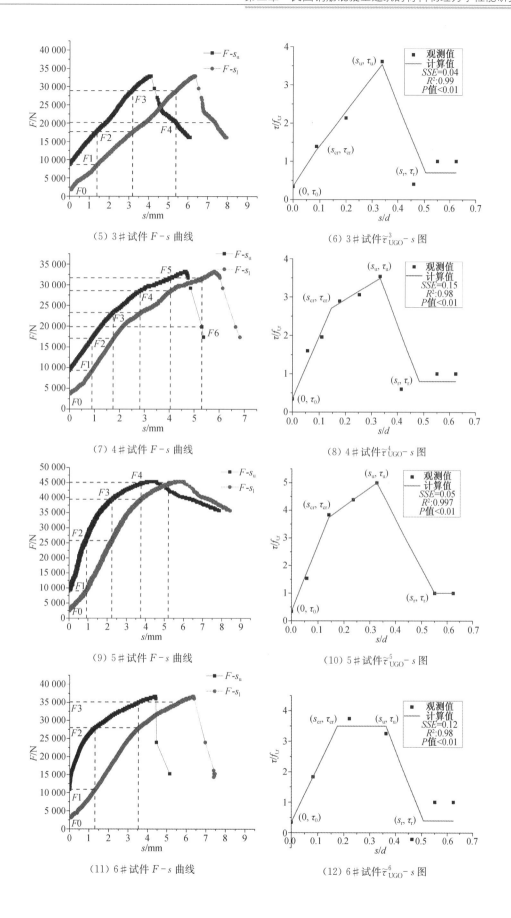

（5）3#试件 F-s 曲线

（6）3#试件 $\widetilde{\tau}_{\mathrm{UGO}}^{3}$-$s$ 图

（7）4#试件 F-s 曲线

（8）4#试件 $\widetilde{\tau}_{\mathrm{UGO}}^{4}$-$s$ 图

（9）5#试件 F-s 曲线

（10）5#试件 $\widetilde{\tau}_{\mathrm{UGO}}^{5}$-$s$ 图

（11）6#试件 F-s 曲线

（12）6#试件 $\widetilde{\tau}_{\mathrm{UGO}}^{6}$-$s$ 图

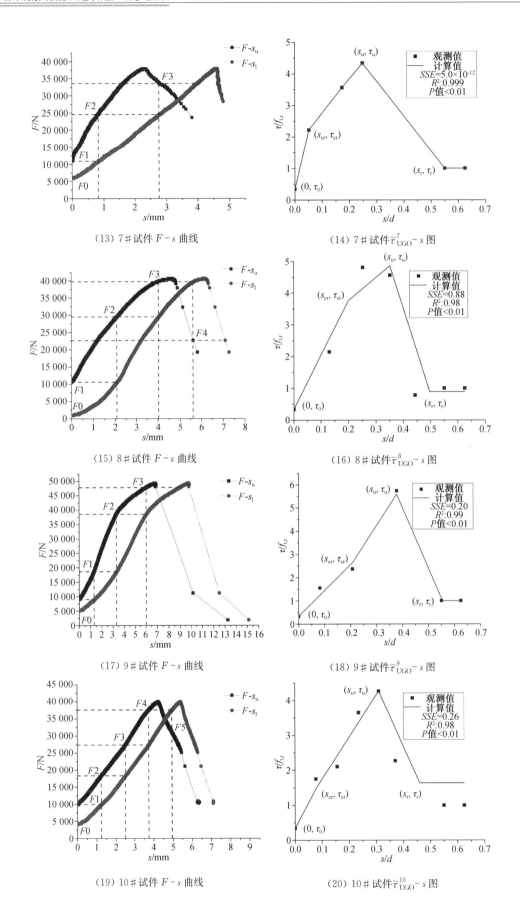

（13）7#试件 F-s 曲线

（14）7#试件 $\tilde{\tau}_{UGO}^{7}$-s 图

（15）8#试件 F-s 曲线

（16）8#试件 $\tilde{\tau}_{UGO}^{8}$-s 图

（17）9#试件 F-s 曲线

（18）9#试件 $\tilde{\tau}_{UGO}^{9}$-s 图

（19）10#试件 F-s 曲线

（20）10#试件 $\tilde{\tau}_{UGO}^{10}$-s 图

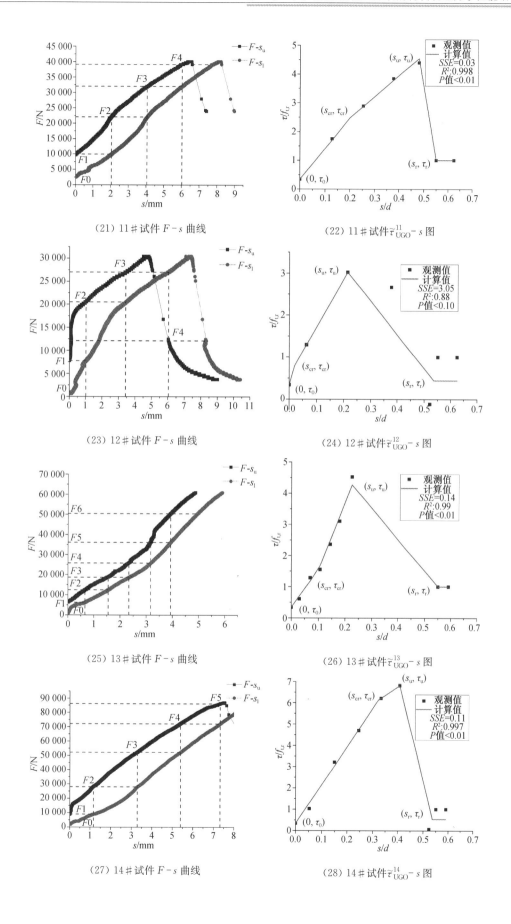

（21）11#试件 $F-s$ 曲线

（22）11#试件 $\tilde{\tau}_{UGO}^{11}-s$ 图

（23）12#试件 $F-s$ 曲线

（24）12#试件 $\tilde{\tau}_{UGO}^{12}-s$ 图

（25）13#试件 $F-s$ 曲线

（26）13#试件 $\tilde{\tau}_{UGO}^{13}-s$ 图

（27）14#试件 $F-s$ 曲线

（28）14#试件 $\tilde{\tau}_{UGO}^{14}-s$ 图

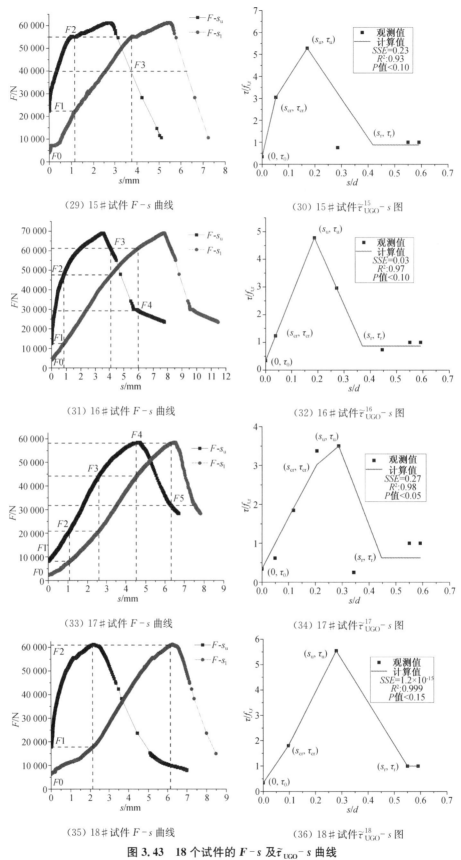

（29）15#试件 F-s 曲线   （30）15#试件 $\tilde{\tau}_{UGO}^{15}$-s 图

（31）16#试件 F-s 曲线   （32）16#试件 $\tilde{\tau}_{UGO}^{16}$-s 图

（33）17#试件 F-s 曲线   （34）17#试件 $\tilde{\tau}_{UGO}^{17}$-s 图

（35）18#试件 F-s 曲线   （36）18#试件 $\tilde{\tau}_{UGO}^{18}$-s 图

图3.43 18个试件的 F-s 及 $\tilde{\tau}_{UGO}$-s 曲线

由图 3.43 结合 3.4.2.2 节内容,可以写出试件 1♯～18♯ 各拟合结果的拐点矩阵 $\widetilde{\boldsymbol{P}}_{\mathrm{UGO}}^{j}$

$= \begin{bmatrix} \widetilde{s}_{\mathrm{cr-UGO}}^{j} & \widetilde{\tau}_{\mathrm{cr-UGO}}^{j} \\ \widetilde{s}_{\mathrm{u-UGO}}^{j} & \widetilde{\tau}_{\mathrm{u-UGO}}^{j} \\ \widetilde{s}_{\mathrm{r-UGO}}^{j} & \widetilde{\tau}_{\mathrm{r-UGO}}^{j} \end{bmatrix}$。利用式(3.17)～式(3.19)可以计算出各类试件的最优中心化拐点

矩阵 $\widetilde{\boldsymbol{P}}$,计算结果如表 3.12 和图 3.44 所示。

表 3.12　试件拐点及最优中心化拐点计算结果

试件分类	试件编号	s_{cr}	τ_{cr}	s_{u}	τ_{u}	s_{r}	τ_{r}
A 类	1♯试件	$0.21d$	$3.71f_{\mathrm{t,r}}$	$0.35d$	$4.26f_{\mathrm{t,r}}$	$0.55d$	$f_{\mathrm{t,r}}$
	2♯试件	$0.16d$	$2.79f_{\mathrm{t,r}}$	$0.38d$	$3.92f_{\mathrm{t,r}}$	$0.55d$	$f_{\mathrm{t,r}}$
	3♯试件	—	—	$0.34d$	$3.54f_{\mathrm{t,r}}$	$0.5d$	$0.70f_{\mathrm{t,r}}$
	4♯试件	$0.14d$	$2.71f_{\mathrm{t,r}}$	$0.33d$	$3.49f_{\mathrm{t,r}}$	$0.48d$	$0.80f_{\mathrm{t,r}}$
	5♯试件	$0.14d$	$3.74f_{\mathrm{t,r}}$	$0.33d$	$4.99f_{\mathrm{t,r}}$	$0.55d$	$f_{\mathrm{t,r}}$
	6♯试件	$0.17d$	$3.50f_{\mathrm{t,r}}$	—	—	$0.51d$	$0.39f_{\mathrm{t,r}}$
	平均值点	$0.164d$	$3.29f_{\mathrm{t,r}}$	$0.346d$	$4.04f_{\mathrm{t,r}}$	$0.525d$	$0.917f_{\mathrm{t,r}}$
	最小欧氏距离点	$0.170d$	$3.50f_{\mathrm{t,r}}$	$0.380d$	$3.92f_{\mathrm{t,r}}$	$0.550d$	$f_{\mathrm{t,r}}$
	最小马氏距离点	$0.169d$	$3.45f_{\mathrm{t,r}}$	$0.348d$	$4.14f_{\mathrm{t,r}}$	$0.550d$	$f_{\mathrm{t,r}}$
B 类	7♯试件	—	—	$0.25d$	$4.34f_{\mathrm{t,r}}$	$0.55d$	$f_{\mathrm{t,r}}$
	8♯试件	$0.20d$	$3.76f_{\mathrm{t,r}}$	$0.35d$	$4.86f_{\mathrm{t,r}}$	$0.50d$	$0.89f_{\mathrm{t,r}}$
	9♯试件	$0.21d$	$2.64f_{\mathrm{t,r}}$	$0.38d$	$5.59f_{\mathrm{t,r}}$	$0.55d$	$f_{\mathrm{t,r}}$
	10♯试件	—	—	$0.31d$	$4.27f_{\mathrm{t,r}}$	$0.46d$	$1.64f_{\mathrm{t,r}}$
	11♯试件	$0.20d$	$2.48f_{\mathrm{t,r}}$	$0.48d$	$4.54f_{\mathrm{t,r}}$	$0.55d$	$f_{\mathrm{t,r}}$
	12♯试件	—	—	—	—	$0.54d$	$0.44f_{\mathrm{t,r}}$
	平均值点	$0.203d$	$2.96f_{\mathrm{t,r}}$	$0.354d$	$4.72f_{\mathrm{t,r}}$	0.525	$0.995f_{\mathrm{t,r}}$
	最小欧氏距离点	$0.210d$	$2.64f_{\mathrm{t,r}}$	$0.393d$	$4.56f_{\mathrm{t,r}}$	$0.550d$	$f_{\mathrm{t,r}}$
	最小马氏距离点	$0.203d$	$2.96f_{\mathrm{t,r}}$	$0.350d$	$4.86f_{\mathrm{t,r}}$	$0.550d$	$f_{\mathrm{t,r}}$
C 类	13♯试件	$0.11d$	$1.67f_{\mathrm{t,r}}$	$0.23d$	$4.27f_{\mathrm{t,r}}$	$0.55d$	$f_{\mathrm{t,r}}$
	14♯试件	—	—	$0.41d$	$6.81f_{\mathrm{t,r}}$	$0.54d$	$0.53f_{\mathrm{t,r}}$
	15♯试件	$0.05d$	$3.04f_{\mathrm{t,r}}$	$0.17d$	$5.28f_{\mathrm{t,r}}$	$0.42d$	$0.88f_{\mathrm{t,r}}$
	16♯试件	$0.04d$	—	$0.19d$	$4.78f_{\mathrm{t,r}}$	$0.40d$	$0.87f_{\mathrm{t,r}}$
	17♯试件	$0.21d$	$3.02f_{\mathrm{t,r}}$	$0.29d$	$3.50f_{\mathrm{t,r}}$	$0.45d$	$0.63f_{\mathrm{t,r}}$
	18♯试件	$0.10d$	—	$0.28d$	$5.55f_{\mathrm{t,r}}$	$0.55d$	$f_{\mathrm{t,r}}$
	平均值点	$0.102d$	$2.58f_{\mathrm{t,r}}$	$0.262d$	$5.03f_{\mathrm{t,r}}$	$0.485d$	$0.82f_{\mathrm{t,r}}$
	最小欧氏距离点	$0.100d$	$2.98f_{\mathrm{t,r}}$	$0.213d$	$4.91f_{\mathrm{t,r}}$	$0.429d$	$0.87f_{\mathrm{t,r}}$
	最小马氏距离点	$0.100d$	$2.58f_{\mathrm{t,r}}$	$0.241d$	$4.97f_{\mathrm{t,r}}$	$0.463d$	$0.83f_{\mathrm{t,r}}$

注:3♯,7♯,10♯,12♯,14♯号试件根据拟合结果,可以认为没有追踪到劈裂段拐点$(s_{\mathrm{cr}},\tau_{\mathrm{cr}})$,6♯和12♯号试件根据拟合结果,可以认为没有追踪到破坏段拐点$(s_{\mathrm{u}},\tau_{\mathrm{u}})$。

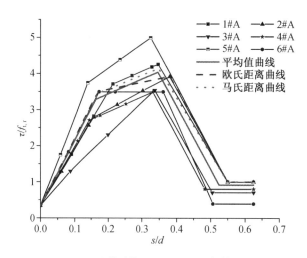

(a) A 类试件 $d=15.875$ mm 钢筋

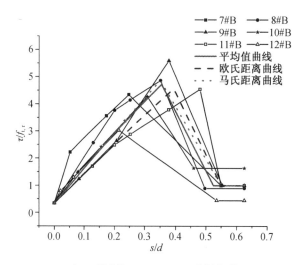

(b) B 类试件 $d=15.875$ mm 锈蚀钢筋

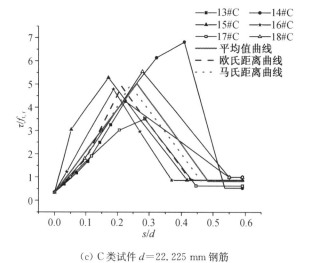

(c) C 类试件 $d=22.225$ mm 钢筋

图 3.44　拉拔试件 $\tilde{\tau}$-s 曲线与最优中心点 $\widehat{\tau}$-$\widehat{s}$ 曲线对比

3.4.3.2　有限元模型结果比较

本节依据 3.4.1 节内容建立方钢混凝土拉拔试件,采用图 3.44(a)的 τ-$\bar{s}$ 作为黏结滑移本构曲线,结合 3.4.2.2 节相关参数设置及式(3.20)~式(3.24),经过多次试算网格精度,最终建立如图 3.45(a)所示的有限元模型,图 3.45(b)为中心拉拔试件 Von Mises 应力云图,图 3.45(c)及 3.45(d)为中心拉拔试件裂纹及压碎计算结果,从图 3.45 中可知试件出现了多级裂缝且出现了压碎单元,钢筋附近混凝土单元被杀死后释放了应力,但并未如试验所示出现截面通长裂缝,这是因为本书在计算时所采取的混凝土应力-应变本构模型并未考虑民国混凝土的高脆性,因此破坏模式更接近于第二类中心轻微破坏。尽管如此,由图 3.46 可知,有限元计算的三种 τ-$\bar{s}$ 曲线的结构极限承载力和试验值的偏差在可接受范围内,因此可以认为这三种黏结滑移本构曲线均可满足工程计算要求。与此同时,由表 3.13 可知,最小欧氏距离点有着最小的损失成本,最小马氏距离点其次,平均值点再次之。

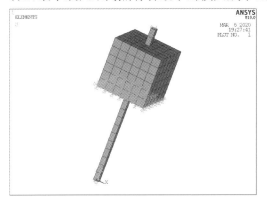

（a）中心拉拔试件有限元模型　　　　（b）中心拉拔试件 Von Mises 应力云图

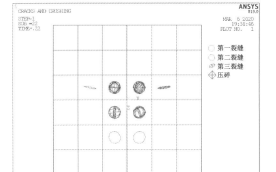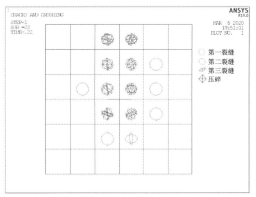

（c）中心拉拔试件裂纹及压碎俯视图　　　（d）中心拉拔试件裂纹及压碎主视图

图 3.45　中心拉拔试件有限元计算结果

表 3.13　Log-Cosh 损失成本计算结果

计算方法	平均距离♯	欧氏距离♯	马氏距离♯
Log-Cosh 损失成本	0.011 5	0.010 2	0.011 3

3.4.3.3　试验结果分析与讨论

根据 3.4.3.2 节研究结果可知,最小欧氏距离点为最佳中心点选取方法,因此结合图 3.44 和表 3.12 对影响民国钢筋混凝土黏结滑移性能的因素进行分析,得到如表 3.14 所示的数据。

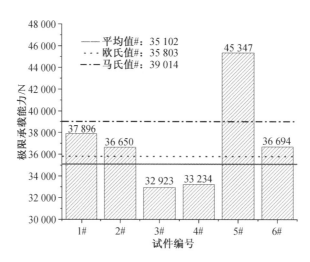

图 3.46　有限元模型极限承载力计算结果

表 3.14　不同试件组的正负效应分析

	$\Delta s_{cr}/\%$	$\Delta \tau_{cr}/\%$	$\Delta s_{u}/\%$	$\Delta \tau_{u}/\%$
B-A	23.53	-24.57	3.42	16.33
C-A	-17.65	-14.86	-21.53	25.26

注:由于表 3.12 滑移量的相对值与 d 有关,因此为进行相关计算采用滑移量的绝对值进行计算,例如 $s_{cr}^{A} = 0.17d = 0.17 \times 15.875 \approx 2.70(\text{mm})$。以 Δs_{cr}^{B-A} 为例的相对误差计算公式为 $\frac{s_{cr}^{B} - s_{cr}^{A}}{s_{cr}^{A}} \times 100\%$。

由表 3.12 可知,比较 B 类试件和 A 类试件,其 $\Delta \tau_{cr}$ 小于零而 $\Delta \tau_{u}$ 大于零,这说明钢筋的锈蚀会使得钢筋表面附着大量铁的氧化物(FeO、Fe_2O_3、Fe_3O_4)、羟基氧化铁(α-FeOOH、β-FeOOH)和少量铁的硫化物、磷酸盐等[44],这些物质存在会使得钢筋和混凝土接触表面产生应力集中,从而使得开裂更早发生,但另一方面,这些铁锈的存在又会加大钢筋和混凝土之间的机械咬合和化学吸附作用,因此极限应力又会有所提高。尽管如此,由于 Δs_{cr} 和 Δs_{u} 均大于零,这意味着锈蚀的存在会使得民国方钢和混凝土之间的滑移量进一步增大,不利于钢筋和混凝土之间协同工作,因此总体而言,锈蚀对民国钢筋混凝土黏结滑移性能起到负效应作用。

结合表 3.12,比较 C 类试件和 A 类试件可知,相对滑移量和应力与试件的尺寸存在一定的关系,且不为简单的线性正比关系(例如 $\Delta s_{cr}^{A} = 0.17d_A \neq 0.10d_C = \Delta s_{cr}^{C}$)。根据图 3.44,$\Delta \tau_{cr}$ 小于零是因为此类试件的劈裂段发展较快,滑移段和劈裂段几乎同时发生,因此没有追踪到明显的分界拐点。考虑到由于 A 类试件拟合曲线的形状比较满足典型的四段式,因此以 A 类试件为基础进行考虑钢筋尺寸效应的修正。假设忽略钢筋尺寸效应的高阶项对结果造成的影响,则有 $s = \begin{bmatrix} s_{cr} \\ s_{u} \end{bmatrix} \propto \begin{bmatrix} -d \\ -d \end{bmatrix}$,$\tau = \begin{bmatrix} \tau_{cr} \\ \tau_{u} \end{bmatrix} \propto \begin{bmatrix} d \\ d \end{bmatrix}$,且同时满足 $s = \begin{bmatrix} s_{cr} \\ s_{u} \end{bmatrix} \propto \begin{bmatrix} -d^2 \\ -d^2 \end{bmatrix}$,$\tau = \begin{bmatrix} \tau_{cr} \\ \tau_{u} \end{bmatrix} \propto \begin{bmatrix} d^2 \\ d^2 \end{bmatrix}$,因此可得:

$$s = \begin{bmatrix} s_{cr} \\ s_{u} \end{bmatrix} = \begin{bmatrix} A_{cr}(q,r,f,p)d + B_{cr}(q,r,f,p) + o(d^2) \\ A_{u}(q,r,f,p)d + B_{u}(q,r,f,p) + o(d^2) \end{bmatrix} \tag{3.25}$$

$$\tau = \begin{bmatrix} \tau_{\mathrm{cr}} \\ \tau_{\mathrm{u}} \end{bmatrix} = \begin{bmatrix} X_{\mathrm{cr}}(q,r,f,p)d + Y_{\mathrm{cr}}(q,r,f,p) + o(d^2) \\ X_{\mathrm{u}}(q,r,f,p)d + Y_{\mathrm{u}}(q,r,f,p) + o(d^2) \end{bmatrix} \tag{3.26}$$

其中：q 代表锈蚀程度，r 代表钢筋肋距，f 代表混凝土强度，p 代表钢筋体形系数，$o(d^2)$ 代表与直径有关的二次量。为简化计算，本书拟合时忽略 $o(d^2)$ 的作用，且认为 A、B、X、Y 为常数，基于式(3.25)、式(3.26)采用 UGO 法进行拟合，拟合结果如表 3.15 所示。

表 3.15　考虑尺寸效应的民国钢筋混凝土黏结滑移本构模型修正拐点

拐点特征值	s_{cr}	s_{u}	s_{r}	τ_{cr}	τ_{u}	τ_{r}
拐点修正值	$-0.0756d+3.9$	$-0.2047d+9.3$	8.75	$(0.1408d+1.3)f_{\mathrm{t,r}}$	$(0.1559d+1.4)f_{\mathrm{t,r}}$	$f_{\mathrm{t,r}}$

3.4.4　考虑黏结滑移的有限元模型分析对比

参考文献[27,45]，验证所得考虑尺寸效应的民国钢筋混凝土黏结滑移本构模型准确性。按照民国时期在实际工程中所应用的结构构件设计方法对1935年建成的交通银行南京分行旧址的典型梁构件进行了设计计算的验证，设计截面如图 3.47 所示。在 ANSYS 有限元软件中，对比整体式建模、分离式不考虑黏结滑移、分离式考虑黏结滑移三种模型的计算结果，并将计算结果与民国文献计算方法、现行规范计算方法进行对比。

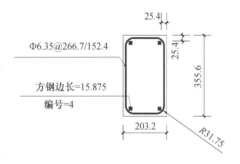

图 3.47　梁的配筋构造示意图

民国钢筋混凝土结构构件的整体式有限元模型中，通过对 Solid65 单元的实常数设置，定义单元内部的钢筋方向。在有限元模型中，除按实际构造的几何数据划分出的混凝土保护层区、箍筋分布区、纵筋分布区的网格，其他网格经试算后确定尺寸为 50 mm。分离式有限元模型中，沿纵向钢筋切向方向每隔 50 mm 布置一对弹簧，纵向钢筋和混凝土沿纵向钢筋切向方向的单元长度设置为 50 mm。考虑到网格划分的规则性以及简化建模和加快计算速度，箍筋布置简化为弥散分布于箍筋附近的混凝土单元之中，约束形式选取简支约束。其余参数设置及计算方法同 3.4.2.2 小节，有限元模型如图 3.48 所示。

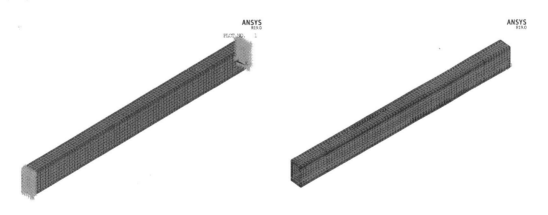

（a）梁整体式有限元模型轴测图　　　　　　（b）梁分离式有限元模型轴测图

图 3.48　有限元计算模型

参考民国规范[27,31]的计算方法,得到整体式有限元模型和分离式有限元模型梁的极限弯矩,然后参考民国规范和现行规范的计算方法分别计算梁正截面抗弯承载力,计算结果见表 3.16。

表 3.16　交通银行南京分行旧址中典型梁构件正截面抗弯承载力

计算模型	是否考虑黏结滑移	抗弯承载能力/(kN・m)
有限元整体式模型	否	15.65
有限元分离式模型	否	13.71
	是	18.06
民国规范	否	18.15
现行规范	否	17.84

由表 3.16 可知,相较于分离式考虑黏结滑移有限元模型,整体式有限元模型、分离式不考虑黏结滑移有限元模型、民国文献方法和现行规范所计算出来的正截面承载力分别小13.3%、小 24.1%、大 0.5%、小 1.2%。因此民国文献和现行规范的计算结果较近,并且都与本书提出的民国钢筋混凝土分离式有限元计算结果相差较小,而与整体式有限元模型、分离式不考虑黏结滑移有限元模型计算结果相差较大,因此可以认为本书提出的考虑尺寸效应的民国钢筋混凝土黏结滑移本构模型是基本准确的。

3.5　本章小结

民国时期,钢筋混凝土结构作为新兴的建筑技术传入中国,其钢筋材料性能、混凝土材料性能及钢筋-混凝土的黏结性能都与现代钢筋混凝土结构有明显不同。本章通过对民国方钢和圆钢的材料性能试验研究、民国混凝土的材料性能试验研究、民国钢筋-混凝土的黏结性能试验研究,得到以下主要结论:

(1)民国方钢的横肋高度能满足现行规范要求,但横肋间距、横肋之间的间隙总和、相对肋面积均不能满足现行规范要求。

(2)民国建筑用方钢和圆钢均属于碳素钢材质,且属低碳钢。民国方钢中 C、Si、Mn 含量均能满足我国和欧美现行规范要求,但 P 和 S 含量均高于我国和欧美现行规范要求。民国圆钢中 C、Si、Mn 和 P 含量均能满足我国和欧美现行规范要求,但 S 含量略高于欧洲规范要求。

(3)民国建筑用钢筋横截面和纵截面晶粒均大体呈等轴状,属于热轧钢筋类型。民国建筑用钢筋的断口有明显的宏观塑性变形特征,断口的源区、扩展区和最后断裂区呈现不同形态的韧窝花样,因此,断口整体呈现韧性断裂特征。

(4)根据对实测结果的统计分析,民国时期方钢屈服强度标准值为 229.56 MPa,设计值为 208.69 MPa;圆钢屈服强度标准值为 276.82 MPa,设计值为 251.65 MPa;钢筋强度检测的样本数据总体均符合正态分布。

(5)民国时期的水泥主要成分配比与我国现行标准的规定类似,民国钢筋混凝土建筑使用的水泥质量基本符合现行标准中的要求;但是民国时期的行业标准对混凝土中粗细骨料的公称直径划分与我国现行标准的规定有所不同。

(6)民国时期的混凝土中水泥:砂子:石子的体积比主要为 1:2:4。根据对实测结果的统计分析,在不考虑碳化的情况下,现存的民国时期混凝土抗压强度标准值为 8.48 MPa,

设计值为 6.06 MPa,混凝土强度样本数据总体均符合正态分布。

（7）民国钢筋混凝土的拉拔试件宜采用混凝土保护层厚度为 $4.5d$、锚固长度为 $5d$ 的立方体中心拔出试件;这种试验试件可以避免出现单边压碎破坏模式,导致得到的黏结滑移曲线应力值偏小,试验结果较保守可靠。通过试验结果可知,民国钢筋混凝土的黏结性能远不如现代钢筋混凝土,其受力阶段可以分为微滑移段、滑移段、劈裂段、破坏段、下降段和残余段,各阶段滑移量较大。

（8）通过有限元分析,验证了在使用本书提出的方钢-混凝土黏结滑移本构关系的有限元分离式模型中,计算得到的有限元梁构件模型的抗弯承载能力与民国文献和现行规范对于民国钢筋混凝土梁正截面抗弯承载能力的计算结果十分接近;而整体式梁构件模型和不考虑黏结滑移作用的分离式梁构件模型,其抗弯承载能力与规范的计算结果偏差较大。

参考文献

［1］ 林峰,顾祥林,肖炳辉. 硬度法检测历史建筑中钢筋的强度［J］. 结构工程师,2010,26(1)：108-112.

［2］ 朱开宇. 历史建筑结构材料中钢材的检测［J］. 住宅科技,2012,(32)8:52-55.

［3］ 陈礼萍. 上海市某优秀历史建筑修缮前质量综合检测［J］. 建筑结构,2020,50(S1)：876-879.

［4］ Tepfers R. Cracking of concrete cover along anchored deformed reinforcing bars［J］. Magazine of Concrete Research,1979,31(106)：3-12.

［5］ Sciegaj A,Larsson F,Lundgren K,et al. On a volume averaged measure of macroscopic reinforcement slip in two - scale modeling of reinforced concrete［J］. International Journal for Numerical Methods in Engineering,2020,121(8)：1822-1846.

［6］ Zou X X,Sneed L H,D'Antino T. Full-range behavior of fiber reinforced cementitious matrix (FRCM)-concrete joints using a trilinear bond-slip relationship［J］. Composite Structures,2020,239：112-124.

［7］ 曹万林,林栋朝,董宏英,等. 钢筋-中高强度再生混凝土黏结滑移性能梁式试验研究［J］. 建筑结构学报,2017,38(4)：129-140.

［8］ 中华人民共和国国家质量监督检验检疫总局,中国国家标准化管理委员会. 钢筋混凝土用钢 第 2 部分：热轧带肋钢筋:GB/T 1499.2—2018［S］. 北京：中国标准出版社,2018.

［9］ European Committee for Standardization,British Standards Institution. BS EN 10080：2005 Steel for the reinforcement of concrete-weldable reinforcing steel-General［S］. London：BSI Group. 2005.

［10］ American Society of Testing Materials. A 615/A 615M standard specification for deformed and plain carbon-steel bars for concrete reinforcement［S］. West Conshohocken：ASTM International. 2009.

［11］ Choi C,Hadje-Ghaffari H,Darwin D,et al. Bond of epoxy-coated reinforcement：Bar parameters［J］. ACI Materials Journal，1991,88(2)：207-217.

［12］ ACI Committee 408. Bond and development of straight reinforcing bars in tension［S］. Farmington Hills：American Concrete Institute. 2003.

［13］ 中华人民共和国国家质量检验检疫总局,中国国家标准化管理委员会. 金属材料　拉伸试验　第 1 部分：室温试验方法:GB/T 228.1—2010［S］. 北京：中国标准出版社,2011.

［14］ 中华人民共和国国家质量监督检验检疫总局,中国国家标准化管理委员会. 钢筋混凝土用钢 第 1 部分：热轧光圆钢筋:GB/T 1499.1—2017［S］. 北京：中国标准出版社,2017.

［15］ 中华人民共和国住房和城乡建设部. 混凝土结构设计规范:GB 50010—2010［S］. 北京：中国建筑工业出版社,2011.

［16］ European Committee for Standardization. EN10025—2—2004 Hot rolled products of structural steels-Part 2：Technical delivery conditions for non-alloy structural steels［S］. Brussels：CEN,2004.

[17] American Society of Testing Materials. A29/A29M standard specification for steel bars, carbon and alloy, hot-wrought, general requirements[S]. West Conshohocken：ASTM International, 2005.

[18] 中华人民共和国国家质量检验检疫总局, 中国国家标准化管理委员会. 金属材料 里氏硬度试验 第1部分：试验方法：GB/T 17394.1—2014[S]. 北京：中国标准出版社, 2014.

[19] 王燕谋. 中国水泥发展史[M]. 北京：中国建材工业出版社, 2005.

[20] 薛雪英. 关于水泥[J]. 建筑月刊, 1935, 4(11)：36-37.

[21] 郭士浩, 孙兆录. 从启新洋灰公司看旧中国水泥业中的垄断活动[J]. 经济研究, 1960, 9：52-65.

[22] 杨锡镠. 建造山西路南京饭店工程说明书[J]. 中国建筑, 1933, 1(4)：37-40.

[23] 吕骥蒙. 中国水泥工业的过去、现在及将来[J]. 中国建筑, 1934, 2(11)：64-67.

[24] 中华人民共和国国家质量监督检验检疫总局, 中国国家标准化管理委员会. 通用硅酸盐水泥：GB 175—2007[S]. 北京：中国标准出版社, 2008.

[25] 张嘉苏. 简明钢骨混凝土术[M]. 上海：世界书局, 1938.

[26] 中华人民共和国建设部. 普通混凝土用砂、石质量及检验方法标准：JGJ52—2006[S]. 北京：中国建筑工业出版社, 2007.

[27] 上海公共租界工部局. 上海公共租界房屋建筑章程[S]. 上海：中国建筑杂志社, 1934.

[28] 缪凯伯. 南京新街口：交通银行下房钢骨水泥计算书[Z]. 上海：缪凯伯工程师事务所, 1935.

[29] 杜彦耿. 工程估价(十七续)[J]. 建筑月刊, 1934, 2(9)：48-51.

[30] 中华人民共和国住房和城乡建设部, 国家市场监督管理总局. 混凝土物理力学性能试验方法标准：GB/T 50081—2019[S]. 北京：中国建筑工业出版社, 2019.

[31] 赵福灵. 钢筋混凝土学[M]. 上海：中国工程师学会, 1935.

[32] Windisch A. A modified pull-out test and new evaluation methods for a more real local bond-slip relationship[J]. Materials and Structures, 1985, 18(3)：181-184.

[33] Martin H. Zusammenhang zwischen oberflächenbeschaffenheit, verbund und sprengwirkung von bewehrungsstählen unter kurzzeitbelastung[M]. Berlin：Deutscher Ausschuss für Stahlbeton, 1973.

[34] Arthur H N. Internal measurement of bond slip[J]. ACI Journal Proceedings, 1972, 69：439-441.

[35] Mirza S M, Houde J. Study of bond stress-slip relationships in reinforced concrete[J]. Journal of the American Concrete Institute, 1978, 76：19-46.

[36] Kozar I, Malic N T, Rukavina T. Inverse model for pullout determination of steel fibers[J]. Coupled Systems Mechanics, 2018, 7：197-209.

[37] Liu Y C, Hang Z M, Zhang W F, et al. Analytical solution for lateral-torsional buckling of concrete-filled tubular flange girders with torsional bracing[J]. Advances in Civil Engineering, 2020(3)：1-14.

[38] 王新敏. ANSYS工程结构数值分析[M]. 北京：人民交通出版社, 2007.

[39] 过镇海. 钢筋混凝土原理[M]. 3版. 北京：清华大学出版社, 2013.

[40] 孟丽岩, 王凤来, 王涛. 既有混凝土应力-应变曲线方程的研究[J]. 低温建筑技术, 2010, 32(6)：47-49.

[41] 王依群, 王福智. 钢筋与混凝土间的黏结滑移在ANSYS中的模拟[J]. 天津大学学报(自然科学与工程技术版), 2006, 39(2)：209-213.

[42] Liu C, Wang Z H, Wu S, et al. Regression task on big data with convolutional neural network[M]//Advances in Intelligent Systems and Computing. Cham：Springer International Publishing, 2019：52-58.

[43] 中华人民共和国住房和城乡建设部. 混凝土结构试验方法标准：GB/T 50152—2012[S]. 北京：中国建筑工业出版社, 2012.

[44] 董运宏, 淳庆, 许先宝, 等. 民国建筑锈胀开裂时的临界锈蚀深度[J]. 浙江大学学报(工学版), 2017, 51(1)：27-37.

[45] 王进. 钢骨水泥房屋设计[J]. 中国建筑, 1934, 2(1)：65-70.

第四章 民国钢筋混凝土建筑的结构设计方法研究

4.1 引言

　　民国时期的钢筋混凝土建筑是处在一个由古建筑结构形式向现代建筑结构形式过渡的一个历史时期。从建筑形式来看,主要有三类:① 仿中国古代建筑形式(图4.1);② 中西合璧的新民族形式(图4.2);③ 仿西方建筑形式(图4.3)。从结构体系来看,主要有两类:① 钢筋混凝土全框架结构体系;② 中间承重为混凝土框架结构,而外侧承重为砖墙结构的内框架结构体系。民国时期的钢筋混凝土建筑不同于现代钢筋混凝土建筑,在材料性能、设计方法和构造特征上均不能同现代钢筋混凝土建筑相提并论。例如,就设计方法来说,从近代钢筋混凝土技术诞生至今,钢筋混凝土的设计方法经历了容许应力设计法→破损阶段设计法→极限状态设计法→概率极限状态设计法的演变过程[1]。因此,对民国钢筋混凝土建筑的结构设计计算方法和结构构造特征进行研究,是科学保护民国钢筋混凝土建筑的前提和依据。

图4.1　原国民政府党史史料陈列馆旧址

图4.2　国立美术陈列馆旧址

图4.3　南京大华大戏院

　　赵福灵编著的《钢筋混凝土学》[2]参考美国钢筋混凝土联合委员会1928年公布的《钢筋

混凝土规范书》,对钢筋混凝土结构的材料、结构计算的基本方法以及钢筋混凝土梁、柱试验等方面的内容进行了介绍。张嘉荪编著的《简明钢骨混凝土术》[3]从构件类型、反力计算方法、弯矩计算方法等方面介绍了结构设计的基本方法,然后介绍了钢筋混凝土梁、板、柱、楼梯、基础的设计方法和一般构造。陈兆坤编著的《实用钢骨混凝土房屋计划指南》[4]分为上、下两编,上编从反力、剪力、弯矩等方面介绍了结构设计中力和弯矩的计算方法以及梁、柱和基础的设计计算方法,并附有活荷载、恒荷载一览表、材料允许应力一览表等。下编通过一个四层钢筋混凝土结构的设计实例,介绍了混凝土梁、板、柱、基础的计算方法以及工程估价等方面的内容。中国建筑师学会于1932—1937年出版的《中国建筑》刊登了《钢骨水泥房屋设计》[5]《英国伦敦市钢骨水泥新章述评》[6]《上海公共租界房屋建筑章程》[7]等文章,也介绍了民国时期的钢筋混凝土结构设计方法。

目前,国内学者主要以民国钢筋混凝土建筑案例的修缮工程为基础,对民国钢筋混凝土建筑的保护方法和加固修缮技术进行研究[8-10],国外学者主要对钢筋混凝土历史建筑进行基于可靠性的有限元模型分析[11]、建筑及结构整体加固修缮研究[12-13]和建筑结构的抗震性能分析[14]等。综上,目前国内外学者对民国时期的钢筋混凝土结构设计计算方法的研究几乎空白,作者结合民国文献分析及多年来从事民国钢筋混凝土建筑保护的实践,对民国钢筋混凝土结构的设计计算方法与当今钢筋混凝土结构设计计算方法展开比较研究。

4.2　民国时期钢筋混凝土建筑的典型结构体系

民国钢筋混凝土建筑的结构主要分为全框架结构和内框架结构两大结构体系。

4.2.1　全框架结构

全框架结构体系常用于民国钢筋混凝土建筑中的行政、商业等公共建筑,这些建筑不仅需要较大的空间,还要对建筑立面有不同的需求,所以采用全框架结构容易满足这些要求。民国时期的全框架体系又分为双向框架结构和单向框架结构两种。

4.2.1.1　双向框架结构

基于对民国钢筋混凝土建筑结构体系的调研和实测,民国钢筋混凝土建筑的框架结构多为双向框架结构,柱网规则整齐,柱距一般为5～7 m,例如南京邮电局旧址、原中央博物院大殿、原民国资源委员会旧址等都采用双向框架结构(图4.4)。民国钢筋混凝土双向框架结构的整体性较好,整体结构双向抗侧刚度较大,抗震性能较好。

4.2.1.2　单向框架结构

单向框架结构体系只有横向或纵向一个方向的框架,因此其结构单向抗侧刚度不足,整体抗震性能较弱。这反映了民国时期设计师对结构整体抗力的认识存在局限性,基本只关注构件层面的受力,很少关注整体结构的受力。通过对民国钢筋混凝土建筑结构体系的调研和实测,单向框架结构的民国钢筋混凝土建筑较少,如南京招商局旧址(图4.5)。

4.2.2　内框架结构

内框架结构是采用内部钢筋混凝土框架和外侧砖墙共同承重的结构体系,这种结构由于内外采用不同的建筑材料,地震时容易出现砖墙破坏先于钢筋混凝土破坏的情况,所以不利于抗震。如励志社大礼堂旧址(图4.6)和中央饭店旧址都采用了内框架结构,这同样反映了民国时期设计师对结构整体抗力的认识存在局限性,只关注构件层面的受力,很少关注整体结构的受力。

（a）现状照片

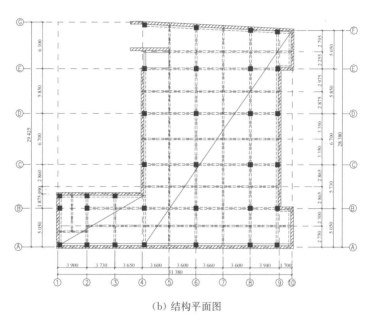

（b）结构平面图

图 4.4 南京邮电局旧址（双向框架结构）

（a）现状照片

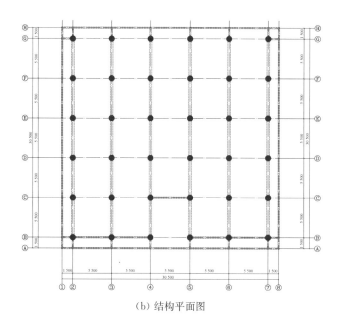

(b) 结构平面图

图 4.5 南京招商局旧址(单向框架结构)

(a) 现状照片

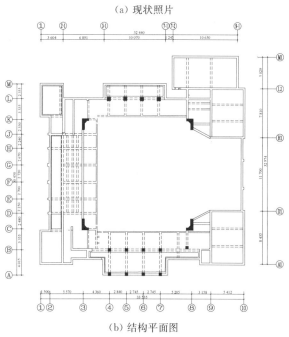

(b) 结构平面图

图 4.6 励志社大礼堂旧址(内框架结构)

4.3 民国时期混凝土结构设计方法

4.3.1 混凝土结构设计方法的演变

混凝土结构的应用始于 20 世纪初,随着科学技术水平的进步,其设计方法经历了容许应力设计法、破坏阶段设计法、极限状态设计法、概率极限状态设计法的演变过程[15,16]。

在 19 世纪末,基于弹性理论的钢筋混凝土结构容许应力设计理论形成。20 世纪 30 年代,苏联学者格沃兹杰夫等首先提出了考虑钢筋混凝土塑性性能的破损阶段计算方法。20 世纪 50 年代,苏联学者格沃兹杰夫又提出了极限状态设计法,该法以通过材料强度和荷载的概率分析得到的分项系数来代替总的安全系数,故又称为半概率极限状态设计法。20 世纪 70 年代,国际上开始采用以概率论为基础的极限状态设计法,引入了可靠性指标,可以定量地选择可靠度水准并反映失效概率。上述前三种方法都存在着不同程度的问题:容许应力设计法只考虑材料的弹性性能,不能正确反映构件截面承载能力,其安全系数的确定主要依靠经验,缺乏可靠度概念;破坏阶段设计法只限于构件的承载能力计算;极限状态设计法仍然没有给出结构可靠度的定义和计算可靠度的方法,对于保证率的确定、系数取值等方法仍带有主观经验的成分。

民国时期钢筋混凝土结构设计采用的是容许应力设计法;而现代钢筋混凝土结构的设计主要采用概率极限状态设计法。现行规范规定的概率极限状态设计法运用概率论对影响结构可靠性的各种荷载、材料强度以及荷载组合等方面进行全面的统计分析;同时以可靠度指标 β 作为衡量工程结构可靠度的统一尺度,并定量地选择可靠度水准以反映失效概率。因此,结构的可靠度就从以往的定性分析向定量分析发展。

4.3.2 民国钢筋混凝土结构设计方法——容许应力设计法

容许应力设计法将材料视为理想弹性体,用线弹性理论方法,计算出结构在荷载下的应力,并要求构件任何截面上任意点的应力 σ 不得超过材料的容许应力 $[\sigma]$,即 $\sigma \leqslant [\sigma]$。材料的容许应力,则是由材料的极限强度 f_k 除以安全系数 K 而得,见公式(4.1)。

$$\sigma \leqslant [\sigma] = f_k/K \tag{4.1}$$

式中:σ 为构件任何截面上任意点的应力;$[\sigma]$ 为材料的容许应力;f_k 为材料的极限强度;K 为安全系数。

该设计方法的主要优点是表达形式简单,应用简便,便于掌握。在保持使用荷载下的低应力时,结构的变形和裂缝宽度等很少会达到临界值。

4.3.3 民国钢筋混凝土材料设计强度

根据《钢筋混凝土学》[2]《简明钢骨混凝土术》[3] 和《实用钢骨混凝土房屋计划指南》[4],钢筋混凝土结构中混凝土和钢筋的极限强度和容许应力如表 4.1 所示。

由表 4.1 可知,民国时期钢筋混凝土结构的安全系数取值为 3.55~4.0,这说明当时设计的安全储备还是比较大的。

民国规范规定,混凝土采用 8 in×8 in×8 in(203.2 mm×203.2 mm×203.2 mm)的立方体试块测试抗压强度[2],实测的立方体抗压强度是对应的边长 150 mm 的立方体试块相

表 4.1　民国规范中的材料强度混凝土和钢筋的极限强度和容许应力

材料	受力情况	极限强度/MPa	容许应力/MPa	安全系数
混凝土	受压	16.55	4.14	4.0
	受拉	1.65	0.41	4.0
	受剪	—	0.41	—
钢筋	受压	248.22	57.92~62.06	4.0
	受拉	441.28	110.32~124.11	4.0~3.55
	受剪	—	82.74	—

注:民国时期,钢筋的弹性模量按混凝土弹性模量的 15 倍考虑,若钢筋混凝土受力时,在变形相同时,钢筋受力是混凝土受力的 15 倍。

强度的 0.95 倍[17],因此,民国时期规定的混凝土立方体抗压强度平均值按照现行规范要求应该为 $f_{cu}=16.55/0.95≈17.42$(MPa)。根据现行规范要求,计算出民国时期规定的混凝土抗压强度标准值和设计值,混凝土抗拉强度平均值、标准值和设计值,民国时期规定的钢筋的强度平均值、标准值和设计值,将这些计算结果整理为表 4.2。

表 4.2　按现行规范要求确定的混凝土和钢筋的强度设计值

材料	受力情况	平均值/MPa	标准值/MPa	设计值/MPa
混凝土	受压	17.42	9.54	6.81
	受拉	—	1.49	1.06
纵向钢筋	受压	248.40	199.36	181.24
	受拉	441.60	392.56	356.87
箍筋	受拉	331.20	257.37	233.97

注:民国混凝土抗压强度标准差取 4.79 MPa,纵向钢筋强度标准差取 29.81 MPa,箍筋钢筋强度标准差取 44.88 MPa。参考现行规范,混凝土的材料分项系数 γ_c 取 1.4,钢筋的材料分项系数 γ_s 取 1.1。

4.3.4　民国结构设计方法与现代结构设计方法对比

根据我国《混凝土结构设计规范》[17]规定,采用基于概率理论的极限状态设计法。极限状态分为两类:承载能力极限状态和正常使用极限状态。对于混凝土结构构件承载力极限状态的设计表达式为:

$$\gamma_0 S \leqslant R = \frac{R(f_c, f_s, a_k, \cdots)}{\gamma_{Rd}} \tag{4.2}$$

式中:γ_0 为结构重要性系数;S 为承载能力极限状态下作用组合的效应设计值;R 为结构构件的抗力设计值;$R(\cdot)$ 为结构构件的抗力函数;γ_{Rd} 为结构构件的抗力模型不定性系数;a_k 为几何参数标准值;f_c 为混凝土的强度设计值;f_s 为钢筋的强度设计值。

容许应力法表达形式简单,应用简便,便于掌握,但未考虑结构材料的塑性性能。而结构中大量使用的钢材和混凝土材料都具有一定的塑性,因此,采用容许应力法设计时,就会出现不尽合理的结果。例如对于受弯构件,按照弹性理论进行应力计算时,应力分布是不均匀的,按此设计的构件,由于没有考虑结构在塑性阶段的承载能力,如果采用固定的安全系数,实际安全水平就会比应力分布均匀的受拉或受压构件要高。此外,对于荷载变异性、材料性能等影响因素采用安全系数 K 并入材料的容许应力中,这就不能对不同性质的荷载区分对待,而且安全系数 K 的确定缺乏必要的试验数据与理论依据,只靠经验确定[18]。结构设计中,材料特性、几何形状、荷载和结构模型的不确定性都直接影响结构的安全性和可靠性。在承载能力极限状态中,极限状态设计法采用数理统计方法经过调查分析得出荷载效应的分项系数 γ_G(永久荷载),γ_Q(可变荷载),材料分项系数 γ_c(混凝土),γ_s(钢筋),同时也考虑了材料的塑性,充分考虑影响结构安全性和可靠性的各种因素来保证结构的安全度。

4.4　民国时期钢筋混凝土梁构件计算方法

4.4.1　民国时期梁构件受弯承载力计算方法

民国时期梁构件的结构设计理论处于钢筋混凝土结构设计中的初步发展时期,当时没有对少筋、适筋和超筋构件破坏形式的概念,对结构构件破坏机制没有明确认识,计算的基本假定也与现行规范有所差异。

4.4.1.1　计算假定对比

民国时期混凝土梁构件受弯承载力计算假定为:构件截面遵循平截面假定,截面受拉区的拉力均由钢筋负担,忽略混凝土受拉作用。这与现行规范基本一致。两个时期规范的计算假定主要有两点不同之处。第一,民国时期仅考虑到材料的弹性性能,混凝土受压的应力-应变关系曲线为一直线;而混凝土受压的应力-应变关系曲线在现行规范中是一条曲线,反映出其非线弹性的受力特性,如图 4.7 所示。第二,民国时期混凝土梁和现代混凝土梁采用的正截面受弯承

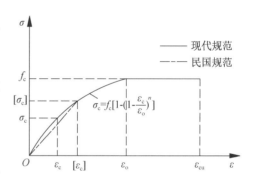

图 4.7　混凝土受压的应力-应变曲线对比

载力计算简图也由于混凝土受压的应力-应变曲线的假设不同而有较大差异。民国规范采用直线图形法,现行规范采用等效图形法,如图 4.8 所示。

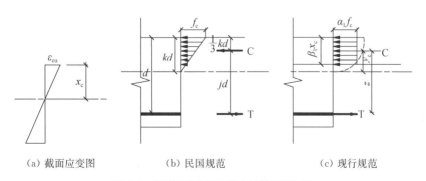

(a) 截面应变图　　(b) 民国规范　　(c) 现行规范

图 4.8　正截面受弯承载力计算简图对比

由计算假定可知,民国时期受压混凝土的应力-应变关系曲线与实际不符,大多数情况下的混凝土的应力-应变曲线应是一条曲线。若以直线作为假定,需要说明是在低应力情形下。根据上述假设,民国规范规定混凝土受压区应力分布为三角形,当时未出现等效应

力的概念。实际在钢筋混凝土构件破坏前,两种材料均可具备一定的塑性能力,因此其实际应力分布情况与民国时期采用的容许应力法的计算假定不尽相同。

4.4.1.2　计算公式对比

民国时期规范和现行规范对于单排受拉筋矩形受弯构件的承载力计算有不同的公式,但二者形式类似,民国时期对梁构件的受弯机制缺少完整认识,采用相同的公式对超筋与适筋梁构件进行分析计算,如表4.3所示。

表4.3　民国时期规范与现行规范的单排受拉筋矩形梁受弯承载力计算公式

规范	民国规范[2]	现行规范[17]
计算公式	$M_u = \frac{1}{2}f_c jkbh_0^2$ 或 $M_u = f_s pjbh_0^2$,取较小的计算结果	$M_u = \alpha_1 f_c bh_0^2 \xi(1-0.5\xi)$ 或 $M_u = f_y A_s h_0(1-0.5\xi)$
符号意义	式中:M_u为构件的受弯承载力;f_s为钢筋受拉容许应力;f_c为混凝土受压容许应力;b为截面宽度;h_0为截面有效高度;p为受拉钢筋配筋率;k为混凝土受压区高度系数,$k=\sqrt{2pn+(pn)^2}-pn$;j为抵抗力偶的力臂与h_0之比,$j=1-\frac{1}{3}k$;n为钢筋的弹性模量与混凝土的弹性模量之比,即$n=E_s/E_c$,设计时取$n=15$;$E_s=2.07\times10^5$ N/mm²,$E_c=1.38\times10^4$ N/mm²	式中:α_1为混凝土受压区等效矩形应力图形系数,当混凝土强度等级小于等于C50时,取$\alpha_1=1.0$;ξ为截面相对受压区高度,$\xi=\rho\frac{f_y}{\alpha_1 f_c}$;$\rho$为受拉钢筋配筋率;$f_y$为钢筋的受拉强度设计值;$f_c$为混凝土轴心受压强度设计值;$A_s$为钢筋截面面积

由表格比较可知:两种规范对单排受拉筋矩形梁受弯承载力的计算公式类似。现行规范截面的相对受压区高度ξ与民国时期采用的公式中的受压区高度系数k类似,仅计算方法不同。此外,民国规范没有规定最大配筋率,故对k值未做限定。现行规范中对于超筋破坏,通过限定相对界限受压区高度来进行限制。

4.4.1.3　计算结果对比

根据上述公式,选取纵筋配筋率为变量参数,梁截面宽、高值分别定为200 mm宽、400 mm高和250 mm宽、500 mm高两组,截面高宽比统一为2,保护层厚度取$a=38.1$ mm(单排配筋),民国时期规范及现行规范计算中的材料强度分别从表4.1、表4.2中获取。由于民国时期的结构设计没有考虑抗震设计,故均不考虑抗震设计,进行计算结果比较;如图4.9所示。在图4.9(b)中,两种截面梁的正截面受弯承载力按现行规范计算结果与按民国规范计算结果的比值随配筋率的变化规律一样,故两条计算曲线重合。

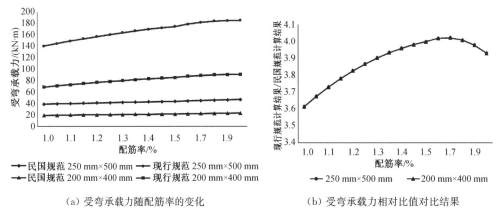

（a）受弯承载力随配筋率的变化　　　（b）受弯承载力相对比值对比结果

图4.9　混凝土梁构件受弯承载力计算结果

在通常设计采用的 1.0%～2.0% 的纵筋配筋率范围内,采用两种规范计算的受弯承载力均随配筋率的增加而增加,保持线性关系,但增加速率较慢。分析其原因,大致由于民国时期未考虑到钢筋与混凝土的协同作用。因此,较多民国时期混凝土建筑中的受弯构件配筋出现了超筋现象。又由于民国时期未限制最大配筋率,结构受弯承载力因此持续增加;而按现行规范计算所得的受弯承载力变化幅度减小,并最终趋于稳定状态,这是由于当构件出现超筋时,现行规范假定受压区高度等于界限高度,而民国规范未限定最大配筋率,故其曲线没有变化。此外,按两种规范计算的受弯承载力结果进行对比,分析可知:在受弯构件设计中通常采用的 1.0%～2.0% 的纵筋配筋率范围内,按照现行规范计算所得受弯承载力是按照民国规范计算所得受弯承载力的 3.6～4.0 倍;当纵筋配筋率为 1.7% 时,出现最大倍数约为 4.0 倍。

4.4.2　梁构件受剪承载力计算方法

4.4.2.1　计算假定对比

混凝土受弯构件除受弯矩外,还会受到剪力,在这两者的共同作用下,构件可发生斜向裂缝而导致出现斜截面剪切破坏。由于梁构件发生剪切破坏机制较复杂,民国时期并无梁构件斜截面破坏的相关计算理论,仅规定混凝土受剪承载力为 0.41 MPa。为明确按民国规范计算所得的受剪构件斜截面受剪承载力与按现行规范计算所得的值之间的差异,分别对民国钢筋混凝土梁配箍筋和梁配弯起钢筋的受剪承载力进行计算,并与按现行规范计算所得的结果进行比较。图 4.10 为民国混凝土梁配箍筋受剪计算模型和梁配弯起钢筋受剪计算模型。

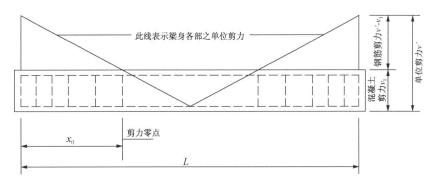

(a)梁配箍筋受剪计算模型

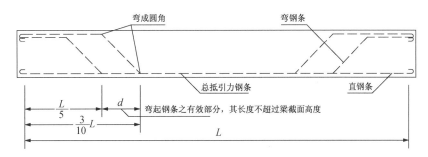

(b)梁配弯起钢筋受剪计算模型

图 4.10　民国混凝土梁受剪计算模型

4.4.2.2　计算公式对比

民国规范中对于梁配箍筋构件和梁配弯起钢筋构件的受剪承载力,采用试验分析的方式建立拟合公式,现行规范则将计算理论与结构试验结果相结合,以此得到半经验半理论的计算公式,如表4.4和表4.5所示。

表4.4　民国时期规范与现行规范的梁配箍筋构件受剪承载力计算公式

规范	民国规范	现行规范
计算公式	$V_u = v_1 bjh_0 + f_v \dfrac{A_{sv}}{s} h_0$	集中荷载:$V_u = \dfrac{1.75}{\lambda+1} f_t bh_0 + f_{yv}\dfrac{A_{sv}}{s}h_0$; 均布荷载:$V_u = 0.7 f_t bh_0 + f_{yv}\dfrac{A_{sv}}{s}h_0$
符号意义	式中:V_u 为抗剪承载力;b 为截面宽度;v_1 为混凝土的受剪容许应力;h_0 为截面有效高度;j 的定义与受弯构件公式相同;f_v 为箍筋的受拉容许应力;s 为箍筋的间距;A_{sv} 为配置在同一截面内箍筋各肢的截面积	式中:f_t 为混凝土受拉强度设计值;f_{yv} 为箍筋受拉强度设计值;h_0 为截面有效高度;b 为截面宽度;A_{sv} 为配置在同一截面内箍筋各肢的截面积;λ 为计算截面的剪跨比;s 为箍筋的间距

表4.5　民国时期规范与现行规范的梁配弯起钢筋构件受剪承载力计算公式

规范	民国规范	现行规范
计算公式	$V_u = v_1 bjh_0 + f_s A_s \sin\alpha$	集中荷载: $V_u = \dfrac{1.75}{\lambda+1} f_t bh_0 + 0.8 f_{yv} A_{sb}\sin\alpha$ 均布荷载:$V_u = 0.7 f_t bh_0 + 0.8 f_{yv} A_{sb}\sin\alpha$
符号意义	式中:v_1 为按无腹筋构件受剪承载力公式计算的构件需承担的总的剪力;h_0 为截面有效高度;f_s 为钢筋受拉容许应力;A_s 为弯起筋截面积;b 为截面宽度;j 的定义与受弯构件公式相同	式中:f_t 为混凝土受拉强度设计值;f_{yv} 为弯起筋受拉强度设计值;h_0 为截面有效高度;b 为截面宽度;A_{sb} 为弯起筋截面积;λ 为计算截面的剪跨比;α 为弯起筋切线与梁纵轴线夹角

由表4.4和表4.5可见,按民国规范和现行规范计算梁构件受剪承载力中的差异在于:现行规范中规定了剪跨比的影响,分别计算在集中荷载、均布荷载下的受剪承载力,而民国规范则未规定,并按同一公式计算在集中荷载、均布荷载下的受剪承载力。

4.4.2.3　计算结果对比

对比民国规范和现行规范中梁构件配箍筋时的受剪承载力:以配箍率($\rho = A_{sv}/b_s$)作为变量,通常取 $0.1\%\sim1.0\%$ 来进行梁构件受剪承载力计算对比,梁截面宽、高值分别定为200 mm 宽、400 mm 高和 250 mm 宽、500 mm 高两组,高宽比统一为2,保护层厚度 $a=38.1$ mm,采用民国时期规范以及现行规范计算的材料强度分别从表4.1和表4.2中获取,由于民国时期的结构设计没有考虑抗震设计,故均不考虑抗震设计,计算结果如图4.11所示。在图 4.11(a)中,相同截面尺寸但不同配箍率的梁受剪承载力随梁配箍率的变化规律一样,故它们的计算曲线重合;在图 4.12(b)中,不同截面尺寸但相同配箍率的梁受剪承载力按现行规范计算结果与按民国规范计算结果的比值随梁配箍率的变化规律一样,故它们的计算曲线重合。

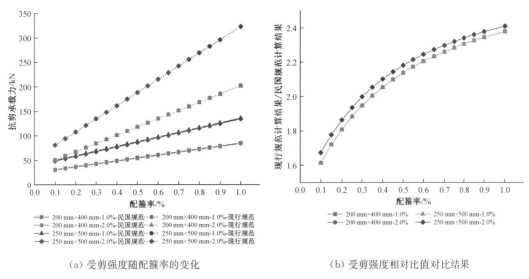

（a）受剪强度随配箍率的变化　　　　　（b）受剪强度相对比值对比结果

图 4.11　混凝土梁配箍筋构件受剪强度计算结果

同时，对于有腹筋构件，配箍率对其受剪承载力影响较大，按照两种规范计算的受剪承载力均随配箍率的增加而增加，且两者近似线性关系。将按照两种规范计算的受剪承载力进行对比可知：在正常的配箍率 0.1%～1.0% 范围内，按照现行规范计算所得的受剪承载力是按照民国规范计算所得的受剪承载力的 1.6～2.4 倍。

为对比两种规范中的梁构件配弯起钢筋时受剪承载力的差异，以弯起钢筋配筋率作为参数，通常取 0.5%～1.5%，弯起角度取 45° 和 60°，对梁构件受剪承载力进行计算对比，梁截面宽、高值分别定为 200 mm 宽、400 mm 高和 250 mm 宽、500 mm 高两组，高宽比统一为 2，纵筋配筋率取 2.0%，保护层厚度 $a=38.1$ mm，采用民国时期规范以及现行规范计算的材料强度分别从表 4.1 和表 4.2 中获取，由于民国时期的结构设计没有考虑抗震设计，故均不考虑抗震设计，计算结果如图 4.12 所示。在图 4.12(b) 中，不同截面尺寸但相同弯起角度的梁受剪承载力按现行规范计算结果与按民国规范计算结果的比值随梁弯起钢筋配筋率的变化规律一样，故它们的计算曲线重合。

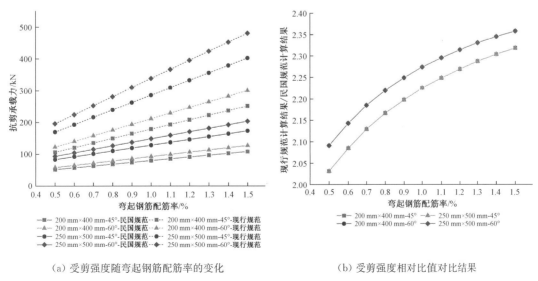

（a）受剪强度随弯起钢筋配筋率的变化　　　（b）受剪强度相对比值对比结果

图 4.12　混凝土梁配弯起钢筋构件受剪强度计算结果

有腹筋构件受剪承载力受弯起钢筋配筋率的影响较大,按两种规范计算所得的受剪承载力均随配筋率的增加而增加,两者近似线性关系。将按照两种规范计算所得的受剪承载力对比可知:在正常的弯起钢筋配筋率 0.5%～1.5% 范围内,按照现行规范计算所得的受剪承载力是按照民国规范计算所得的受剪承载力的 2.0～2.4 倍。

4.5 民国时期钢筋混凝土柱构件计算方法

民国钢筋混凝土结构中的柱构件按照轴心受压构件进行计算,轴心受压柱分为普通箍筋轴心受压柱和螺旋箍筋轴心受压柱两种,两者有不同的计算方法。

民国钢筋混凝土轴心受压柱的配筋率大多为 0.5%～2%,现代钢筋混凝土轴心受压柱的配筋率大多为 0.5%～5%。两者的最小配筋率相似,而民国时期轴心受压柱的最大配筋率偏小,这是由于民国时期没有考虑抗震要求,且大多数的柱截面偏小,纵向钢筋过多会产生拥挤,从而影响混凝土浇筑质量。

4.5.1 计算公式对比

民国规范只规定轴心受压构件承载力的计算公式,对于箍筋的计算则没有规定;并且《实用钢骨混凝土房屋计划指南》[4]中指出:"普通钢骨混凝土柱,虽加钢箍,而钢箍之应力若干并不计算。"由此可见,柱箍筋的设计不经过计算,直接根据工程经验配置。现将普通箍筋柱和螺旋箍筋柱的计算公式列于表 4.6,并与现行规范进行对比。

表 4.6 民国时期规范与现行规范的轴心受压构件抗压承载力计算公式

规范	民国规范	现行规范
普通箍筋柱	$N_u = f_c A[1+(n-1)p]$	$N_u = 0.9\varphi(f_c A + f'_y A'_s)$
螺旋箍筋柱	$f_c = 2.07+(0.1+4p)f'_c$ $N_u = f_c A[1+(n-1)p]$	$N_u = 0.9(f_c A_{cor} + 2\alpha f_{yv} A_{ss0} + f'_y A'_s)$ $A_{ss0} = \dfrac{\pi d_{cor} A_{ss1}}{s}$
符号意义	式中:N_u 为柱抗压承载力;A 为柱截面面积;p 为柱配筋率;f'_c 为混凝土极限压应力;f_c 为混凝土容许压应力,螺旋箍筋柱按 $f_c = 2.07+(0.1+4p)f'_c$ 计算获得;n 是钢筋的弹性模量与混凝土弹性模量的比值,取 15	式中:φ 为钢筋混凝土轴心受压构件稳定系数;f_c 为混凝土轴心抗压强度设计值;f'_y 为纵筋的抗压强度设计值;A'_s 为纵筋的截面面积;α 为间接钢筋对混凝土约束的折减系数,当混凝土强度等级不超过 C50 时,取 1.0;d_{cor} 为构件的核心截面直径;s 为间接钢筋沿构件轴线方向的间距;A_{ss1} 为螺旋箍筋或焊接环形箍筋单根钢筋的截面面积;f_{yv} 为间接钢筋的抗拉强度设计值;A_{cor} 为构件核心截面面积;A_{ss0} 为螺旋箍筋或焊接环形箍筋的换算截面面积

另外,民国规范关于细长柱有明确的设计要求:对于普通箍筋柱,当高宽比(柱身高度与柱截面最小宽度之比)不超过 15 时,用短柱计算,混凝土抗压强度不需要折减,当高宽比等于 20 时,混凝土的抗压强度 f_c 应除以 1.25 进行折减,当高宽比等于 25 时,混凝土的抗压强度 f_c 应除以 1.7 进行折减;对于螺旋箍筋柱,当高宽比(柱身高度与柱截面直径之比)

的比值小于 13 时,用短柱计算,混凝土抗压强度不需要折减,当高宽比等于 20 时,混凝土的抗压强度 f_c 应除以 1.7 进行折减,当高宽比等于 25 时,混凝土的抗压强度 f_c 应除以 2.7 进行折减。由表 4.6 中的公式可见,民国规范没有考虑轴心受压柱可能存在的初始偏心矩,因此没有同现行规范一样乘折减系数 0.9。关于细长柱折减的规定,民国规范规定普通箍筋柱高宽比大于 15 需要折减和螺旋箍筋柱高宽比大于 13 需要折减,而现行规范规定普通箍筋柱高宽比大于 8 需要折减和螺旋箍筋柱高宽比大于 12 需要折减。对于螺旋箍筋柱,民国规范未考虑螺旋箍筋对核心区混凝土的约束和对柱子承载力提高的贡献值,而现行规范考虑了螺旋箍筋对核心区混凝土的套箍作用。

4.5.2　计算结果对比

4.5.2.1　普通箍筋轴心受压构件的抗压承载力计算对比

对比民国规范和现行规范中普通箍筋轴心受压柱的抗压承载力:以常见配筋率 0.5%～2.0% 为变量,进行普通箍筋轴心受压柱的抗压承载力计算对比。柱截面尺寸取 300 mm×300 mm、400 mm×400 mm 两组,采用民国时期规范以及现行规范计算的材料强度分别从表 4.1 和表 4.2 中获取,由于民国时期的结构设计没有考虑抗震设计,故均不考虑抗震设计。由于大多数民国钢筋混凝土柱为短柱,本次对比计算按照不考虑折减的短柱来进行计算,高宽比取 12,对比结果如图 4.13 所示。

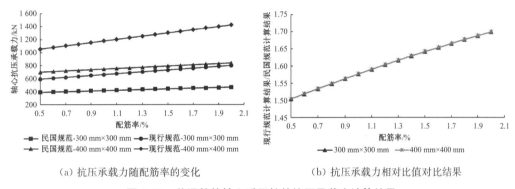

（a）抗压承载力随配筋率的变化　　　　（b）抗压承载力相对比值对比结果

图 4.13　普通箍筋轴心受压柱的抗压承载力计算结果

对比结果表明:民国规范和现行规范的普通箍筋轴心受压柱的抗压承载力计算值均随配筋率线性增加。现行规范中普通箍筋轴心受压柱的抗压承载力计算值是民国规范的 1.50～1.70 倍,当最大配筋率为 2.0% 时,最大倍数约为 1.70 倍。

4.5.2.2　螺旋箍筋轴心受压柱的抗压承载力计算对比

对比民国规范和现行规范中螺旋箍筋轴心受压柱的抗压承载力:以配筋率 0.5%～2.0% 为变量,进行螺旋箍筋轴心受压柱的抗压承载力计算对比。柱截面尺寸取 $D=350$ mm、$D=400$ mm 两组,螺旋箍筋直径 8 mm,间距 60 mm,保护层厚度 $a=38.1$ mm,采用民国时期规范以及现行规范计算的材料强度分别从表 4.1 和表 4.2 中获取,由于民国时期的结构设计没有考虑抗震设计,故均不考虑抗震设计。由于大多数民国钢筋混凝土柱为短柱,本次对比计算按照不考虑折减的短柱来进行计算,高宽比取 12,对比结果如图 4.14 所示。

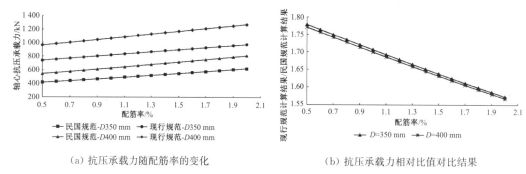

（a）抗压承载力随配筋率的变化　　　　　　（b）抗压承载力相对值对比结果

图 4.14　螺旋箍筋轴心受压柱的抗压承载力计算结果

对比结果表明：民国规范和现行规范的螺旋箍筋轴心受压柱的抗压承载力计算值均随配筋率线性增加。现行规范中螺旋箍筋轴心受压柱的抗压承载力计算值是民国规范的 1.57～1.78 倍，当最大配筋率为 2.0% 时，最小倍数约为 1.57 倍。

4.6　民国时期钢筋混凝土板构件计算方法

4.6.1　民国钢筋混凝土板构件主要类型

基于对《钢筋混凝土学》[2]《简明钢骨混凝土术》[3] 两本记载民国时期钢筋混凝土建筑具体设计计算方法的文献资料分析，梳理总结出民国钢筋混凝土建筑中板构件的主要类型及其工程做法如下：

（1）肋梁式楼板：使用多根相互平行的小梁支托楼板，再用大梁支托小梁，大梁则置于柱之上。小梁置于大梁上的位置通常在大梁的中点、三分之一点或四分之一点处。各部分混凝土一次浇筑成形，现浇成形具有整体性好、刚度大、防水性好且抗震性强的优点，能适应于房间的平面形状、设备管道、荷载或施工条件比较特殊的情况，但费工、费模板、工期长、施工受季节的限制。

（2）无梁式楼板：将楼板直接搁置在柱顶之上，不设大梁或小梁。这样的结构高度小，净空大，支模简单，但用钢量较大，常用于仓库、商店等柱网布置接近方形的建筑。当柱网较小时（3～4 m），柱顶可不设柱帽；当柱网较大（6～8 m）且荷载较大时，柱顶设柱帽以提高板的抗冲切能力。

（3）钢筋空心砖楼板：与肋梁式楼板类似，将其混凝土板局部改为中空砖，以减少楼板自重，多用于荷载较小的店铺、办公楼等建筑中。使用此法时，在楼板上形成了许多 T 形小梁，在 T 形梁下配置钢筋以抵抗拉力。根据空心砖排列方式的不同又可分为单式与复式两种，单式空心砖楼板的空心砖排列于同一方向，仅形成一排 T 形梁，而复式空心砖楼板的空心砖排列成十字形，形成两排相互垂直的 T 形梁，钢筋也配置成十字形。

图 4.15、图 4.16 展示了民国时期混凝土楼板的水平钢筋布置图。

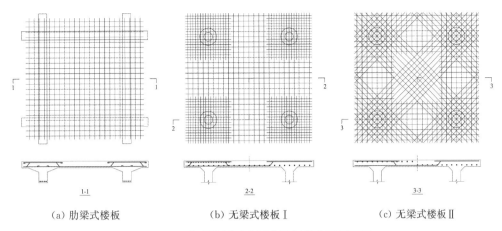

（a）肋梁式楼板　　　　　（b）无梁式楼板Ⅰ　　　　　（c）无梁式楼板Ⅱ

图 4.15　典型楼板形式下水平钢筋布置示意图

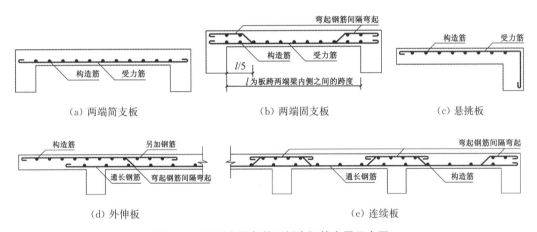

（a）两端简支板　　　　　（b）两端固支板　　　　　（c）悬挑板

（d）外伸板　　　　　　　　　（e）连续板

图 4.16　不同支承条件下板内钢筋布置示意图

4.6.2　民国肋梁式混凝土板构件受弯承载力计算方法

4.6.2.1　基本概念与计算假定

民国时期，对钢筋混凝土板构件的破坏机制缺乏明确的认识，没有塑性应力重分布、裂缝破坏机制、板的内拱作用等概念，构件计算仅考虑了材料的弹性，其基本假定也与现行规范有一定差异。民国时期未界定单向板与双向板，以及其计算差异，主要以单筋矩形截面弯矩计算公式求取弯矩，并通过引入弯矩系数计算板在跨中与支座处的弯矩值。

民国钢筋混凝土板构件受弯承载力计算的基本假定为：钢筋混凝土板只受单纯挠曲，不受直接压力或拉力，截面为矩形，钢筋截面面积远小于混凝土截面面积，钢筋仅配置于受拉侧，并假定混凝土应力-应变关系曲线为一直线，忽略混凝土抗拉作用，梁截面挠曲前后均为一平面，符合平截面假定。民国时期的计算假定中，仅考虑了材料的线弹性，而混凝土为弹塑性材料，现行规范中混凝土的应力-应变关系曲线为一条曲线，充分考虑了材料的弹塑性，示意图如图 4.7 和图 4.8 所示。

4.6.2.2　计算公式对比

民国时期对于钢筋混凝土板的受弯承载力计算，其计算方法与单筋矩形截面梁的计算方法相似，将其与现行规范中的板受弯承载力计算方法进行比较，如表 4.7 所示。

由表 4.7 可知,对于板的受弯承载力计算,民国规范中的方法和现代方法类似,民国时期的混凝土受压区高度系数 k 相当于现行规范采用的相对受压区高度 ξ,但计算公式不同。差别在于民国时期对于 k 值没有进行限定,无最大配筋率的概念。而现行规范中通过采用相对界限受压区高度进行截面设计并限定最大配筋率。同时在计算受弯承载力时,民国时期引入了"略算法",即通过代入 j、k 参数的均值来简化计算。

表 4.7 民国规范与现行规范的肋梁式板受弯承载力公式对比

规范	民国规范	现行规范
计算公式	按钢筋应力计算受弯承载力: $M_s = f_s pjbh_0^2$ 按混凝土应力计算受弯承载力: $M_c = (1/2)f_c jkbh_0^2$ $M_u = \min\{M_s, M_c\}$	按钢筋应力计算受弯承载力: $M_s = f_y A_s h_0(1-0.5\xi)$ 按混凝土应力计算受弯承载力: $M_c = \alpha_1 f_c bh_0^2 \xi(1-0.5\xi)$ $M_u = \min\{M_s, M_c\}$
符号意义	式中:M_s 为按钢筋应力计算的受弯承载力;M_c 为按混凝土应力计算的受弯承载力;M_u 为混凝土构件的受弯承载力;f_s 为钢筋受拉容许应力;f_c 为混凝土受压容许应力;b 为截面宽度,板构件计算时通常取单位长度计算;h_0 为截面有效高度;j 为抵抗力偶的力臂与 h_0 之比,$j=1-(1/3)\cdot k$;k 为混凝土受压区高度系数,$k=\sqrt{2pn+(pn)^2}-pn$;p 为受拉钢筋配筋率;n 为钢筋弹性模量与混凝土弹性模量之比,$n=E_s/E_c$,设计中可取 10、12、15、18;若按 $E_s=2.07\times10^5$ N/mm^2,$E_c=1.38\times10^4$ N/mm^2 计算,$n=15$	式中:α_1 为混凝土受压区等效矩形应力图形系数,当混凝土强度小于等于 C50 时,取 1.0;当大于等于 C80 时,取 0.94,中间值按直线内插法取用,或查相应表格直接取用;ξ 为相对截面受压区高度,$\xi=\rho f_y/\alpha_1 f_c$;$\rho$ 为受拉钢筋配筋率;f_y 为钢筋抗拉强度设计值;f_c 为混凝土轴心抗压强度设计值;A_s 为钢筋截面面积
公式说明	普通设计构件时实际所用钢筋或混凝土的容许应力,与其安全耐力值可能不一致,故计算所得 M_s 与 M_c 数值略有少许差异。可根据简略算法取 j、k 平均值,即 $j=7/8$,$k=3/8$。故:$M_s=\frac{7}{8}f_s pbh_0^2$,$M_c=\frac{21}{128}f_c bh_0^2 \approx \frac{1}{6}f_c bh_0^2$	为防止构件发生超筋破坏,设计中应满足:$\rho \leqslant \rho_{\max} = \xi_b \alpha_1/f_c f_y$ 式中:ρ 为实际配筋率,ξ_b 可由相应表格查得。 为防止构件发生少筋破坏,设计中应满足:$\rho \geqslant \rho_{\min} = \max\{0.2\%, 0.45f_t/f_y\}$

4.6.2.3 计算结果对比

根据上述公式,选取单位长度 1 m 宽度板带,以纵向受力钢筋配筋率为参量,进行板构件正截面受弯承载力计算对比。按现行规范中对现浇钢筋混凝土单向板的最小厚度的要求,分别选取 80 mm、100 mm、120 mm 作为板的厚度。民国钢筋混凝土板构件最小保护层厚度为 12 mm[16],现行规范中板构件在一类环境中最小保护层厚度为 15 mm,故计算时取保护层厚度为 $a_s=15$ mm(单排配筋),民国计算方法、现行规范计算方法中的材料强度均从表 4.1 和表 4.2 中获取,由于民国时期未考虑结构抗震设计,故在进行受弯承载力计算对比时均不考虑抗震设计,对比结果如图 4.17 所示。

图 4.17 结果表明:单位宽度板构件受弯承载力在现行规范下的计算结果大于民国规范计算结果,现行规范计算所得截面受弯承载力随配筋率增大而增大的趋势高于按民国时期计算的结果。初步分析是由于现行规范中充分考虑了混凝土受压及钢筋受拉的情况,同时与材料设计强度也有一定关系,现代钢筋抗拉设计值大于民国时期钢筋受拉容许应力。在不同板厚情况下,现行规范计算结果与民国规范计算结果比值相同,三条曲线重合,在板构件通常采用的 0.40%～0.80%配筋率范围内,单位宽度板构件受弯承载力在现行规范下的计算结果是民国规范计算结果的 3.06～3.31 倍,且倍数变化规律为先减小后增大,当配筋率为 0.65% 时,出现最小倍数约为 3.06 倍,当配筋率为 0.80% 时,出现最大倍数约为3.31 倍。

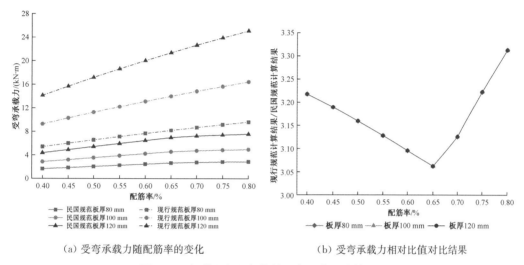

（a）受弯承载力随配筋率的变化　　（b）受弯承载力相对比值对比结果

图 4.17　钢筋混凝土板构件受弯承载力计算结果

4.6.3　民国无梁式混凝土楼板构件受弯承载力的计算方法

4.6.3.1　基本假定

为增加柱的承托面积并减少楼板应力,有时将柱顶增大,称此部分为柱帽,有时又将柱顶附近楼板的一部分加厚以减少楼板所受应力,这部分加厚的楼板称为托板。民国时期对于板内产生的弯矩数值无法做到精确计算,故先从静力学原理,求出弯矩总量,再根据楼板承受荷载时的变形情况将弯矩总量乘相应的弯矩计算系数,从而得到各截面的弯矩值。将柱两侧一定范围部分称为柱带(column strip),将柱之间的无梁式楼板一定范围的部分称为中央带(middle strip),越坚实的部分所负担的弯矩越大,柱带部分抗弯能力大于中央带。

4.6.3.2　计算公式对比

民国时期无梁式楼板的受弯承载力计算主要按照板上荷载由各柱均分的思想进行分析,根据不同部位的刚度不同对总弯矩进行一定的分配。现行规范中对于无梁式楼板内力计算则分为两种方法:弯矩系数法和等代框架法,二法均属弹性理论计算方法。计算公式比对见表 4.8。

表 4.8　民国时期规范与现行规范的无梁式楼板受弯承载力公式对比

规范	民国规范	现行规范
计算公式	$$M_0 = \frac{1}{8} w l \left(l - \frac{2}{3} C\right)^2$$ $$M_x = \frac{1}{8} w l_2 \left(l_1 - \frac{2}{3} C\right)^2$$ $$M_y = \frac{1}{8} w l_1 \left(l_2 - \frac{2}{3} C\right)^2$$	按弯矩系数法进行计算: $$M_{0x} = \frac{1}{8}(g+q) l_y \left(l_x - \frac{2}{3} c\right)^2$$ $$M_{0y} = \frac{1}{8}(g+q) l_x \left(l_y - \frac{2}{3} c\right)^2$$ 按等代框架法进行计算:采用相应表格中的弯矩分配系数将计算所得弯矩值分配给柱上板带和跨中板带
符号意义	式中:C 为柱顶直径; w 为单位面积内的均布荷载; l 为柱与柱中心之间的距离; M_0 为正弯矩与负弯矩之和,及弯矩总量; M_x 为楼板横向上的受弯承载力,l_1 为该方向板跨; M_y 为楼板纵向上的受弯承载力,l_2 为该方向板跨	式中:c 为柱帽计算宽度; g,q 分别为板面永久荷载和可变荷载设计值; M_{0x} 为楼板横向上的受弯承载力,l_x 为该方向板跨; M_{0y} 为楼板纵向上的受弯承载力,l_y 为该方向板跨
公式说明	由于无梁式楼板构造中混凝土质地较为均匀,因其质地不均而产生的薄弱点较少,混凝土拉力用以辅助抗弯曲能力较强,故民国时期亦有使用美国钢筋混凝土联合委员会之规定计算:$M_0 = 0.09 w l \left(l - \frac{2}{3} C\right)^2$,并假定负弯矩占其 5/8,正弯矩占其 3/8 最为妥当	采用弯矩系数法必须符合的条件:每个方向至少有三个连续跨;任一区格板的长跨和短跨的比值不大于 1.5;可变荷载与永久荷载设计值的比值 $q/g \leqslant 3$;同一方向上的最大跨度与最小跨度的比值应不大于 1.2,且两端跨不大于相邻的内跨;为保证无梁楼盖本身不承受水平荷载,在楼盖结构体系中应设有抗侧力支撑或剪力墙等代框架法的适用范围:任一区格板的长跨与短跨的比值不大于 2 的无梁楼盖

由表 4.8 可知,民国时期计算无梁楼盖受弯承载力计算公式与现行规范采用的弯矩系数法较为相似,均是在弹性薄板理论的分析基础上,给出柱上板带和跨中板带(民国时期分别称为柱带和中央带)在跨中截面、支座截面上的弯矩计算系数,计算时,先求出总弯矩,再乘相应的弯矩计算系数即可得到各截面的弯矩值,现行规范规定了采用此法需满足的条件,同时还提出了等代框架法的计算思路,但其根本思想均是先求总弯矩,而后按弯矩系数进行分配。

4.6.3.3　计算结果对比

民国时期的无梁式楼板受弯承载力计算公式与现行规范中使用弯矩系数法的计算公式相似。而民国时期参考美国钢筋混凝土联合委员会之相关规定对公式进行简化并引入弯矩分配系数,现行规范中亦给出不同部位的弯矩分配系数,故先对弯矩分配系数做简要对比。将民国时期的弯矩分配系数与现行规范中的两种弯矩分配系数进行对比,详见表 4.9 所示。由表可知:民国规范中仅区分了跨中与支座两处的正弯矩与负弯矩值的分配系数,未深入考虑连续板端跨与内跨的区别。现行规范中则详细区分了连续板端跨与内跨,又将端跨分为边支座、跨中、内支座。

表 4.9 民国规范与现行规范中对弯矩分配系数的规定

截面位置		柱上板带(柱带)			跨中板带(中央带)		
规范		民国规范	现行规范 弯矩系数法	现行规范 等代框架法	民国规范	现行规范 弯矩系数法	现行规范 等代框架法
端跨	边支座	−0.46	−0.48	−0.90	−0.16	−0.05	−0.10
	跨中	0.22	0.22	0.55	0.16	0.18	0.45
	内支座	−0.46	−0.50	−0.75	−0.16	−0.17	−0.25
内跨	跨中	0.22	0.18	0.55	0.16	0.15	0.45
	支座	−0.46	−0.50	−0.75	−0.16	−0.17	−0.25
分配系数所占比例							
截面位置		柱上板带(柱带)			跨中板带(中央带)		
规范		民国规范	现行规范 弯矩系数法	现行规范 等代框架法	民国规范	现行规范 弯矩系数法	现行规范 等代框架法
端跨	边支座	74%	91%	90%	26%	9%	10%
	跨中	58%	55%	55%	42%	45%	45%
	内支座	74%	75%	75%	26%	25%	25%
内跨	跨中	58%	55%	55%	42%	45%	45%
	支座	74%	75%	75%	26%	25%	25%

　　而后,选取跨度为 8 m 的正方形无梁楼板,柱帽采用平板与锥形组合式。在支座处板顶与跨中处板底配筋率相同的情况下,以该配筋率为参量,分别使用民国规范计算法与现行规范中的弯矩系数法计算板构件正截面受弯承载力并进行对比。按现行规范中对现浇钢筋混凝土单向板的最小厚度的要求,分别选取 150 mm、200 mm、250 mm 作为板的厚度。民国钢筋混凝土板构件最小保护层厚度为 12 mm[16],现行规范中板构件在一类环境中最小保护层厚度为 15 mm,故计算时取保护层厚度为 $a_s=15$ mm(单排配筋)。民国计算方法、现行规范计算方法中的材料强度均从表 4.1 和表 4.2 中获取,由于民国时期未考虑结构抗震设计,故在进行受弯承载力计算对比时均不考虑抗震设计,对比结果如图 4.18 和图 4.19 所示。

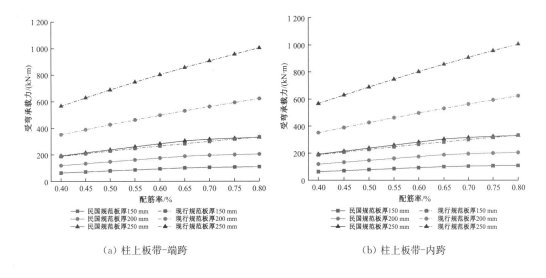

(a) 柱上板带-端跨　　　　　　　　　　　　　　(b) 柱上板带-内跨

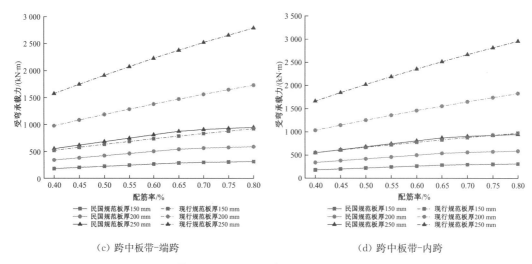

（c）跨中板带-端跨　　　　　　　　　（d）跨中板带-内跨

图 4.18　钢筋混凝土无梁楼板弯矩内力随配筋率的变化对比

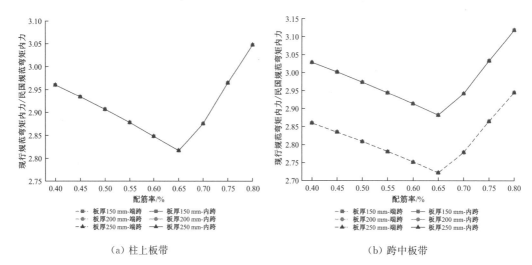

（a）柱上板带　　　　　　　　　　（b）跨中板带

图 4.19　钢筋混凝土无梁楼板弯矩内力相对比值对比

图 4.18 和图 4.19 结果表明：按现行规范计算所得无梁楼板构件弯矩大于民国规范计算所得对应值，现行规范计算所得截面弯矩随配筋率增大而增大的趋势高于按民国时期计算的结果。在不同板厚情况下，柱上板带现行规范计算结果与民国规范计算结果比值相同：在板构件通常采用的 0.40%～0.80% 配筋率范围内，现行规范计算的板构件弯矩内力是民国规范计算结果的 2.81～3.05 倍，且倍数变化规律为先减小后增大，当配筋率为0.65% 时，出现最小倍数约为 2.81 倍，当配筋率为 0.80% 时，出现最大倍数约为 3.05 倍。

跨中板带现行规范计算结果与民国规范计算结果比值因板处于端跨、内跨而不同：在板构件通常采用的 0.40%～0.80% 配筋率范围内，对于端跨，现行规范计算的板构件弯矩内力是民国规范计算结果的 2.72～2.95 倍，且倍数变化规律为先减小后增大，当配筋率为0.65% 时，出现最小倍数约为 2.72 倍，当配筋率为 0.80% 时，出现最大倍数约为 2.95 倍。对于内跨，现行规范计算的板构件弯矩内力是民国规范计算结果的 2.88～3.12 倍，且倍数变化规律为先减小后增大，当配筋率为 0.65% 时，出现最小倍数约为 2.88 倍，当配筋率为0.80% 时，出现最大倍数约为 3.12 倍。

4.7　民国钢筋混凝土建筑的结构构造设计研究

4.7.1　梁的构造

民国时期钢筋混凝土梁的结构设计主要包括单筋梁、双筋梁和 T 形梁的抗弯承载力和抗剪承载力的设计,尚未考虑梁的抗扭承载力设计。梁内部受力钢筋主要包括抵抗弯矩的纵向受力钢筋,一般采用方钢(竹节钢),抵抗剪力的抗剪钢筋,包括箍筋(一般为圆钢)或弯起钢筋(一般为方钢)。尽管当时的设计未考虑地震作用的影响,但为了确保结构的安全度,当时的设计已开始考虑一些结构构造措施,通过对相关民国文献的查阅,总结出以下一些钢筋混凝土梁的结构构造措施,并与现代钢筋混凝土结构设计规范中的构造措施进行比较,比较结果见表 4.10。

表 4.10　梁的构造设计方法比较

构造内容	民国时期钢筋混凝土结构的构造要求	现代钢筋混凝土结构的构造要求	比较结果
钢筋保护层厚度	当梁高不超过 508 mm 时,为 38.1 mm;当梁高超过 508 mm 时,为 50.8 mm	二 a 环境 类别① 下,不小于 30 mm	民国时期的梁钢筋保护层厚度基本满足现行规范的构造要求
梁内纵筋间距	中间净距和距离两边的距离均不小于 25.4 mm	梁上部纵向钢筋水平方向的净间距不应小于 30 mm 和 1.5d;梁下部纵向钢筋水平方向的净间距不应小于 25 mm 和 d	民国时期的梁上部纵筋间距有可能不满足现行规范的构造要求,梁下部纵筋间距基本满足现行规范构造要求
钢筋搭接长度	搭接处位于剪力为零处,搭接长度一般为 40d	受力钢筋的接头宜设置在受力较小处,对于 C20 混凝土和 HRB 335 钢筋,搭接长度为 45.8d	民国时期的梁纵筋的搭接长度有可能不满足现行规范的构造要求
纵筋截断方式	连续梁在中间支座处,上部受弯钢筋应伸过梁 1/4 处截断,下部受弯钢筋应伸过梁 1/8 处截断	连续梁在中间支座处,上部受弯钢筋应伸过梁 1/3 处截断,下部受弯钢筋应伸过梁 38d~44d 处截断	民国时期的连续梁中间支座处上部受弯钢筋截断位置有可能不满足现行规范要求,而梁下部受弯钢筋截断位置基本满足现行规范要求
箍筋直径	梁高在 508 mm 以下时,箍筋直径 6.35~7.94 mm;梁高在 508~762 mm 时,箍筋直径为 7.94~9.53 mm;梁高大于 762 mm 时,箍筋直径为 9.53~12.7 mm	抗震等级为一级时,箍筋最小直径为 10 mm;抗震等级为二级和三级时,箍筋最小直径为 8 mm;抗震等级为四级时,箍筋最小直径为 6 mm	民国时期的梁箍筋直径基本满足现行规范构造要求
箍筋间距	若梁承受集中荷载,则箍筋通长等间距布置;若梁承受均布荷载,则箍筋间距从支座处至跨中由小变大,箍筋间距最大不得超过梁高的 3/4,不得超过 304.8 mm	梁无论承受集中荷载,还是均布荷载,箍筋均通长布置,箍筋加密区一般为 100~150 mm,非加密区一般为 200~300 mm	民国时期的梁箍筋布置和间距有可能不满足现行规范构造要求

注:d 为构件中钢筋截面最大直径。
①环境类别二 a 类:室内潮湿环境;非严寒和非寒冷地区的露天环境;非严寒和非寒冷地区与无侵蚀性的水或土壤直接接触的环境;严寒和寒冷地区的冰冻线以下与无侵蚀性的水或土壤直接接触的环境。

4.7.2 柱的构造

民国时期的钢筋混凝土柱的结构设计主要包括轴心受压柱的设计,基本不考虑弯矩和剪力的影响。根据《实用钢骨混凝土房屋计划指南》[4]中所附的上海江泾讲寺(四层框架结构)的计算书可见,当时对于框架柱的设计,不论边柱、中柱,都是按轴压柱来设计的。此外,该书指出:"普通钢骨混凝土柱,虽加钢箍,而钢箍之应力若干并不计算。"可见柱箍筋的设计并不经过计算,而是根据工程经验配置的。尽管当时的设计未考虑地震作用的影响,但为了确保结构的安全度,当时的设计已开始考虑一些结构构造措施,通过对相关民国文献的查阅,总结出以下一些钢筋混凝土柱的结构构造措施,并与现代钢筋混凝土结构设计规范中的构造措施进行比较,比较结果见表4.11。

表 4.11 柱的构造设计方法比较

构造内容	民国时期钢筋混凝土结构的构造要求	现代钢筋混凝土结构的构造要求	比较结果
柱的截面尺寸	截面宽度或直径不小于305 mm	矩形柱截面宽度不宜小于300 mm,圆形柱截面直径不宜小于350 mm	民国时期的矩形柱截面尺寸基本满足现行规范的构造要求,但圆形柱的截面尺寸有可能不满足现行规范的构造要求
钢筋保护层厚度	钢筋保护层厚度不小于38.1 mm	二 a 环境类别①下,不小于30 mm	民国时期的柱钢筋保护层厚度基本满足现行规范的构造要求
柱纵筋间距	柱纵筋的净间距不小于76.2 mm,不大于304.8 mm	柱纵筋的净间距不应小于50 mm,不大于300 mm	民国时期的柱纵筋间距基本满足现行规范构造要求
柱纵筋配筋率	柱纵筋配筋率:1%～6%,一般取5%	柱纵筋配筋率不超过5%	民国时期的柱纵筋配筋率基本满足现行规范构造要求
纵筋搭接长度	搭接长度不小于25d	对于C20混凝土和HRB 335钢筋,搭接长度为45.8d	民国时期柱纵筋的搭接长度有可能不满足现行规范的构造要求
纵筋搭接位置	柱纵筋搭接位置位于楼层位置	柱纵筋搭接位置位于楼层以上 500 mm 处	民国时期柱纵筋的搭接位置有可能不满足现行规范的构造要求
箍筋直径	箍筋不小于6.35 mm,一般用6.35 mm、7.94 mm、9.53 mm	抗震等级为一级时,箍筋最小直径为 10 mm;抗震等级为二级和三级时,箍筋最小直径为8 mm;抗震等级为四级时,箍筋最小直径为6 mm	民国时期的柱箍筋直径构造要求基本满足现行规范构造要求
箍筋间距	柱箍筋通长布置,两端较密,中间较疏,箍筋间距一般为76.2～152.4 mm,不小于柱宽的1/2,不大于304.8 mm	箍筋均通长布置,箍筋加密区一般为100～150 mm,非加密区一般为200～400 mm	民国时期的柱箍筋布置和间距基本满足现行规范构造要求

注:d 为构件中钢筋截面最大直径。

① 环境类别二 a 类:室内潮湿环境;非严寒和非寒冷地区的露天环境;非严寒和非寒冷地区与无侵蚀性的水或土壤直接接触的环境;严寒和寒冷地区的冰冻线以下与无侵蚀性的水或土壤直接接触的环境。

4.7.3　板的构造

民国时期的钢筋混凝土板的结构设计主要包括板的抗弯承载力的设计。计算时,不考虑单向板和双向板之分,一律按短跨方向的单向板计算受力钢筋。荷载较小时,板筋布置方式一般为弯起式布筋方式,而荷载较大时,板筋布置方式一般为弯起式和分离式并重的布筋方式。尽管当时的设计未考虑地震作用的影响,但为了确保结构的安全度,当时的设计已开始考虑一些结构构造措施,通过对相关民国文献的查阅,总结出以下一些钢筋混凝土板的结构构造措施,并与现代钢筋混凝土结构设计规范中的构造措施进行比较,比较结果见表 4.12。

表 4.12　板的构造设计方法比较

构造内容	民国时期钢筋混凝土结构的构造要求	现代钢筋混凝土结构的构造要求	比较结果
钢筋保护层厚度	钢筋保护层厚度不小于 12.7 mm	二 a 环境类别①下,不小于 20 mm	民国时期的板钢筋保护层厚度有可能不满足现行规范的构造要求
板的厚度	板厚度一般为 76.2～152.4 mm,不小于 76.2 mm	单向板厚度不小于 60 mm,双向板厚度不小于 80 mm	民国时期的混凝土板厚度要求基本满足现行规范的构造要求
板受力筋间距	板筋间距不小于 50.8 mm,不大于板厚的 2 倍,一般为 76.2～203.2 mm	当板厚 $h≤150$ mm 时,板筋间距不宜大于 200 mm;当板厚 $h>150$ mm 时,板筋间距不宜大于 1.5h,且不宜大于 250 mm	民国时期的板筋间距基本满足现行规范构造要求
板分布筋布置方式	板分布筋配筋率为 0.2%～3%,间距为受力筋间距的 1.5～2 倍,不大于 304.8 mm,直径不小于 6.35 mm	板分布筋配筋率不宜小于 0.15%,间距不宜大于 250 mm,直径不宜小于 6 mm	民国时期的板分布筋布置方式基本满足现行规范构造要求

注:d 为构件中钢筋截面最大直径。
① 环境类别二 a 类:室内潮湿环境;非严寒和非寒冷地区的露天环境;非严寒和非寒冷地区与无侵蚀性的水或土壤直接接触的环境;严寒和寒冷地区的冰冻线以下与无侵蚀性的水或土壤直接接触的环境。

4.7.4　基础的构造

基础是承受建筑物全部荷载的下部承重构件。民国时期,由于西方建筑设计思想刚刚起步,虽然很多基础类型和现代建筑一样,但尺寸规定、构造做法等方面都不同于现行规范的设计要求。民国建筑的基础类型主要有:独立基础、条形基础、联合基础、特殊基础、桩基等五种。

4.7.4.1　基础的构造设计方法

（1）独立基础

独立基础用于柱承重,主要有砖砌体独立基础和混凝土独立基础。砖砌体独立基础的砌法是:一般砌三皮,第一皮宽度是柱宽度的 2.5 倍,第二皮是 2 倍,第三皮是 1.5 倍,每皮一收,每级宽度应为 7 /8～2 in(22.2～50.8 mm)。砖砌体独立基础有单皮和双皮两种砌法,若地基泥土坚实,只需要单皮砌法即可满足设计要求,反之则需要采用双皮砌法(图

4.20)[19]。混凝土独立基础可做成梯形和锥形,其构造做法有两种:无筋混凝土独立基础和钢筋混凝土独立基础(图 4.21)。无筋混凝土独立基础和砖砌体独立基础一样,都属于刚性基础,因此,基础的厚度较大。钢筋混凝土独立基础属于柔性基础,可通过底部钢筋承受弯曲产生的拉应力,因此厚度相对较小,其构造做法是:在基础底部布置纵向钢筋和分布钢筋,所有纵筋端头须做出弯钩,然后用系钉拉结柱子的钢筋和基础的纵筋,每根纵筋内至少由一根系钉与柱的钢筋相连,且系钉横截面总面积不得小于基础纵筋的总面积。其钢筋下方混凝土保护层厚度至少 3 in(76.2 mm),上方混凝土厚度至少 6 in(152.4 mm),如果独立基础下有承托桩,其混凝土保护层厚度不得小于 12 in(304.8 mm)[2]。所有钢筋混凝土独立基础的尺寸需要根据具体计算确定。

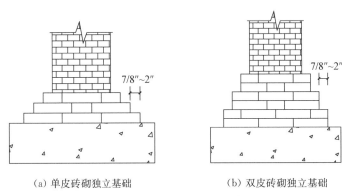

(a) 单皮砖砌独立基础　　　　　　　(b) 双皮砖砌独立基础

图 4.20　砖砌体独立基础(注:1 in=1″=25.4 mm)

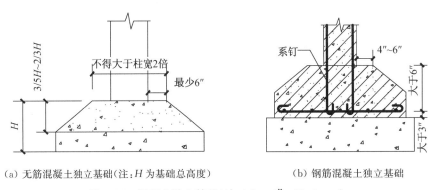

(a) 无筋混凝土独立基础(注:H 为基础总高度)　　　(b) 钢筋混凝土独立基础

图 4.21　混凝土独立基础(注:1 in=1″=25.4 mm)

(2) 条形基础

条形基础用于墙体的下部承重,民国建筑的墙体基础基本为大放脚条形砖基础。承重墙体和非承重墙体的条形基础大放脚层数是完全不同的,承重墙体的条形砖基础大多为八层大放脚,而非承重墙体的条形砖基础大多为三层大放脚(图 4.22)。民国时期大放脚的砌法通常如下:如果地基的泥土比较松软,那么底层砌两皮砖,反之,底层砌一皮砖;之后每皮一收,每级宽度应为 7/8~2 in(22.2~50.8 mm);最顶层用两皮砖,顶层宽度应是墙厚的两倍,比如 10 in(254 mm)厚的墙,大放脚顶层宽度应为 20 in(508 mm);而大放脚整体应比墙身宽至少 15 in(381 mm),单侧放脚比墙身一侧宽至少 7.5 in(190.5 mm)[19]。

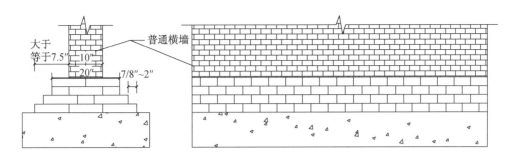

图 4.22 横墙下的大放脚砌法(注:1 in＝1″＝25.4 mm)

（3）联合基础

当上部结构荷载较大或地基承载力较弱时,则需采用联合基础,因为联合基础有较大的抗弯刚度,有利于建筑物的整体均匀沉降。民国钢筋混凝土建筑的联合基础主要有筏形基础和箱形基础两种(图 4.23)。

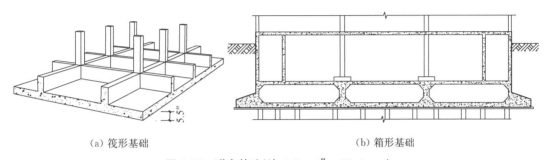

（a）筏形基础   （b）箱形基础

图 4.23 联合基础(注:1 in＝1″＝25.4 mm)

筏形基础的做法:先在垫层上做厚 5.5 in(139.7 mm)的混凝土(水泥:砂子:石子的配合比为 1:3:6)底板,然后在底板上做梁、柱或墙,材料是混凝土或砖砌体[19],接着在底板上粉 0.5 in(12.7 mm)细砂,最后做防水处理。如南京和记洋行就是采用筏形基础做法。

箱形基础采用整体现浇混凝土的做法或者墙体为砖砌体、底板为现浇混凝土的做法。第一种做法是现浇箱形基础:先浇筑底板再浇筑墙体,然后做防水处理。另一种做法则是在做混凝土底板的同时做大放脚,然后砌筑墙体,最后做防水处理。如上海沙逊大厦和上海市少年宫(嘉道理住宅旧址)均采用箱形基础做法。

（4）桩基

民国时期,桩基的使用采用工程经验和计算相结合的方式,通过对二十余栋民国钢筋混凝土建筑的统计分析,通常情况下,4 层及以上的民国钢筋混凝土建筑大多采用桩基,4 层以下的民国钢筋混凝土建筑大多采用独立基础或条形基础,如表 4.13 所示。桩基分为木桩基和混凝土桩基,通常使用进口洋松木质的圆木桩或楔形木桩,或在地下水位以下用木桩,地下水位以上用混凝土桩相连的组合桩[20]。根据表 4.14 的统计分析,层数 8 层以上且建筑高度 35 m 以上的民国建筑大多采用 30 m 以上的桩基,桩基直径一般不超过 350 mm。木桩长度不够可采用特制的钢环接头进行连接,木桩和混凝土桩的连接则是在木桩顶部套上钢套,再灌注混凝土[21]。桩的打法有梅花式和满堂式等不同打法,需要根据设计要求选择不同的打法。桩基上部往往与其他基础相结合,共同作用承担上部结构的荷载,木桩顶部和其他基础连接的方式如图 4.24 所示[22]。

表 4.13　民国建筑基础使用情况统计

建筑	上海中山路住宅	上海虹桥路住宅	上海高桥海滨饭店	南京嘉善闻住宅	上海疗养院	上海福开森路公寓	上海律师公会新会所	杭城浙江建业银行	上海南京路大厦	上海恒利银行
层数/层	2	2	3	3	4	4	5	5	6	6
基础类型	条形基础	条形基础	独立基础	条形基础	独立基础、桩基	独立基础、桩基	条形基础、桩基	独立基础、桩基	箱形基础、桩基	箱形基础、桩基

表 4.14　民国高层建筑桩基使用情况统计

建筑	上海华懋公寓	上海淮海公寓	上海中国银行大楼	上海大新公司	上海四行储蓄会大楼
层数/层	14	13	15	10	9
建筑高度/m	57	53	66.2	42.3	50
桩的直径/mm	—	—	—	—	350
桩的长度/m	30	31	22.5(裙房 8 层)和30.5(主楼 15 层)	30(局部 9 层)和37(中部 10 层)	39.8

注:表 4.14 由文献[20]整理获得。

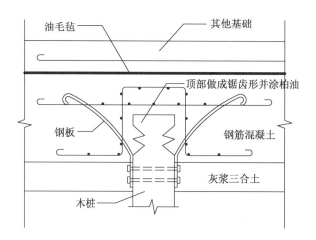

图 4.24　木桩顶部和其他基础连接的方式

4.7.4.2　基础的构造设计方法对比

现将部分民国钢筋混凝土建筑的基础构造做法与现行规范的构造做法进行对比,整理结果如表 4.15 所示。

由表 4.15 可知,民国钢筋混凝土建筑的基础形式与现代建筑的基础形式较为相似,但在许多细节的构造做法方面明显不同。民国钢筋混凝土建筑的桩基构造明显不同于现代钢筋混凝土建筑的桩基,民国时期的高层建筑多采用木桩基,而现代高层建筑多采用钢筋混凝土桩基或钢管桩基。民国时期钢筋混凝土建筑基础垫层做法也明显不同于现代钢筋混凝土建筑基础垫层,民国时期建筑多采用灰浆三合土或灰土做基础垫层,而现代建筑则采用素混凝土做基础垫层。

表 4.15　基础构造设计方法对比

构造内容	民国钢筋混凝土结构的构造要求	现代钢筋混凝土结构的构造要求
大放脚条形砖基础	承重墙大放脚砌八层,非承重墙大放脚砌三层,每级宽 7/8～2 in(22.2～50.8 mm),有双层砌法和单层砌法,但大放脚顶层须砌两皮;大放脚整体应比墙身宽至少 15 in(381 mm)	砌八皮,每级宽 60 mm,二一间隔收砌法和二皮一收砌法;大放脚整体应比墙身宽 300 mm
无筋混凝土独立基础		$H \geqslant (b - b_0)/2\tan\alpha$　h_1 大于等于 b_1,并不应小于 300 mm 且不小于 $20d$[23]
钢筋混凝土独立基础		最小配筋率不应小于 0.15%,底板受力钢筋的最小直径不应小于 10 mm,间距不应大于 200 mm,也不应小于 100 mm
桩基	多用木桩,层数 8 层以上且建筑高度 35 m 以上的建筑多采用 30 m 以上的桩基,桩基直径一般不超过 350 mm	多用钢筋混凝土桩或钢管桩,桩长和桩径根据计算确定
垫层	一般为 1∶2∶4 的灰浆三合土(一份石灰,两份黑砂,四份碎砖)或 3∶7 的灰土,厚度一般大于 5 in(127 mm)	一般为 C10、C15 素混凝土,厚度为 70～100 mm

注:d 为构件中钢筋截面最大直径。

4.7.5　结构构件尺寸构造研究

　　结构构件的尺寸比例关系是结构设计的一个重要组成部分,直接影响着结构计算的结果。但是,民国规范对钢筋混凝土构件的尺寸比例关系没有明确的要求,作者对 5 栋民国钢筋混凝土建筑的梁、板、柱结构构件进行实地测绘和统计分析,统计结果如表 4.16～表 4.18 所示。

表 4.16　民国钢筋混凝土建筑的梁构件截面高宽比测量结果

建筑		南京大华大戏院	原民国水利委员会会址	原民国资源委员会旧址	无锡米业会所旧址	原中央博物院大殿
主梁	范围	1.115～2.135	1.167～2	1.691～2.242	1.64～2.048	1.35～4.935
	整体范围	1.115～4.935				
次梁	范围	1.477～2.46	—	1.5～2.233	—	1.609～2.5
	整体范围	1.477～2.5				

表 4.17　民国钢筋混凝土建筑的梁、板构件高跨比测量结果

建筑		南京大华大戏院	原民国水利委员会会址	原民国资源委员会旧址	无锡米业会所旧址	原中央博物院大殿
主梁	范围	1/6～1/11	1/4～1/14	1/5～1/14	1/9～1/14	1/4～1/15
	整体范围	1/4～1/15				
次梁	范围	1/15～1/19	—	1/6～1/9	—	1/3～1/16
	整体范围	1/3～1/19				
板	范围	1/27～1/33	1/12～1/29	1/16～1/25	1/18～1/20	1/16～1/44
	整体范围	1/12～1/44				

表 4.18　民国钢筋混凝土建筑的柱构件高宽比测量结果

建筑		南京大华大戏院	原民国水利委员会会址	原民国资源委员会旧址	无锡米业会所旧址	原中央博物院大殿
柱	范围	6～14.81	10.86～14.9	8.39～15.17	7～13.55	4.63～14.8
	整体范围	4.63～15.17				

从表 4.16～表 4.18 可以看出,民国钢筋混凝土建筑主梁截面的高宽比范围为 1.115～4.935,高跨比范围为 1/4～1/15;次梁截面的高宽比范围为 1.477～2.5,高跨比范围为 1/3～1/19;板的高跨比范围为 1/12～1/44;柱的高宽比范围为 4.63～15.17。民国钢筋混凝土建筑中的主梁高跨比明显有别于现代建筑中的主梁合理高跨比 1/8～1/12,次梁高跨比也是明显有别于现代建筑中的次梁合理高跨比 1/12～1/15,板的高跨比也是有别于现代建筑中板合理高跨比 1/30～1/40。究其原因,主要是民国时期的钢筋混凝土结构构件的设计采用容许应力法,只考虑了承载力失效的因素,未考虑构件变形失效的因素。

4.8　本章小结

民国钢筋混凝土结构大多为文物建筑或历史建筑,对民国钢筋混凝土建筑的材料性能、设计计算方法和构造特征进行研究,是科学保护民国钢筋混凝土建筑的前提和依据。本书通过对搜集到的民国历史文献资料进行分析,结合多年来从事的民国钢筋混凝土建筑保护的实例检测结果,对民国钢筋混凝土结构的设计计算方法进行了研究,得出如下一些结论:

（1）民国时期混凝土结构中的梁构件的设计采用了容许应力设计法,该法忽略了材料的塑性性能。在不考虑风荷载和地震水平荷载作用时,对混凝土梁构件来说:在 1.0%～

2.0%纵筋配筋率范围内,按现行规范计算所得的受弯承载力是按民国规范计算所得受弯承载力的3.6～4.0倍;在配箍率0.1%～1.0%范围内,按现行规范计算所得的受剪承载力是按民国规范计算所得的受剪承载力的1.6～2.4倍;在弯起钢筋配筋率0.5%～1.5%范围内,按现行规范计算所得的受剪承载力是按民国规范计算所得的受剪承载力的2.0～2.4倍。

(2) 在不考虑风荷载和地震水平荷载作用时,对于普通箍筋轴心受压混凝土柱,高宽比为12时,在0.5%～2.0%的配筋率内,按现行规范计算所得的抗压承载力是按民国规范计算所得抗压承载力的1.50～1.70倍;对于民国时期螺旋箍筋轴心受压混凝土柱,高宽比为12时,按现行规范计算所得的抗压承载力是按民国规范计算所得抗压承载力的1.57～1.78倍。

(3) 在不考虑风荷载和地震水平荷载作用时,对于肋梁式板构件而言,在通常采用的0.40%～0.80%配筋率范围内,现行规范计算的单位宽度板构件受弯承载力是民国规范计算结果的3.06～3.31倍;对于无梁式板构件而言,在通常采用的0.40%～0.80%配筋率范围内,现行规范计算的板构件弯矩内力与民国规范计算结果的比值分别为柱上板带:2.81～3.05,跨中板带端跨:2.72～2.95,跨中板带内跨:2.88～3.12。

(4) 民国时期的混凝土梁钢筋保护层厚度、梁下部纵筋间距、梁下部受弯钢筋截断位置、箍筋直径基本满足现行混凝土结构设计规范的要求;而梁上部纵筋间距、梁纵筋的搭接长度、梁上部受弯钢筋截断位置、箍筋布置和间距有可能不满足现行混凝土结构设计规范的要求。

(5) 民国时期的混凝土矩形柱截面尺寸、钢筋保护层厚度、柱纵筋间距、柱纵筋配筋率、箍筋直径、箍筋布置和间距基本满足现行混凝土结构设计规范要求;而圆形柱截面尺寸、柱纵筋的搭接长度和搭接位置有可能不满足现行混凝土结构设计规范要求。

(6) 民国时期的混凝土板厚度、板筋间距、板分布筋布置方式基本满足现行混凝土结构设计规范要求;而板的钢筋保护层厚度有可能不满足现行混凝土结构设计规范要求。

参考文献

[1] 顾祥林. 混凝土结构基本原理[M]. 上海:同济大学出版社,2004.

[2] 赵福灵. 钢筋混凝土学[M]. 上海:中国工程师学会,1935.

[3] 张嘉荪. 简明钢骨混凝土术[M]. 上海:世界书局,1938.

[4] 陈兆坤. 实用钢骨混凝土房屋计划指南[M]. 上海:陈魁建筑事务所,1936.

[5] 王进. 钢骨水泥房屋设计[J]. 中国建筑,1934,2(1):65-67.

[6] 陈宏铎. 英国伦敦市钢骨水泥新章述评[J]. 中国建筑,1935,3(1):38-41.

[7] 上海公共租界工部局. 上海公共租界房屋建筑章程[S]. 上海:中国建筑杂志社,1934.

[8] 王婉晔. 历史风貌建筑的鉴定与加固研究[D]. 上海:同济大学,2004.

[9] 石灿峰. 武汉市历史建筑结构诊断与修缮工法对策研究[D]. 武汉:华中科技大学,2005.

[10] 陈大川,胡海波. 某近代建筑检测与加固修复设计[J]. 工业建筑,2007,37(7):100-103.

[11] Val D V,Bljuger F, Yankelevsky D Z. Reliability assessment of damaged RC framed structures[J]. Journal of Structural Engineering, 1997,123(7):889-895.

[12] Coney William B. Restoring historic concrete[J]. Construction Specifier,1989,42:42-51.

[13] Ince S,Yigin H. Reconstruction and restoration of petrovski passage[J]. ASTM Special Technical Publication. 1996,1258:285-293.

[14] Qazi Shafat A. Earthquake strengthening of a twelve story non-ductile concrete frame building with unreinforced masonry using displacement control criterion [J]. Structural Engineering in Natural Hazards Mitigation. 1993,13：331-336.

[15] 李海清. 中国建筑现代转型[M]. 南京：东南大学出版社,2004.

[16] 淳庆,Van Balen Koenraad,韩宜丹. 民国时期钢筋混凝土梁抗弯性能计算方法比较研究[J]. Journal of Southeast University (English Edition),2015,31(4)：529-534.

[17] 中华人民共和国住房和城乡建设部.混凝土结构设计规范:GB 50010—2010[S]. 北京：中国建筑工业出版社,2011.

[18] 田磊. 钢筋混凝土结构国内外设计方法的对比研究[D]. 大连：大连理工大学,2009.

[19] 中国近代建筑史料汇编编委会. 中国近代建筑史料汇编(第一册)[M]. 上海：同济大学出版社,2014.

[20] 张复合. 中国近代建筑研究与保护(九)[M]. 北京：清华大学出版社,2014.

[21] 张复合. 中国近代建筑研究与保护(十)[M]. 北京：清华大学出版社,2016.

[22] 中国近代建筑史料汇编编委会. 中国近代建筑史料汇编(第十一册)[M]. 上海：同济大学出版社,2014.

[23] 中华人民共和国住房和城乡建设部. 建筑地基基础设计规范:GB 50007—2011[S]. 北京：中国计划出版社,2012.

第五章　民国钢筋混凝土建筑的典型残损病害及剩余寿命预测方法研究

5.1　引言

民国时期的钢筋混凝土结构使用至今均已超过70年,超出现行规范规定的钢筋混凝土结构合理使用年限,大多数民国钢筋混凝土建筑都存在不同程度的残损病害和结构损伤。为了科学合理地加固修缮这些民国钢筋混凝土建筑,先要对结构出现的残损病害特征及成因进行准确判定,然后对其剩余寿命进行预测分析。

钢筋混凝土结构的基本作用原理:钢筋主要承受构件的拉应力,混凝土主要承受构件的压应力,在节点处通过钢筋构造措施形成构件间的可靠连接。此外,混凝土也负责保护钢筋,将内部钢筋与外部环境隔离开来,以保证钢筋使用的耐久性。因此,从基本的材料层面来看,可以将钢筋混凝土结构的病害损伤分为混凝土退化和钢筋锈蚀两个部分。这两个过程的发展会直接影响钢筋混凝土结构的耐久性,最终导致钢筋混凝土保护层的锈胀开裂,进而使混凝土剥落,大幅度削弱钢筋混凝土结构的承载能力。根据这两种主要损伤的发展情况,钢筋混凝土结构的耐久性状态主要可以分为四个时期:① 混凝土碳化寿命;② 混凝土保护层锈胀开裂寿命;③ 混凝土裂缝宽度限值寿命;④ 锈蚀钢筋混凝土构件承载力极限寿命。其中,混凝土保护层锈胀开裂寿命通常被用于结构安全使用期限评估的标准[1,2],包括钢筋开始锈蚀之前的时间和钢筋开始锈蚀到保护层锈胀开裂的时间,而钢筋开始锈蚀之前的时间主要由混凝土保护层完全碳化的时间决定。

国内外对混凝土的碳化研究已经比较成熟,研究成果主要可分为理论模型和基于理论与试验的实用经验模型。理论模型主要基于 Fick 定律[3] 或 Papadakis 碳化理论[4],实用的经验模型主要包括基于水灰比的模型[5] 和基于混凝土抗压强度的经验模型[6];其中,在实际应用中以混凝土抗压强度为主要参数的碳化模型被较为广泛地应用。但是,目前的混凝土碳化模型都完成于近40年内,其混凝土配比和生产工艺已经较民国时期有了很大的改变和进步,现有的碳化模型不一定完全适用于民国时期混凝土碳化的计算分析。对于混凝土保护层锈胀开裂的研究,目前国内外的学术界和工程界已经有大量的研究成果[7],包括锈胀开裂过程的试验研究[2,8-9]、理论模型研究[10-11]和用于工程实践的钢筋临界锈蚀深度的经验模型研究[12-13]。在中国,钢筋混凝土结构的耐久性计算方法主要是由《既有混凝土结构耐久性评定标准》[14](以下简称《标准》)规定的。但是,上述提到的关于钢筋混凝土锈胀开裂的相关研究和评定标准,其理论推导和试验对象都是针对圆形钢筋的。因此,依照现有的理论与标准并不能保证对主要使用方钢的民国钢筋混凝土结构性能分析结果的准确性。

目前,针对民国时期钢筋混凝土结构耐久性研究非常少。淳庆等[15]提出评判民国钢筋混凝土结构碳化寿命和锈胀开裂的预测公式,但其中锈胀开裂寿命的计算方法仍是基于圆形钢筋的试验数据拟合得到的,并没有针对方形钢筋进行试验研究。淳庆等[16]依据民国时期钢筋混凝土的真实材料性能和构造做法,对比分析了民国规范、我国现行规范、美国现行规范和欧洲现行规范的钢筋混凝土梁抗弯性能计算方法,为民国钢筋混凝土结构的安全评估和耐久性评估提供了参考。董运宏等[17]对收集到的民国方形钢筋进行了电化学加速锈蚀试验,对钢筋的锈蚀产物进行了成分分析,给出了锈蚀产物的体积、密度变化,并得出了方形钢筋的临界锈蚀深度与钢筋宽度的比值,但没有提出普适性的计算方法。

综上所述,目前关于钢筋混凝土结构的碳化寿命和钢筋锈胀开裂寿命的研究已经相对成熟,但几乎都是基于现代混凝土材料和圆形钢筋进行的研究,鲜有针对使用方形钢筋的民国钢筋混凝土结构的耐久性寿命预测方法的研究。本章将首先对民国时期钢筋混凝土建筑的典型残损病害特征及成因进行分析,然后通过对民国钢筋混凝土建筑的现场实测和电化学加速方形钢筋锈蚀的试验分析,提出适用于民国钢筋混凝土建筑耐久性评估的锈胀开裂寿命预测方法。

5.2 混凝土的常见残损病害

钢筋混凝土结构在各种各样的环境下服役,不同的服役环境会对混凝土结构造成不同类型的耐久性损伤。一般来说,这些耐久性损伤都是从混凝土或钢筋的材料劣化开始的,其中,多数材料劣化是由服役环境条件引起的,如混凝土碳化、冻融破坏、化学侵蚀、钢筋锈蚀等;另外,混凝土自身材料也可能劣化,如碱骨料反应。应该指出,很多情况下实际工程的耐久性损伤或破坏是多个因素交织在一起的。

5.2.1 混凝土的碳化

混凝土结构周围的环境介质(空气、水、土壤等)中所含的酸性物质,如 CO_2,SO_2,HCl 等与混凝土表面接触,并渗透至材料内部,与水泥石的碱性物质发生化学反应,使混凝土中的 pH 下降的过程称为混凝土的中性化[18]。其中,由大气中的 CO_2 引起的中性化过程称为混凝土的碳化。由于大气中均含有一定量的 CO_2,所以碳化是最普遍的混凝土中性化过程。

通常情况下,早期的混凝土 pH 一般大于 12.5,在高碱环境中,结构中的钢筋容易发生钝化作用,使得钢筋表面产生一层钝化膜,能够阻止钢筋锈蚀。当 CO_2 渗透到混凝土的孔隙和毛细孔中,而后溶解于孔溶液,与水泥的水化产物 $Ca(OH)_2$、水化硅酸钙(C—S—H)等发生化学反应后生成碳酸钙和水,使混凝土碱性降低。当混凝土完全碳化后,就会出现 pH 小于 9 的情况,钢筋表面的钝化膜则会逐渐破坏,钢筋更易锈蚀。钢筋锈蚀又将导致混凝土保护层开裂、钢筋与混凝土之间的黏结力破坏、钢筋受力界面减小、结构耐久性降低等一系列不良后果[19]。

碳化反应是一个复杂的物理化学过程,溶解在孔隙中的 CO_2 与 $Ca(OH)_2$ 发生化学反应生成 $CaCO_3$,同时 C—S—H 也在固液界面上发生碳化反应,主要反应化学方程式如下[20]:

$$CO_2 + H_2O = H_2CO_3$$

$$Ca(OH)_2 + H_2CO_3 = CaCO_3 \downarrow + 2H_2O$$

$$3CaO \cdot 2SiO_2 \cdot 3H_2O + 3H_2CO_3 = 3CaCO_3 \cdot 2SiO_2 \cdot 6H_2O$$

碳化反应的结果,一方面,生成的 $CaCO_3$ 和其他固态物质堵塞在混凝土孔隙中,使混凝土的孔隙率下降,大孔减少,从而减弱了后续的 CO_2 扩散,并使混凝土密实度提高;另一方面,孔隙水中 $Ca(OH)_2$ 浓度及 pH 降低,导致钢筋脱钝而锈蚀[21]。

影响混凝土碳化速度的主要原因：① 化学反应的速度（取决于 CO_2 含量和可碳化物的含量）；② CO_2 向混凝土扩散的速度（取决于 CO_2 和酸性物质浓度、孔隙结构）；③ $Ca(OH)_2$ 扩散速度[取决于混凝土含水率和 $Ca(OH)_2$ 浓度]。

目前国内对于混凝土耐久性受碳化影响的程度并无统一标准，通常以碳化深度到达保护层厚度前作为失效标志，即新建钢筋混凝土建筑在正常大气条件下，50 年内混凝土的碳化深度不允许超过混凝土保护层厚度。一般使用 1% 浓度的酚酞乙醇试剂测量混凝土的碳化深度，如图 5.1 所示。《标准》引入了碳化残量来修正钢筋混凝土结构的碳化寿命，在本章第五节将详细讨论民国时期混凝土碳化系数的确定。表 5.1 列出了作者统计的一些民国时期钢筋混凝土建筑的混凝土保护层厚度和对应的碳化深度，可以发现，民国钢筋混凝土历史建筑的混凝土梁、板、柱构件的碳化深度大多已经明显超过其对应的混凝土保护层厚度。

(a)　　　　　　　　　　　　　　　　　　　(b)

图 5.1　民国混凝土芯样碳化深度测量

表 5.1　民国钢筋混凝土历史建筑的现场检测结果　　　　　　单位：mm

典型案例	建成时间	检测内容					
		柱平均保护层厚度	柱平均碳化深度	梁平均保护层厚度	梁平均碳化深度	板平均保护层厚度	板平均碳化深度
绍兴大禹陵禹庙大殿	1933	40	33	41	40	30	45
交通银行南京分行旧址	1935	34	62	27	65	16	35
南京大华大戏院	1934	33	63	34	40	15	30
常州大成一厂老厂房	1935	35	45	34	40	20	40
原中央博物院大殿	1937	34	43	35	49	20	35
励志社大礼堂旧址	1931	35	45	33	54	18	42
南京华侨招待所旧址	1933	30	58	28	62	15	30
南京陵园新村邮局旧址	1947	40	55	38	43	20	40
＊国立美术陈列馆旧址	1925	35	60	33	71	—	—

＊注：国立美术陈列馆旧址的检测结果来自文献[22]。

5.2.2 混凝土的冻融作用

混凝土的冻融破坏是建筑物老化病害的主要问题之一。当混凝土结构受到冻融作用时,水在混凝土毛细孔中结冰造成的冻胀开裂使混凝土的弹性模量、抗压强度、抗拉强度等力学性能严重下降,危害结构物的安全性[23-24]。在反复冻融作用下,混凝土内部结构构造产生松弛、微裂缝和剥蚀等,如图 5.2 所示。

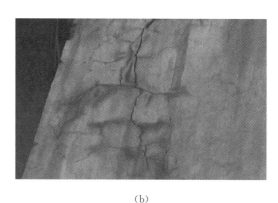

(a) (b)

图 5.2 混凝土冻融破坏

对于混凝土冻融破坏的机制,目前主流的解释是 Powers 提出的静水压假说[25-26]和渗透压假说[27]。这两个假说合在一起,较为成功地解释了混凝土冻融破坏的过程,奠定了混凝土抗冻性研究的理论基础。

5.2.2.1 静水压假说

Powers[25]于 1945 年提出静水压力假说,即混凝土的冻害是由混凝土中的水结冰时产生的净水压力引起的。水结冰时体积膨胀达 9%,若水泥石毛细孔中含水率超过某一临界值(91.7%),则孔隙中的未冻水被迫向外迁移,由达西定律可知这种水流移动将产生静水压力,作用于水泥石上,造成冻害。

5.2.2.2 渗透压假说

1975 年,Powers[27]又发展了渗透压假说,认为水泥石体系由硬化水泥胶凝体和大的缝隙、稍小的毛细孔和更小的凝胶孔组成,这些孔中含有碱性溶液。随着温度下降,水泥石中大孔先结冰,由于孔溶液呈碱性,冰晶体的形成使这些孔隙中未冻水溶液浓度上升,这与其他较小孔中未冻溶液之间形成浓度差,这样碱离子和水分子都开始渗透:小孔中水分子向浓度高的大孔溶液渗透,而大孔中碱离子向浓度较低的小孔溶液渗透。由于水分子和碱离子在流经水泥石时,受到阻碍的程度不同,两者渗透速率不同,大孔中水将增多,渗透压随机产生[19]。

综上所述,冻融对混凝土的破坏是由静水压力和渗透压力共同作用的结果。在一定饱和水情况下,多次冻融循环使破坏作用累积,犹如疲劳作用,使冰冻引起的微裂纹不断扩大,发展成为相互连通的大裂缝,使得混凝土的强度逐渐降低,最终导致混凝土结构的崩溃。冻融对混凝土的破坏经常出现在冬季寒冷的地区,特别是靠近城市河流的建筑。在修缮过程中,如发现基础出现过明显的冻融破坏,应该在基础以下建立相应的隔水层、防潮层。

5.2.3 化学性侵蚀

混凝土在侵蚀性介质中,可能遭受化学侵蚀而破坏。对混凝土有侵蚀性的介质包括酸、碱、硫酸盐、压力流动水等。混凝土的化学侵蚀可分为三类:第一类是某些水化产物被水溶解、流失,如混凝土在压力作用下的溶出性侵蚀;第二类是混凝土的某些水化产物与介质起化学反应,生成易溶或没有胶凝性能的产物,如酸、碱对混凝土的溶解性侵蚀;第三类是混凝土的某些水化产物与介质起化学反应,生成膨胀性的产物,如硫酸盐对混凝土的膨胀性侵蚀[21]。

5.2.3.1　溶出性侵蚀

密实性较差、渗透性较大的混凝土,在一定压力的流动水中,水化产物 $Ca(OH)_2$ 会不断溶出并流失。$Ca(OH)_2$ 是维持水化硅酸钙与水化铝酸钙稳定的重要条件,$Ca(OH)_2$ 的溶出使水化硅酸钙和水化铝酸钙失去稳定性而水解、溶出,这些水化产物的溶出使混凝土的强度不断降低。应该指出,只有在含钙量较少的软水环境(如雨水、冰雪融化的水)且为压力流动水时,$Ca(OH)_2$ 才会不断溶出、流失,溶出性侵蚀才会发生。

5.2.3.2　溶解性侵蚀

实践表明,环境水的 pH 小于 6.5 以及高浓度的碱溶液或熔融状碱会对混凝土产生侵蚀作用[28],但在一般的自然环境中并不多见,主要发生在工业区。

5.2.3.3　膨胀性侵蚀

硫酸盐与混凝土水化产物发生化学反应,对混凝土产生膨胀破坏作用,是典型的膨胀性侵蚀。硫酸盐侵蚀是混凝土化学侵蚀中最广泛的形式,如图 5.3 所示。其中,硫酸钠、硫酸钾、硫酸钙、硫酸镁等硫酸盐均会对混凝土产生侵蚀作用。土壤的地下水是一种硫酸盐溶液,土壤硫酸盐的浓度超过一定限值时就会对混凝土产生侵蚀作用。硫酸盐侵蚀过程中产生的钙矾石、石膏和硅钙石是引起混凝土腐蚀破坏的主要原因[29]。

(a)　　　　　　　　　　　　　　　　(b)

图 5.3　硫酸盐侵蚀下的混凝土

(1) 石膏腐蚀

溶液中的硫酸钠、硫酸钾、硫酸镁与水泥水化产物 $Ca(OH)_2$ 反应生成石膏,以硫酸钠为例,发生如下化学反应[30]:

$$Ca(OH)_2 + Na_2SO_4 \cdot 10H_2O = CaSO_4 \cdot 2H_2O + 2NaOH + 8H_2O$$

在流动的水中,反应可不断进行,直至 $Ca(OH)_2$ 被完全消耗;在不流动的水中,随着 NaOH 的聚集,可达到化学平衡,一部分 SO_4^{2-} 以石膏析出。$Ca(OH)_2$ 转化为石膏,体积是原来的两倍多,从而对混凝土产生膨胀破坏作用。

（2）钙矾石腐蚀

水泥熟料矿物的水化产物水化铝酸钙及水化单硫铝酸钙都能与石膏反应生成水化三硫铝酸钙(钙矾石)。钙矾石的溶解度很低,容易在溶液中析出,水化铝酸钙和水化单硫铝酸钙转化为钙矾石,其体积增大很多,从而对混凝土产生破坏作用[31]。

（3）硅钙石腐蚀

硫酸盐侵蚀过程中还产生另一种膨胀性产物——硅钙石,其化学式是 $CaCO_3 \cdot CaSO_4 \cdot CaSiO_2 \cdot 15H_2O$,是 $Ca(OH)_2$ 和 $CaCO_3$ 与无定形的 SiO_2 及石膏在低温下形成的。硅钙石使混凝土表面产生胀裂、鼓泡和凸起等现象,混凝土变得松软,强度降低[32]。

（4）硫酸镁对水化硅酸钙的腐蚀

由上述分析可知,硫酸钙对混凝土产生钙矾石和硅钙石腐蚀,硫酸钠、硫酸钾和硫酸镁对混凝土同时产生钙矾石、硅钙石和石膏腐蚀,而硫酸镁还能与水化硅酸钙发生如下反应[30]:

$$(3CaO \cdot 2SiO_2 \cdot 3H_2O) + 3MgSO_4 + 10H_2O = 3(CaSO_4 \cdot 2H_2O) + 3Mg(OH)_2 + (2SiO_2 \cdot 4H_2O)$$

由此可见,硫酸镁还能分解水泥水化产物——水化硅酸钙,破坏其胶凝性,比其他硫酸盐具有更强的破坏作用。

受硫酸盐侵蚀的混凝土的特征是表面发白,损坏一般从棱角开始,接着裂缝开展,表层剥落,使混凝土成为一种易碎的,甚至松散的状态[28]。在修缮时,可在混凝土表面加上耐腐蚀性强且不透水的保护层(如沥青、塑料、玻璃等)。

5.2.4　碱-骨料反应

碱-骨料反应是指混凝土中的碱性物质与碱活性骨料间发生膨胀性反应[33]。这种反应引起明显的混凝土体积膨胀和开裂,改变混凝土的微结构,使混凝土的抗压强度、抗折强度、弹性模量等力学性能明显下降,严重影响结构的安全使用性,而且一旦发生很难阻止,更不易修补和挽救,被称为混凝土的"癌症"[34]。一般认为,碱-骨料反应的发生需要三个条件[35]:①集料为活性集料;②混凝土原材料(包括水泥、混合材料、外加剂和水等)中含碱量高;③潮湿环境,有充分的水分或湿空气供应。

碱-骨料反应主要包括三种:碱-硅酸反应、碱-碳酸盐反应和碱-硅酸盐反应。其中最常见的是碱-硅酸反应[36]。混凝土中的碱与集料中的活性 SiO_2 发生反应,生成碱性硅酸盐凝胶,该凝胶吸水膨胀(生成物体积膨胀至原物质的 $3\sim4$ 倍),从而在混凝土内部产生较大的膨胀压和渗透压,致使混凝土开裂,如图 5.4 所示。碱是指水泥中所含的钠和钾的氧化物,首先在混凝土内部的水泥水化反应中生成强碱性氢氧化物[37],反应的化学方程式如下:

$$Na_2O + H_2O = 2NaOH$$

$$K_2O + H_2O = 2KOH$$

然后 NaOH 和 KOH 再与粗细集料中的非结晶活性氧化硅作用,生成硅酸碱类,反应的化学方程式如下:

$$2NaOH + SiO_2 = Na_2O \cdot SiO_2 + H_2O（在 H_2O 环境下）$$

$$2KOH + SiO_2 = K_2O \cdot SiO_2 + H_2O（在 H_2O 环境下）$$

碱-硅酸反应的破坏特征:①混凝土表面产生杂乱的网状裂缝,或在骨料周围出现反应环;②在破坏区的试样中可测定碱-硅酸盐凝胶;③ 在构件裂缝中,可以发现碱-硅酸盐凝胶失水硬化形成的白色粉状物。

（a）　　　　　　　　　　　　　　　　（b）

图 5.4　混凝土的碱-骨料反应

5.2.5　混凝土的强度低

　　民国时期的混凝土材料从水泥、骨料级配、搅拌工艺等各个方面都落后于现代的混凝土材料工程,第三章已经提到,民国时期的混凝土配比较为固定化,水泥∶砂子∶石子＝1∶2∶4(体积比),所以民国时期的混凝土材料没有强度等级的区分。作者曾对此种配比的混凝土进行抗压试验[17],结果表明在没有耐久性损伤的情况下,此种配比下的混凝土强度为 C15～C20。另外,根据作者对 154 个民国钢筋混凝土构件(样品取自 12 个民国时期的钢筋混凝土建筑)进行混凝土抗压强度的取芯检测,其中抗压强度最大值为 21.31 MPa,最小值为 12.05 MPa;作者计算得出民国时期的混凝土平均受压极限强度为 16.36 MPa(不考虑碳化的情况下),设计值为 6.06 MPa(详见 3.3.2 章节与 3.3.3 章节)。

5.3　钢筋的常见残损病害

5.3.1　内部钢筋的锈蚀

　　混凝上中水泥水化后在钢筋表面形成一层致密的钝化膜,故在正常情况下钢筋不会锈蚀,但钝化膜一旦遭到破坏,在有足够水和氧气的条件下产生电化学腐蚀。在无杂散电流的环境中,有两个因素可以导致钢筋钝化膜破坏:混凝土中性化(主要形式是碳化)使钢筋位置的 pH 降低,或足够浓度的游离 Cl^- 扩散到钢筋表面。当钢筋表面钝化膜遭到破坏后,钢筋处于"活化"状态,空气中的水和氧气可以和钢筋表面直接接触,钢筋金相组织和表面不均存在电位差,水分和氧气进入混凝土形成碱性溶液,钢筋发生电化学腐蚀[38],电化学腐蚀过程包括下述四个基本过程:

　　(1)阳极反应过程:阳极区铁原子离开晶格转变为表面吸附原子,然后越过双电层放电转变为阳离子(Fe^{2+}),并释放电子,这个过程称为阳极反应,电极反应式如下所示:

$$Fe = Fe^{2+} + 2e^-$$

（2）电子传输过程：阳极区释放的电子通过钢筋向阴极区传送。

（3）阴极反应过程：阴极区由周围环境通过混凝土孔隙吸附、渗透。扩散作用进来并溶解于孔隙水中的 O_2 吸收阳极区传来的电子，发生还原反应，生产阴离子（OH^-），电极反应如下所示：

$$O_2 + 2H_2O + 4e^- \!=\!\!=\!\!= 4OH^-$$

（4）腐蚀产物生成过程：阳极区生成的 Fe^{2+} 向周围水溶液深处扩散、迁移，阴极区生成的 OH^- 通过混凝土孔隙和钢筋与混凝土界面的空隙中的电解质扩散到阳极区，与阳极附近的 Fe^{2+} 反应生成 $Fe(OH)_2$，$Fe(OH)_2$ 进一步被氧化成 $Fe(OH)_3$，$Fe(OH)_3$ 脱水后变成疏松、多孔的红锈 Fe_2O_3；在少氧条件下，$Fe(OH)_2$ 被氧化得不太完全，部分形成黑锈 Fe_3O_4，具体反应如下所示：

$$Fe^{2+} + 2OH^- \!=\!\!=\!\!= Fe(OH)_2$$

$$4Fe(OH)_2 + O_2 + 2H_2O \!=\!\!=\!\!= 4Fe(OH)_3$$

$$2Fe(OH)_3 \!=\!\!=\!\!= Fe_2O_3 + 3H_2O$$

$$6Fe(OH)_2 + O_2 \!=\!\!=\!\!= 2Fe_3O_4 + 6H_2O$$

即在 O_2 和 H_2O 的共同存在的条件下，由上述电化学反应，钢筋表面的铁不断失去电子而溶于水，从而逐渐被腐蚀，在钢筋表面生成铁锈，体积膨胀，引起混凝土开裂[39]。最终的锈蚀产物取决于氧气和水的供给情况，铁生锈体积膨胀的程度随氧化程度的提高而增大，如图 5.5 所示。从理论上讲，如果有足够水分，铁锈体积可达到钢材体积的近 7 倍，因此，钢筋锈蚀膨胀引起锈蚀表面的混凝土剥落，从而导致钢筋混凝土构件中的钢筋未被混凝土包裹而外露，如图 5.6 所示。

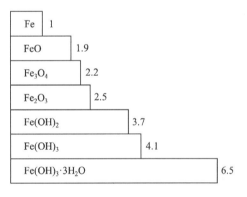

Fe	1
FeO	1.9
Fe₃O₄	2.2
Fe₂O₃	2.5
Fe(OH)₂	3.7
Fe(OH)₃	4.1
Fe(OH)₃·3H₂O	6.5

图 5.5　铁氧化时的体积膨胀倍数示意图

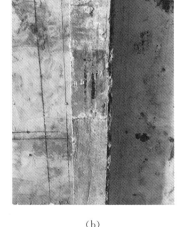

(a)　　　　　　　　(b)　　　　　　　　(c)

图 5.6　构件露筋现象

钢筋锈蚀的影响因素主要可以分为外部因素和内部因素。外部因素主要：①周围介质的腐蚀性；②结构所处环境的周期冷热交替作用；③冻融循环作用；④干湿交替作用；⑤部分钢筋混凝土结构靠近海岸，还会受海水、海盐的渗透作用影响。内部因素主要为：①混凝土的 pH(pH>10 时较慢，pH<4 时较快)；②氯离子含量；③混凝土的密实度和保护层厚度；④钢筋锈胀开裂或其他原因产生的保护层裂缝，一般大于 0.2 mm 时影响显著；⑤水泥的品种及粉煤灰等掺合料的影响，主要是对混凝土成型后的碱性影响。内部因素影响中，氯离子的含量的影响较为常见，其锈蚀原理为：氯离子易渗入钝化膜，形成易溶绿锈，绿锈向混凝土孔隙液中迁徙，分解为 $Fe(OH)_2$，$Fe(OH)_2$ 沉积于阳极区，同时释放氯离子和氢离子，回到阳极区，使阳极区附近孔隙液局部酸化，带出更多铁离子。氯离子不构成最终锈蚀产物，也不消耗，但促进锈蚀，起到催化作用。主要化学反应过程如下：

$$Fe^{2+} + 2Cl^- + 4H_2O = FeCl_2 \cdot 4H_2O(绿锈)$$

$$FeCl_2 \cdot 4H_2O = Fe(OH)_2 + 2Cl^- + 2H^+ + 2H_2O$$

钢筋锈蚀的直接结果是钢筋的截面面积减小，不均匀锈蚀导致钢筋表面凹凸不平，产生应力集中现象，使钢筋的力学性能退化[40]，如强度降低、脆性增大、延性变差，导致构件承载能力降低。此外，混凝土中的钢筋一旦发生锈蚀，在钢筋表面生成一层疏松的锈蚀产物($mFeO \cdot nFe_2O_3 \cdot rH_2O$)，同时向周围混凝土孔隙中扩散，如图 5.7 所示。锈蚀产物体积比未腐蚀钢筋的体积大得多，因锈蚀产物最终形式不同而异，一般可达钢筋腐蚀量的 2～4 倍。锈蚀产物的体积膨胀使钢筋外围混凝土产生环向拉应力，当环向拉应力达到混凝土的抗拉强度时，在钢筋与混凝土界面处将出现内部径向裂缝，随着钢筋锈蚀的进一步加剧、钢筋锈蚀量的增加，径向内裂缝向混凝土表面发展，直到混凝土保护层开裂产生顺筋方向的锈胀裂缝，甚至保护层剥落，严重影响钢筋混凝土结构的正常使用[41]。钢筋与混凝土间锈蚀层导致摩擦力下降、钢筋表面横肋的锈损、混凝土保护层的开裂或剥落都会导致钢筋混凝土黏结锚固性能降低甚至完全丧失，最终影响钢筋混凝土结构构件的安全性和适用性。钢筋锈蚀对结构性能的影响如图 5.8 所示。

 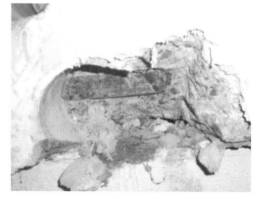

(a)　　　　　　　　　　　　　　　　(b)

图 5.7　内部钢筋锈蚀

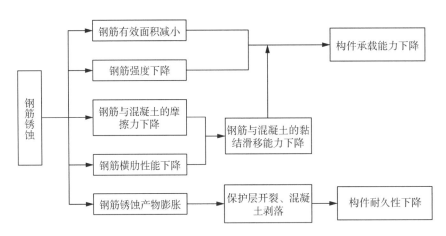

图 5.8　钢筋锈蚀对结构性能的影响

5.3.2　钢筋锈蚀导致屋面开裂渗水

民国钢筋混凝土结构由于年代久远，且当时的屋面防水、保温等建筑技术较为简单，通常不用防水材料(仅有少数建筑采用牛毛毡防水材料)，使用至今日多数建筑屋顶材料老化，易出现屋面瓦破损或防护层碎裂。板筋由于混凝土保护层厚度较薄，特别容易出现钢筋锈涨开裂现象，引起屋面防水系统的整体失效，从而导致屋面板出现开裂渗水和霉变现象，如图 5.9 所示。

（a）　　　　　　　　　　　　　　　　　　（b）

图 5.9　屋面板开裂渗水现象

5.4　施工不当引起的常见残损病害

民国时期钢筋混凝土结构作为全新的建造技术由欧美国家引入中国，且当时全球的施工工艺水平都与现代技术有很大差距，民国钢筋混凝土建筑的施工技术、施工质量等大多有不同程度的缺陷和问题。本章节对作者在实际工程中发现的常见问题进行总结，并对问题产生的原因进行分析。

5.4.1　钢筋混凝土构件表面的麻面

大多数民国钢筋混凝土建筑的结构构件表面存在麻面的现象，钢筋混凝土构件表面的麻面就是指混凝土浇筑后,由于空气排除不干净,或是由于混凝土浆液渗漏造成的混凝土表面有凹陷的小坑和表面不光滑,不平整的现象,如图 5.10 所示。

（a）　　　　　　　　　　　　　　　（b）

图 5.10　混凝土麻面现象

究其原因如下:①民国时期大多使用木模板,使用次数过多造成木模表面粗糙;②模板清理不干净,拆模过早,模板粘连;③浇筑时间过长,模板上挂灰过多,不及时清理;④木模未浇水湿润,混凝土表面脱水起灰;⑤民国时期缺乏振捣设备,振捣不充分,气泡未除尽。

5.4.2　钢筋混凝土构件表面的蜂窝

大多数民国钢筋混凝土建筑的结构构件表面存在蜂窝的现象,钢筋混凝土构件表面的蜂窝现象是指混凝土结构局部出现酥松、砂浆少、石子多、石子之间形成空隙类似蜂窝状的窟窿等现象,如图 5.11 所示。

（a）　　　　　　　　　　　　　　　（b）

图 5.11　混凝土蜂窝现象

究其原因如下:① 混凝土配合比不当或砂、石料、水泥材料加水量计量不准,造成砂浆少、石子多;② 混凝土搅拌时间不够,未拌和均匀,和易性差,缺乏高效的施工设备致振捣不密实;③下料不当或下料过高,未设置串筒使石子集中,造成石子砂浆离析;④混凝土未分层下料,漏振或振捣时间不够;⑤民国时期的木模板使用次数过多致损坏较大,模板缝隙未堵严,加固不牢,容易导致水泥浆流失;⑥ 钢筋较密,使用的石子粒径过大或坍落度过小;⑦ 基础、柱、墙身根部未稍加间歇就继续灌上层混凝土。

5.4.3 围护墙体的开裂

民国时期的钢筋混凝土结构外围护墙体多采用砖砌,没有与框架柱进行拉结筋连接,因此整体稳定性较差,在外部环境振动或材料性能劣化等因素影响下,容易造成围护墙体与混凝土构件之间的开裂渗水现象,或由于地下水位变化或人为使用不当等因素影响下,引起围护墙体基础发生不均匀沉降,这样也会导致围护墙体出现开裂渗水现象,如图 5.12 所示。

(a)   (b)

图 5.12　围护墙体开裂渗水现象

5.5　钢筋开始锈蚀的时间预测

5.5.1 现代钢筋开始锈蚀年限的计算方法

通常,混凝土的碳化深度到达钢筋表面时被认为钢筋开始锈蚀的标志,但试验研究和工程检测表明,很多案例中碳化深度未达到钢筋表面时钢筋可能已经开始锈蚀[14]。所以,《标准》在碳化寿命预测公式的基础上,引入碳化残量 x_0,提升计算钢筋开始锈蚀预测时间的准确性,其定义为钢筋开始锈蚀时用酚酞测量的碳化前沿与钢筋表面的距离。在碳化寿命预测方法的基础之上得到钢筋开始锈蚀的年限计算方法,具体计算公式如下:

$$t_i = \left(\frac{c - x_0}{k}\right)^2 \tag{5.1}$$

$$x_0 = (1.2 - 0.35 k^{0.5})\lambda_c - \frac{6.0}{m + 1.6}(1.5 + 0.84k) \tag{5.2}$$

$$k = 3K_{kl}K_{CO_2}K_{kt}K_{ks}T^{1/4}(1 - RH) \times RH^{1.5}\left(\frac{58}{f_{cu,e}} - 0.76\right) \tag{5.3}$$

$$k = \frac{x_c}{\sqrt{t_0}} \tag{5.4}$$

式中:t_i 为钢筋开始锈蚀的年限(a);c 为混凝土保护层厚度(mm);x_0 为碳化残量(mm);k 为碳化系数;m 为局部环境影响系数,根据《标准》中的表格选用;K_{kl} 为位置影响系数,角部取 1.4,非角部取 1.0;K_{CO_2} 为 CO_2 浓度影响系数,人群密集(如教学楼、影剧院)时取 2.1~2.4,人群较密集(如医院、商店)时取 1.8~2.1,人群密集程度一般(如住宅、办公楼)时取 1.5～1.8,人群稀少(如车库、地下停车场)时取 1.1～1.4;K_{kt} 为浇筑面修正系数,浇筑面取 1.2,非浇筑面取 1.0;K_{ks} 为工作应力影响系数,受压时取 1,受拉时取 1.1;RH 为环境湿度(%);T 为环境温度(℃);$f_{cu,e}$ 为混凝土强度推定值(MPa);x_c 为实测碳化深度(mm);t_0 为结构建成至检测时的时间(a)。

式(5.2)中的 λ_c 应该根据混凝土保护层厚度和碳化系数确定,具体为:

当混凝土保护层厚度不大于 28 mm 时,

$$\lambda_c = \begin{cases} c & (k \geqslant 0.8) \\ c - 0.16/k & (k < 0.8) \end{cases} \tag{5.5}$$

当混凝土保护层厚度大于 28 mm 时,

$$\lambda_c = \begin{cases} c - 0.389(c-28)(0.16/k)^{1.5} & (k < 1.0) \\ c + 0.066(c-28)^{0.47k} & (1.0 \leqslant k < 3.3) \\ c + 0.066(c-28)^{1.55} & (k \geqslant 3.3) \end{cases} \tag{5.6}$$

5.5.2　修正的民国方形钢筋开始锈蚀年限计算方法

《标准》中提供了两种计算碳化系数 k 的方法:式(5.3)是根据相关测试数据和工程经验得到的计算方法,式(5.4)是通过现场实测碳化深度而直接计算出碳化系数的方法,相对于式(5.3),式(5.4)计算结果更加准确。但由于许多民国钢筋混凝土建筑已经被公布为各级文物保护单位,在现场检测时会被要求只能使用无损检测技术,因此就不能随意开凿混凝土或钻孔取芯后利用酚酞试剂得到准确的混凝土碳化深度。所以,在这种情况下,只能参考式(5.3)计算碳化系数,而《标准》中的这个公式是针对现代钢筋混凝土结构的,不完全适用于民国方钢混凝土结构,因此需要对其进行修正。目前尚无适用于民国方钢混凝土结构的修正方法,本书根据 9 个典型的民国钢筋混凝土历史建筑的碳化深度实测结果,以式(5.4)计算的碳化系数为目标结果,对式(5.3)引入系数 α 进行修正,具体见式(5.7)和式(5.8),从而得到适用于民国方钢混凝土结构耐久性评估的碳化系数修正计算公式。

$$k' = \alpha k \tag{5.7}$$

现场检测这 9 个民国钢筋混凝土历史建筑,获得了准确的混凝土的抗压强度、混凝土保护层厚度、混凝土的碳化深度等数据。混凝土抗压强度由现场混凝土回弹仪测试或实验室中对取芯样品测试获得,混凝土保护层厚度由现场钢筋测试仪或取芯孔位置量测获得,混凝土的碳化深度由现场钻孔取芯后、利用酚酞试剂测得。结果如表 5.1 所示。

根据表 5.1 中的检测结果,通过回归得到修正系数 $\alpha = 1.16$,因此,建议针对民国钢筋混凝土结构的碳化系数计算公式为:

$$k' = 1.16k = 1.16 \times 3K_{kl}K_{CO_2}K_{kt}K_{ks}T^{1/4}(1-RH)RH^{1.5}\left(\frac{58}{f_{cu,e}} - 0.76\right) \tag{5.8}$$

5.6　钢筋锈胀开裂寿命预测方法

5.6.1　现代建筑混凝土保护层锈胀开裂寿命预测计算方法

《标准》建议对一般室内构件宜采用混凝土保护层锈胀开裂的极限状态作为结构安全

使用的评定标准,本研究综合考虑民国钢筋混凝土建筑的历史价值、材料特性以及当时的建造技术水平等因素,建议对民国钢筋混凝土历史建筑也采用混凝土保护层锈胀开裂的极限状态作为结构安全使用的评定标准。《标准》中钢筋混凝土结构锈胀开裂寿命预测的计算公式如下:

$$t_{cr} = t_i + \frac{\delta_{cr}}{\lambda} \tag{5.9}$$

$$\lambda = 5.92K_{cl}(0.75 + 0.012\,5T)(RH - 0.50)^{2/3}c^{-0.675}f_{cu,e}^{-1.8} \tag{5.10}$$

$$\delta_{cr} = \frac{0.012c}{d} + 0.000\,84f_{cu,e} + 0.018 \tag{5.11}$$

式中:δ_{cr} 为临界钢筋锈蚀深度(mm);λ 为钢筋锈蚀速率(mm/a);K_{cl} 为钢筋位置修正系数,角部钢筋取 1.6,非角部钢筋取 1.0;c 为混凝土保护层厚度(mm);$f_{cu,e}$ 为混凝土强度推定值(MPa);T 为环境温度(℃);RH 为环境湿度(%);t_i 为钢筋开始锈蚀的年限(a);t_{cr} 为锈胀开裂寿命(a)。

5.6.2　民国方形钢筋的混凝土保护层锈胀开裂试验

本研究通过对收集到的民国时期的方形钢筋进行锈胀开裂试验,提出针对方形钢筋的混凝土保护层锈胀开裂时刻的钢筋临界锈蚀深度的计算方法。钢筋的锈蚀通过实验室中电化学加速锈蚀方法实现,共 10 个试验试件,包含截面边长为 16 mm 和 22 mm 两种尺寸的方形钢筋。为防止化学除锈试剂对方形钢筋的性能产生影响,本次试验在试验前对钢筋进行物理除锈,图 5.13 为物理除锈后的试验用方形钢筋。民国时期的混凝土组成配比较为固定,不同于现代混凝土 C20、C30、C40 等不同强度等级下的配比;民国时期常用的混凝土组成配比为水泥:砂子:石子=1:2:4,水占总质量的 10%~13%[42]。浇筑试件时额外浇筑了三个 150 mm×150 mm×150 mm 的混凝土抗压强度标准试件,28 天标准养护后测试的平均抗压强度为 15.6 MPa,与民国钢筋混凝土结构的混凝土强度检测平均值相符[17]。试验试件的混凝土尺寸为 200 mm×150 mm×150 mm(长×宽×高),每个试件配有单根方形钢筋,如图 5.14 所示。根据历史文献[42],民国时期钢筋混凝土结构的保护层厚度通常为38 mm,考虑当时的施工误差,本试验设计了 36 mm、38 mm、40 mm、42 mm、44 mm 厚保护层的不同试件。

图 5.13　物理除锈后的民国方形钢筋

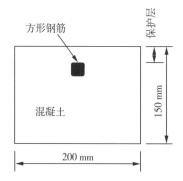

图 5.14　试件尺寸示意图

电化学加速钢筋锈蚀通过外加直流电实现,电流大小为 100 μA/cm²[2,43],提供离子的浸泡溶液为 5%浓度的 NaCl 溶液[2,44]。试验中控制液面高度,试件 1/2 浸泡在溶液中,试件底部有木块和水箱底部隔开。在电线和钢筋焊接之后,钢筋表面和试件的正面和背面被涂抹了一层约 2 mm 厚的环氧树脂,用以减小锈渗产生的试验误差。图 5.15 为电化学加速锈蚀试验装置的示意图。在环氧树脂凝固后,试件在通电之前先半浸泡 72 h,保证试件上表面达到湿润状态,试验结束条件为混凝土试件表面出现 0.1 mm 的裂缝[14,17],裂缝的准确宽度采用北京大地华龙公司的 DJCK-2 型号裂缝宽度测试仪测量获得。图 5.16 为混凝土保护层锈胀开裂时刻的部分试件。

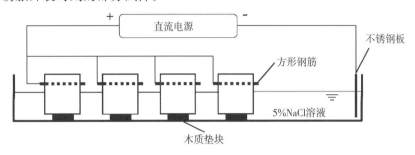

图 5.15　电化学加速锈蚀试验装置示意图

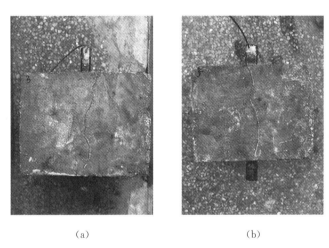

（a）　　　　　　　　　　　（b）

图 5.16　混凝土保护层锈胀开裂时刻的部分试件

5.6.3　试验结果分析

为了比较分析圆形钢筋保护层锈胀开裂时刻的钢筋临界锈蚀深度的计算方法是否适用于民国时期的方形钢筋,本研究将三个适用于圆形钢筋的计算公式的结果和本次试验结果进行对比。表 5.2 列出了三个适用于圆形钢筋的临界锈蚀深度计算方法。表 5.3 给出了本次试验的试件信息、试验结果和不同计算方法的计算结果。

表 5.2　圆形钢筋的临界锈蚀深度计算公式

文献出处	计算方法
GB/T 51355 —2019[14]	$\delta_{cr} = 0.012c/d + 0.000\,84f_{cu,e} + 0.018$
Rodriguez 等[12]	$\delta_{cr} = 0.007\,4c/d - 0.022\,6f_{tk} + 0.083\,8$
Webster and Clark[45]	$\delta_{cr} = 0.001\,25c$

注:c 为混凝土保护层厚度(mm),d 为钢筋截面直径(mm),$f_{cu,e}$ 为混凝土抗压强度推定值(MPa),f_{tk} 为混凝土抗拉强度(MPa)。

表 5.3　试验结果和理论计算结果的对比分析

试件	截面边长/mm	保护层厚度/mm	$f_{cu,e}$/MPa	裂缝宽度/mm	钢筋锈蚀深度/mm						
					试验结果	《标准》	误差/%	Rodriguez等	误差/%	Webster and Clark	误差/%
A-1	16	36	14.7	0.1	0.064	0.057	-10.9	0.026	-59.4	0.045	-29.7
A-2	16	38	14.9	0.1	0.090	0.059	-34.4	0.026	-71.1	0.048	-46.7
A-3	16	40	15.6	0.1	0.109	0.061	-44.0	0.026	-76.1	0.050	-54.1
A-4	16	42	15.8	0.1	0.095	0.063	-33.7	0.026	-72.6	0.053	-44.2
A-5	16	44	15.2	0.1	0.113	0.064	-43.4	0.029	-74.3	0.055	-51.3
B-1	22	36	14.3	0.1	0.064	0.050	-21.9	0.023	-64.1	0.045	-29.7
B-2	22	38	14.8	0.1	0.065	0.051	-21.5	0.022	-66.2	0.048	-26.2
B-3	22	40	15.6	0.1	0.067	0.053	-20.9	0.021	-68.7	0.050	-25.4
B-4	22	42	16.2	0.1	0.072	0.055	-23.6	0.020	-72.2	0.053	-26.4
B-5	22	44	14.7	0.1	0.086	0.054	-37.2	0.024	-72.1	0.055	-36.1

注:误差=(计算结果-测试结果)/测试结果×100%。

从表 5.3 的结果可以看出,《标准》中的钢筋临界锈蚀深度的计算方法、Rodriguez 等和 Webster and Clark 的计算方法,都不适合于使用方形钢筋的民国钢筋混凝土历史建筑锈胀开裂计算。这也直接证明了方形钢筋和圆形钢筋的锈胀开裂模型不同,圆形钢筋相关的研究结果并不适用于方形钢筋的情况。

5.6.4　民国钢筋混凝土锈胀开裂的钢筋临界锈蚀深度计算方法

钢筋的临界锈蚀深度主要由保护层厚度和钢筋直径的比值以及混凝土强度所决定,本研究也采用相同的影响因素对方形钢筋的临界锈蚀深度计算公式进行拟合。不过,不同的研究者对混凝土强度的选择(抗压强度或抗拉强度)存在不同观点,本研究结合对圆形钢筋锈胀开裂理论模型的分析[10-11],确定使用混凝土的抗拉强度值作为预测钢筋临界锈蚀深度的影响因素。根据表 5.3 中的试验数据,利用最小二乘法对试验结果进行数据拟合,得到适用于方形钢筋的临界锈蚀深度计算方法:

$$\delta_{cr} = 0.040\ 9\ \frac{c}{d'} + 0.008\ 8 f_{tk} - 0.034\ 8 \tag{5.12}$$

式中:d' 为方形钢筋的截面边长(mm)。

最小二乘法中的可决系数代表拟合公式中影响因素对目标结果的适用性,喻孟雄等[46]针对表 5.2 中的公式给出了相应的可决系数。本研究得到的拟合公式的可决系数为 0.737 4,而 Rodriguez 等和 Webster and Clark 公式的可决系数分别为 0.645 和 0.605;通过比较分析可得,本研究的拟合公式的可决系数明显高于现存的其他类似公式的可决系数;一定程度上,可决系数的结果验证了试验的准确性。所以,可以认为本研究的方形钢筋临界锈蚀深度的经验公式满足工程使用的准确性要求。

5.6.5　民国钢筋混凝土结构的锈胀开裂寿命预测方法

结合《标准》中的相关参考系数和计算准则,本研究提出了以式(5.1)、式(5.2)、式(5.8)、式(5.9)、式(5.10)和式(5.12)为计算,适合于使用方形钢筋的民国钢筋混凝土建筑的锈胀开裂寿命预测。根据本研究提出的民国钢筋混凝土建筑锈胀开裂寿命预测的计算方法,对9个典型民国钢筋混凝土历史建筑进行锈胀开裂寿命预测计算,结果如表5.4所示。

表 5.4　民国钢筋混凝土建筑的锈胀开裂寿命预测

典型案例	绍兴大禹陵禹庙大殿	交通银行南京分行旧址	南京大华大戏院	常州大成一厂老厂房	原中央博物院大殿	励志社大礼堂旧址	南京华侨招待所旧址	南京陵园新村邮局旧址	国立美术陈列馆旧址
建成时间	1933	1935	1934	1935	1937	1931	1933	1947	1925
锈胀开裂寿命预测年限/a	76	55	61	69	80	69	65	72	67
*耐久性检测时间/a	78	75	77	78	73	79	86	65	87

注:"耐久性检测时间"为检测年份减去建成年份。

从表5.4的数据可以看出,许多的钢筋混凝土历史建筑未能在锈胀开裂寿命内进行耐久性检测和维护,结构使用存在不同程度的安全隐患。根据这些案例的现场检测,在对一些已经超过锈胀开裂寿命预测年限的建筑结构进行耐久性检测时,发现许多构件已经出现了不同程度的锈胀开裂现象,例如交通银行南京分行旧址、南京大华大戏院、常州大成一厂老厂房、励志社大礼堂旧址、南京华侨招待所旧址、国立美术陈列馆旧址;在对一些未超过或刚刚超过锈胀开裂寿命预测年限的建筑结构进行耐久性检测时,未发现构件有明显的锈胀开裂现象,如绍兴大禹陵禹庙大殿、原中央博物院大殿、南京陵园新村邮局旧址。根据这9个实际案例的理论计算结果和现场勘察结果的对比分析,可以认为本书提出的民国钢筋混凝土结构的锈胀开裂寿命预测方法的计算结果较为符合真实状况。

5.7　本章小结

本章主要探讨了民国钢筋混凝土结构的常见残损病害特征及其成因,并结合对典型民国钢筋混凝土建筑的现场检测分析和针对性的试验研究,对使用方形钢筋的民国钢筋混凝土结构的锈胀开裂寿命预测方法进行了研究,主要得到以下结论:

(1)民国钢筋混凝土建筑使用至今,许多建筑年久失修,加之早期施工技术的限制和材料性能的不足,民国钢筋混凝土建筑大多存在混凝土强度偏低、碳化深度较大、钢筋锈蚀、蜂窝麻面、钢筋露筋、屋顶开裂渗水、围护墙体开裂等典型残损病害现象。

(2)民国钢筋混凝土建筑的梁、柱构件的碳化深度一般已接近甚至超过保护层厚度,板构件的碳化深度一般均已超过保护层厚度。钢筋发生锈蚀可能的概率依次为:混凝土板＞混凝土梁＞混凝土柱。

（3）通过对民国方形钢筋混凝土试件进行电化学加速锈蚀试验,对混凝土保护层锈胀开裂时刻的钢筋锈蚀深度的结果进行数据分析,得到针对民国方形钢筋的临界锈蚀深度的计算方法。

（4）根据修正后的碳化系数计算出民国方形钢筋开始锈蚀的时间,然后根据民国方形钢筋的临界锈蚀深度计算出钢筋开始锈蚀到保护层锈胀开裂的时间,从而提出了针对使用方形钢筋的民国钢筋混凝土建筑的锈胀开裂寿命预测的计算方法。

（5）民国钢筋混凝土建筑的锈胀开裂寿命基本在 $55\sim80$ 年,因此,迫切需要尽快开展对民国钢筋混凝土建筑全面的耐久性检测评估,从而制定出科学合理的保护措施。

参考文献

［1］ Liu Y P,Weyers R E. Modeling the time-to-corrosion cracking in chloride contaminated reinforced concrete structures［J］. ACI Material Journal,1998,95(6)：675-681.

［2］ Vu K,Stewart M G,Mullard J. Corrosion-induced cracking：Experimental data and predictive models ［J］. ACI Structural Journal,2005,102(5)：719-726.

［3］ 阿列克谢耶夫. 钢筋混凝土结构中钢筋腐蚀与保护［M］. 黄可信,吴兴祖,等译. 北京：中国建筑工业出版社,1983.

［4］ Papadakis V G,Vayenas C G,Fardis M N. Experimental investigation and mathematical modeling of the concrete carbonation problem［J］. Chemical Engineering Science,1991,46(5-6)：1333-1338.

［5］ 朱安民. 混凝土碳化与钢筋混凝土耐久性［J］. 混凝土,1992,6：18-22.

［6］ 牛荻涛. 混凝土结构耐久性与寿命预测［M］. 北京：科学出版社,2003.

［7］ 赵羽习. 钢筋锈蚀引起混凝土结构锈裂综述［J］. 东南大学学报(自然科学版),2013,43(5)：1122-1134.

［8］ Andrade C,Alonso C,Molina F J. Cover cracking as a function of bar corrosion：Part I - Experimental test［J］. Materials and Structures,1993,26(8)：453-464.

［9］ Lu C H,Yuan S Q,Liu R G. Experimental and probabilistic analysis of time to corrosion-induced cover cracking for marine reinforced concrete structures［J］. Corrosion Engineering,Science and Technology,2017,52(2)：124-133.

［10］ El Maaddawy T,Soudki K. A model for prediction of time from corrosion initiation to corrosion cracking［J］. Cement and Concrete Composites,2007,29(3):168-175.

［11］ 陆春华,赵羽习,金伟良. 锈蚀钢筋混凝土保护层锈胀开裂时间的预测模型［J］. 建筑结构学报,2010,31(2)：85-92.

［12］ Rodriguez J,Ortega L M,Casal J,et al. Corrosion of reinforcement and service life of concrete structures［J］. Durability of Building Materials and Components,1996,1:117-126.

［13］ 张伟平. 混凝土结构的钢筋锈蚀损伤预测及其耐久性评估［D］. 上海:同济大学,1999.

［14］ 中华人民共和国住房和城乡建设部,国家市场监督管理总局. 既有混凝土结构耐久性评定标准:GB/T 51355—2019［S］. 北京:中国建筑工业出版社,2019.

［15］ 淳庆,潘建伍. 民国江浙地区钢筋混凝土结构寿命预测计算方法研究［J］. 文物保护与考古科学,2014,26(1)：29-33.

［16］ Chun Q,Koenraad V B,Han Y D. Comparison study on calculation methods of bending behaviour of Chinese reinforced concrete beams from 1912 to 1949［J］. Journal of Southeast University (English Edition),2015,31(4):529-534.

［17］ 董运宏,淳庆,许先宝,等. 民国建筑锈胀开裂时的临界锈蚀深度［J］. 浙江大学学报(工学版),2017,51(1)：32-42.

[18] 龚洛书,柳春圃. 混凝土的耐久性及其防护修补[M]. 北京:中国建筑工业出版社,1990.

[19] 金伟良,赵羽习. 混凝土结构耐久性[M]. 2 版. 北京:科学出版社,2014.

[20] 杨静. 混凝土的碳化机理及其影响因素[J]. 混凝土,1995(6)：23-28.

[21] 张誉,蒋利学,张伟平,等. 混凝土结构耐久性概论[M]. 上海:上海科学技术出版社,2003.

[22] 陈瑜,吕德鹏,杨放. 江苏美术馆旧址的安全评估与抗震鉴定[J]. 建筑科学,2013,29(3)：103-106.

[23] Mehta P K. Concrete durability-fifty years progress[C]//Proceedings of the 2nd International Conference on Concrete Durability,Montreal,QC,Canada. 1991,49：132.

[24] 李金玉,曹建国,徐文雨,等. 混凝土冻融破坏机理的研究[J]. 水利学报,1999,30(1):42-50.

[25] Power T C. A working hypothesis for further studies of frost resistance of concrete[J]. ACI Journal Proceedings,1945,41:245-272.

[26] Powers T C. The air requirements of frost-resistant concrete[J]. Proceedings of the Highway Research Board,1949,29:1-33.

[27] Powers T C. Freezing effects in concrete[J]. Durability of Concrete,1975,47：1-11.

[28] 邸小坛,周燕. 旧建筑物的检测加固与维护[M]. 北京:地震出版社,1992.

[29] 曹双寅. 受腐蚀混凝土的损伤机理[J]. 混凝土,1990,2：2-5.

[30] Hime W G,Mather B. "Sulfate attack," or is it? [J]. Cement and Concrete Research,1999,29(5)：789-791.

[31] 薛君玕. 钙矾石相的形成、稳定和膨胀:记钙矾石学术讨论会[J]. 硅酸盐学报,1983(2)：121-125.

[32] Crammond N J. The thaumasite form of sulfate attack in the UK[J]. Cement and Concrete Composites,2003,25(8)：809-818.

[33] Bonic Z,Curcic G T,Davidovic N,et al. Damage of concrete and reinforcement of reinforced-concrete foundations caused by environmental effects[J]. Procedia Engineering,2015,117：416-423.

[34] 金伟良,赵羽习. 混凝土结构耐久性研究的回顾与展望[J]. 浙江大学学报(工学版),2002,36(4)：371-380.

[35] 王增忠. 混凝土碱集料反应及耐久性研究[J]. 混凝土,2001,8：16-18.

[36] 唐明述. 关于碱-集料反应的几个理论问题[J]. 硅酸盐学报,1990,18(4)：365-373.

[37] 唐明述,邓敏. 碱集料反应研究的新进展[J]. 建筑材料学报,2003,6(1):1-8.

[38] 张伟平,顾祥林,金贤玉,等. 混凝土中钢筋锈蚀机理及锈蚀钢筋力学性能研究[J]. 建筑结构学报,2010,31(S1)：327-332.

[39] 王增忠. 建筑工程全寿命安全经济决策理论与应用[M]. 上海:同济大学出版社,2007.

[40] 吴庆,袁迎曙. 锈蚀钢筋力学性能退化规律试验研究[J]. 土木工程学报,2008,41(12)：42-47.

[41] Lowinska-Kluge A,Blaszczynski T. The influence of internal corrosion on the durability of concrete [J]. Archives of Civil and Mechanical Engineering,2012,12(2)：219-227.

[42] 张嘉苏. 简明钢骨混凝土术[M]. 上海：世界书局,1938.

[43] Lu C H,Jin W L,Liu R G. Reinforcement corrosion-induced cover cracking and its time prediction for reinforced concrete structures [J]. Corrosion Science,2011,53(4)：1337-1347.

[44] 王雪松,金贤玉,田野,等. 开裂混凝土中钢筋加速锈蚀方法适用性[J]. 浙江大学学报(工学版),2013,47(4)：565-574,580.

[45] Webster M P,Clark L A. The structural effect of corrosion-an overview of the mechanism [C]// Proceedings of 2000 Concrete Communication. Birmingham,UK,2000：409-421.

[46] 喻孟雄,李少龙,张少华,等. 基于锈胀裂缝宽度的钢筋锈蚀深度计算模型[J]. 混凝土,2014,11:11-14+23.

第六章　民国钢筋混凝土建筑的结构安全评估方法研究

6.1　引言

建筑物在长期的外部环境及使用条件影响下,结构材料每时每刻都受到外部介质的侵蚀,引起材料性能的退化和结构状态的恶化。经年累月,结构功能逐渐下降,当达到一定程度以后,就必须进行加固修缮。在进行建筑修缮和结构加固前,均应对结构现状进行针对性的安全评估。同时,我国现行的建筑规范也明确规定建筑物在加固修缮前需要进行相应的检测和鉴定,例如:

《建筑结构检测技术标准》(GB/T 50344—2019)[1]第3.1.4条:既有建筑需要进行下列评定或鉴定时,应进行既有结构性能的检测:① 建筑结构可靠性评定;② 建筑的安全性和抗震鉴定;③ 建筑大修前的评定;④ 建筑改变用途、改造、加层或扩建前的评定;⑤ 建筑结构达到设计使用年限要继续使用的评定;⑥ 受到自然灾害、环境侵蚀等影响建筑的评定;⑦ 发现紧急情况或有特殊问题的评定。

《混凝土结构加固设计规范》(GB 50367—2013)[2]第1.0.3条:混凝土结构加固前,应根据建筑物的种类,分别按现行国家标准《工业建筑可靠性鉴定标准》(GB 50144)或《民用建筑可靠性鉴定标准》(GB 50292)进行结构检测或鉴定。当与抗震加固结合进行时,尚应按现行国家标准《建筑抗震鉴定标准》(GB 50023)或《工业构筑物抗震鉴定标准》(GB J117)进行抗震能力鉴定。

《钢结构加固技术规范》(CECS 77:96)[3]第1.0.3条:钢结构加固前,应按照《工业厂房可靠性鉴定标准》和《民用建筑可靠性鉴定标准》等进行可靠性鉴定。

《砌体结构加固设计规范》(GB 50702—2011)[4]第1.0.3条:砌体结构加固前,应根据不同建筑类型分别按现行国家标准《工业建筑可靠性鉴定标准》(GB 50144)和《民用建筑可靠性鉴定标准》(GB 50292)等标准的有关规定进行可靠性鉴定。当与抗震加固结合进行时,尚应按现行国家标准《建筑抗震鉴定标准》(GB 50023)的有关规定进行抗震能力鉴定。

《建筑抗震加固技术规程》(JGJ 116—2009)[5]第1.0.3条:现有建筑抗震加固前,应依据其设防烈度、抗震设防类别、后续使用年限和结构类型,按现行国家标准《建筑抗震鉴定标准》(GB 50023)的相应规定进行抗震鉴定。

《既有建筑地基基础加固技术规范》(JGJ 123—2012)[6]第3.0.2条:既有建筑地基基础加固前,应对既有建筑地基基础及上部结构进行鉴定。

以上是目前我国规范体系中针对工业与民用建筑结构安全检测与鉴定的主要相关规定,这一规范体系是依据现代的设计方法、材料强度、相关构造方法等发展而来的,这一规范体系的检测与鉴定方法可以被民国钢筋混凝土建筑的结构检测与安全鉴定工作借鉴,但并不完全适合于该类型建筑遗产。主要原因如下:① 民国时期的混凝土材料在定式配合比下的材料性能不同于现代的混凝土材料性能;② 大量的民国钢筋混凝土结构构件采用方形钢筋,其构造做法、材料性能、钢筋-混凝土黏结滑移性能均不同于现行规范体系中的规定(现行规范体系均是依据圆形钢筋的理论与试验建立起来),直接使用现行规范会造成鉴定评价结果的偏差;③ 民国时期的钢筋混凝土结构设计理论与现代钢筋混凝土结构的设计理论差别较大,故现行规范中的许多参数与指标难以被直接用于对民国钢筋混凝土结构的检测与鉴定。因此,对民国钢筋混凝土建筑的结构安全评估研究应当建立在对民国钢筋混凝土建筑的混凝土材料性能、钢筋材料性能、钢筋-混凝土黏结滑移性能、构造做法、结构设计方法、残损病害成因等方面的研究基础之上。

本章将综合考虑民国钢筋混凝土建筑的材料性能、构造做法、残损病害成因等方面,参考现代钢筋混凝土建筑的安全评估方法,以《建筑结构检测技术标准》(GB/T 50344—2019)[1]、《民用建筑可靠性鉴定标准》(GB 50292—2015)[7]和《工业建筑可靠性鉴定标准》(GB 50144—2019)[8]等相关规范为基础,提出较为准确且适用于民国钢筋混凝土建筑的结构安全检测与评估方法。

6.2　民国钢筋混凝土建筑的结构安全检测

6.2.1　结构检测的目的和原因

检测包括检查和测试,前者一般是指利用目测了解结构或构件的外观情况,主要是进行定性判别;后者是指通过仪器测量了解结构构件的物理、力学、化学性能和几何特性。结构的检测是结构可靠性鉴定的重要环节,检测结果是进行可靠性评定的重要指标之一,也是进行结构复核的重要依据之一。

检测的原因主要有以下几方面:① 由于实际结构的复杂性、计算模型的近似性、施工工艺的差异性和材料性能的离散性,结构性能的计算值与实测值往往有较大的差异。② 有些项目目前还无法进行计算,如砖墙裂缝,温度、地基变形、钢筋锈蚀等原因引起的混凝土构件裂缝,只能通过检测来了解。③ 材料的老化。例如:钢筋在年久失修的情况下会发生锈蚀,砖砌体会出现风化,混凝土在有害环境下也会腐蚀。这些都需要通过测试了解材料的性能变化。④ 当建筑的施工质量存在问题时,如混凝土的内部缺陷、钢筋的位置和数量、结构构件的几何尺寸、材料强度等,需要通过检测了解实际质量状况。⑤ 由于使用功能的改变,结构的现状承载情况与设计要求相比发生了变化,可能会出现超载现象,需要通过现场调查和测量确定实际的作用大小。⑥ 资料不完整。在对一些使用年限久远的建筑物,特别是历史性建筑物进行可靠性鉴定时,常常遇到原设计资料散失或不全的情况,另外,可能缺少建筑物在使用期间的各次大修和局部改造记录。⑦ 遭受灾害。建筑物在遭受火灾、风暴、洪水、爆炸、冲撞等灾害后,需要通过现场检测了解受灾程度。

6.2.2　检测的内容和方法

通常,检测的内容可以分为两大类:结构的作用和对结构抗力的影响因素。对于钢筋混凝土结构,检测内容根据属性可以分为:几何量(如地基沉降、结构变形、几何尺寸、混凝土保护层厚度、钢筋位置和数量、裂缝宽度等)、物理力学性能(如材料强度、弹性模量、设备质量、结构自振频率等)和化学性能(混凝土碳化、钢筋锈蚀和化学成分、有害介质等)。必要时,可进行结构构件性能的荷载试验或结构的动力测试,荷载试验多用于对整体结构或构件的承载力、变形等力学性能进行测定,可分为原位试验法和解体试验法。混凝土结构常规检测内容包括原始资料的调查、结构或构件裂缝的测定、结构或构件施工偏差的测定、结构或构件变形或位移的检测、结构和构件上荷载作用情况的调查和测定等。其中，关于现场的结构性能检测项目主要包括：

6.2.2.1　混凝土强度的检测

混凝土的强度是决定混凝土结构和构件受力性能的关键因素，也是评定这类结构和构件性能的主要参数。其检测手段归纳起来有非破损检测、半破损检测、破损检测、综合检测等。非破损检测方法有回弹仪法、表面落锤法、超声波法、共振法以及目视观测法；半破损检测方法有取芯法、弹击法、贯入阻力法、拔出法等；破损检测手段包括荷载破坏试验、振动破坏试验及解体法；综合检测法分超声波法和回弹仪的组合检测，取芯法和回弹仪法与超声波法的组合检测，以及非破损的回弹仪法和超声波法与破损法的组合检测。对于民国钢筋混凝土建筑，目前常采用回弹法、取芯法、超声-取芯综合法、超声-取芯-回弹组合法等，相关测试仪器如图 6.1～图 6.3 所示。

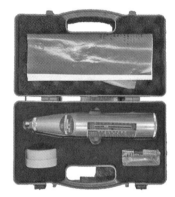

图 6.1　混凝土回弹仪

图 6.2　混凝土取芯机

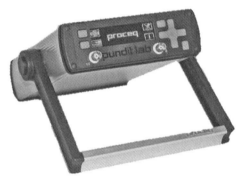

图 6.3　混凝土超声波探测仪

6.2.2.2　裂缝的检测

裂缝的检测包括裂缝分布、裂缝的走向、裂缝的长度和宽度；裂宽检测主要用读数放大镜、裂缝对比卡及塞尺等工具；裂缝长度可用钢尺或裂缝测宽仪测量；裂缝深度可以用极薄的钢片插入裂缝，粗略地量测，也可沿裂缝方向取芯或用超声仪检测；判断裂缝是否发展可以用粘贴石膏法；也可以在裂缝的两侧粘贴几对手持式应变仪的头子，用手持式应变仪量测变形是否发展。图 6.4 为裂缝测宽仪器。

图 6.4　裂缝测宽仪

6.2.2.3　结构变形检测

结构变形检测包括水平构件的挠度、竖向构件的侧移、地基沉降和倾斜等。常用仪器主要有水准仪、经纬仪、锤球、钢卷尺、棉线等常规仪器，以及激光位移传感器(图 6.5)、红外线测距仪、全站仪、全球定位系统(GPS)、三维激光扫描仪(图 6.6)等。

6.2.2.4　混凝土耐久性的检测

混凝土结构的耐久性检测主要包括：氯离子含量及侵入深度的测定、混凝土碳化深度的测定及混凝土腐蚀层深度和钢筋保护层厚度的测定等。评估民国钢筋混凝土结构的剩余寿命时，应以混凝土的碳化深度为依据。混凝土的碳化深度是通过凿开混凝土断面上喷洒均匀、湿润的酚酞试液检测的。由于酚酞遇碱会变红色,因此若酚酞试液变为红色,则混凝土未被碳化;相反,酚酞试液不变色,则说明混凝土已经被碳化,测出不变色混凝土的厚度即为碳化深度。图 6.7 为钢筋保护层测定仪。

图 6.5　激光位移传感器

图 6.6　三维激光扫描仪

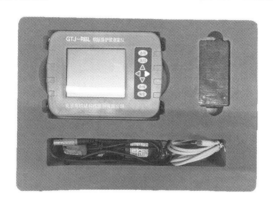

图 6.7　钢筋保护层测定仪

6.2.2.5　混凝土中钢筋的检测

钢筋混凝土结构中的钢筋埋在混凝土中,不容易直接检查。检测钢筋锈蚀的方法有破样直接检查法和电化学评定法,国外还应用红外技术和电磁测定仪技术等。电化学评定法主要分为半电池电位法和混凝土电阻率法。半电池电位法是通过在混凝土表面测量钢筋的半电池电位即可定性判断混凝土中钢筋的锈蚀状况,"铜＋硫酸铜饱和溶液"半电池,与"钢筋＋混凝土"半电池构成一个全电池系统。在全电位系统中,由于"铜＋硫酸铜饱和溶液"的电位值相对恒定,而混凝土中的钢筋因锈蚀产生的电化学反应会引起全电池电位的变化,根据混凝土中钢筋表面各点的电位评定钢筋发生锈蚀的概率。混凝土电阻率法是通过测量混凝土的电阻率来定性判断混凝土中钢筋的锈蚀状况,混凝土的电阻率越大,钢筋越不易锈蚀,发生钢筋锈蚀的概率越低。图 6.8 为钢筋锈蚀测试仪。

6.2.2.6　其他检测

除上述项目之外,对于民国钢筋混凝土建筑中的内框架结构体系,其外墙为砖墙承重结构,应对砖砌体的力学性能(包括砖抗压强度、砂浆抗压强度等)进行测试。此外,对于一些特殊建筑,还应该对钢筋的力学性能(包括强度、弹性模量、钢材的冷弯等)和化学成分,以及水泥的安定性进行检测,相关测试仪器如图 6.9～图 6.12 所示。

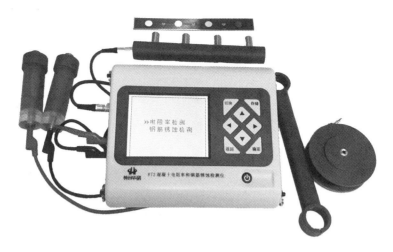

图 6.8　钢筋锈蚀测试仪

图 6.9　砂浆回弹仪　　　图 6.10　水准仪　　　图 6.11　经纬仪　　　图 6.12　原位压力机

6.3　民国钢筋混凝土建筑的结构鉴定内容和分类

民国钢筋混凝土建筑的结构鉴定主要分为结构可靠性鉴定和结构抗震鉴定。我国现行的《民用建筑可靠性鉴定标准》(GB 50292—2015)[7]和《工业建筑可靠性鉴定标准》(GB 50144—2019)[8]都指明既有建筑在改造前,要专门进行结构可靠性鉴定。地震区的建筑物还应遵守国家现行有关抗震鉴定标准的要求和规定,结构可靠性鉴定与抗震鉴定结合进行,鉴定后的处理方案也应与抗震加固方案同时提出。

我国现行的鉴定标准有两套系统:①《民用建筑可靠性鉴定标准》(GB 50292—2015)[7]和《工业建筑可靠性鉴定标准》(GB 50144—2019)[8];②《建筑抗震鉴定标准》(GB 50023—2009)[9]和《构筑物抗震鉴定标准》(GB 50117—2014)[10]。我国绝大部分区域都属于地震区,在地震区既有建筑的可靠性鉴定,应与抗震鉴定结合进行。

6.3.1　结构可靠性鉴定

按照结构功能的两种极限状态,结构可靠性鉴定可以分为两种鉴定内容,即安全性鉴定(或称承载力鉴定)和使用性鉴定(或称正常使用鉴定)。根据不同的鉴定目的和要求,安全性鉴定与使用性鉴定可分别进行,或选择其一进行,或合并成为可靠性鉴定。

已有建筑物的可靠性鉴定方法,正在从传统经验法和实用鉴定法,向可靠度鉴定法过渡;目前采用的仍然是传统经验法和实用鉴定法。

（1）传统经验法

传统经验法的特点,是在不具备检测仪器设备的条件下,对建筑结构的材料强度及其损伤情况,按目测调查,或结合设计资料和建筑年代的普遍水平,凭经验进行评估取值,然后按相关设计规范进行验算;主要从承载力、结构布置及构造措施等方面,通过比较分析,对建筑物的可靠性做出评定。这种方法快速、简便、经济,适合于对构造简单的建筑的普查和定期检查。由于未采用现代测试手段,鉴定人员的主观随意性较大,鉴定质量由鉴定人员的专业素质和经验水平决定,鉴定结论容易出现争议。

（2）实用鉴定法

实用鉴定法的特点,是运用现代检测技术手段,对结构材料的强度、老化、裂缝、变形、锈蚀等通过实测确定。民国钢筋混凝土结构构件的承载力验算和变形验算,需考虑民国钢筋混凝土建筑与现代钢筋混凝土建筑明显不同的混凝土材料性能、钢筋材料性能、钢筋-混凝土黏结滑移性能、构造做法、结构设计方法等因素。实用鉴定法将鉴定对象从构件到鉴定单元划分成三个层次,每个层次划分为三至四个等级。评定顺序是从构件开始,通过调查、检测、验算确定等级,然后按该层次的等级构成评定上一层次的等级,最后评定鉴定单元的可靠性等级。

（3）可靠度鉴定法

实用鉴定法虽然较传统经验法有较大的突破,评价的结论比传统经验法更接近实际,但是已有建筑物的作用力、结构抗力等影响建筑物的诸因素,实际上都是随机变量甚至是随机过程,采用现有规程进行应力计算、结构分析均属于定值法的范围,用定值法的固定值来估计已有建筑物的随机变量的不定性的影响,显然是不合理的。近年来,随着概率论和数理统计的应用,采用非定值理论的研究已经有所进展,对已有建筑物可靠性的评价和鉴定已形成一种新的方法——可靠度鉴定法。

民用建筑可靠性鉴定,应按图6.13规定的程序进行,工业厂房应按图6.14规定的程序进行可靠性鉴定评级。

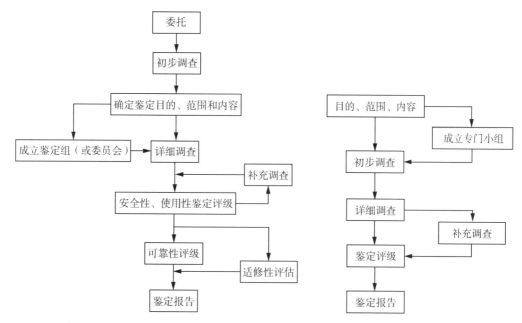

图6.13　民用建筑可靠性鉴定程序　　　图6.14　工业厂房可靠性鉴定程序

6.3.2 结构抗震鉴定

地震严重影响人们的生活和生产,给人类带来重大损失。人类的建筑史就是不断地与包括地震等灾害进行抗争,使人类的居住环境变得更加安全、舒适的一个过程。建筑物的抗震就是实现安全目标的重要措施和手段,但总有一些建筑因种种原因在进行设计、施工时未采取抗震措施,而民国钢筋混凝土建筑由于早期的设计理论方法、施工工艺水平和材料性能限制等因素,抗震措施非常缺乏,这就需要对这些建筑物进行抗震鉴定与加固。

抗震鉴定的目标为:经鉴定符合标准要求的建筑,在遭遇到相当于抗震设防烈度的地震影响时,一般不致倒塌伤人或砸坏重要生产设备,经修缮后仍可继续使用。需要注意的是,该要求比抗震设计规范的目标偏低。抗震设计规范的目标为:当遭受低于本地区抗震设防烈度的多遇地震影响时,一般不受损坏或无须维修可继续使用;当遭受相当于本地区抗震设防烈度的地震影响时,可能损坏,经一般维修或无须维修仍可继续使用;当遭受高于本地区抗震设防烈度的罕遇地震影响时,不致倒塌或发生危及生命的严重破坏。抗震鉴定的范围为:抗震设防烈度为6~9度地区的现有建筑。

抗震鉴定方法可分为两级,这是筛选法的具体应用,分述如下:

第一级鉴定以宏观控制和构造鉴定为主进行综合评价。第一级鉴定的内容较少,方法简便,容易掌握又确保安全,当符合第一级鉴定的各项要求时,建筑可评为满足抗震鉴定。当有些项目不符合第一级鉴定要求,可在第二级鉴定中进一步判断。

第二级鉴定以抗震验算为主结合构造影响进行综合评价,它是在第一级鉴定的基础上进行的。当结构的承载力较高时,可适当放宽某些构造要求;或者,当抗震构造良好时,承载力的要求可酌情降低。

这种鉴定方法,将抗震构造要求和抗震承载力验算要求更紧密地联合在一起,具体体现了结构抗震能力是承载能力和变形能力两个因素有机结合在一起。两级鉴定的方法是利用先简后繁、先易后难的办法来解决建筑物中繁杂的抗震问题。民国钢筋混凝土建筑在早期设计时,是将其拆分为梁、柱、板、基础、楼梯等构件,按照容许应力法进行计算和设计截面尺寸和配筋的,未考虑整体的抗震承载能力和抗震构造措施,因此,民国钢筋混凝土建筑的抗震性能评估非常值得研究。

6.4 案例研究

6.4.1 案例1 中央无线电器材有限公司旧址结构可靠性鉴定

中央无线电器材有限公司旧址位于南京市中山东路301号,于1946年由著名建筑师童寯主持设计,其前身是民国时期的中央无线电器材有限公司办公楼。该建筑现为中国电子工业集团下属南京熊猫集团4号办公楼。2012年3月,中央无线电器材有限公司旧址被南京市人民政府列为南京市文物保护单位。

该建筑坐北朝南,长约71.2 m,宽约33.7 m,建筑面积约5 796 m²。主体结构为三层(局部四层),局部地下一层,系钢筋混凝土框架结构,楼面为现浇钢筋混凝土楼面,屋面为现浇混凝土屋面加三角钢木豪式屋架形式。底层、二层和三层,每层层高为3.66 m。建筑物东西侧和中间各有一个钢筋混凝土楼梯。南京熊猫集团4号办公楼历史建筑是南京民国建筑的优秀代表,具有很高的建筑艺术价值,其平面布局、立面比例造型、施工工艺、细部装饰处理使之时刻呈现出雄浑细致的建筑美感,对于当代民国建筑的研究具有重要的研究价值。图 6.15 和图 6.16 分别为该建筑的俯视图和北立面图。

图 6.15　南京熊猫集团 4 号办公楼的俯视图

图 6.16　南京熊猫集团 4 号办公楼的北立面图

中央无线电器材有限公司旧址使用至今已超过 70 年,超出现行国家设计规范的合理使用年限。其间虽经过多次修缮,但原始设计资料不全,修缮资料也不完整。南京熊猫集团计划对该建筑进行加固修缮。为了解该建筑的安全现状、提供加固修缮的技术依据,对该建筑进行可靠性评价。

6.4.1.1　鉴定的主要工作内容

依据相关规范标准,对中央无线电器材有限公司旧址进行了现场初步查看,根据建筑现状以及修缮的要求,进行了检测、鉴定工作,主要内容如下:

(1) 现场测绘

因原始设计图纸资料与实际情况有偏差,需要进行现场量测补充和校核。测绘内容包括结构布置(轴线、标高)、结构形式、截面尺寸、支承与连接构造、结构材料等。该项工作的成果是得到完整的结构布置图,为下面各项工作提供基础。

(2) 结构普查

结构现状的一般调查包括结构上的作用,建筑物内外环境的调查;对各种构件(混凝土梁、板、柱、砖墙)的外观结构缺陷进行逐个检查。此项工作为评定结构构件的安全性等级提供依据。

(3) 结构检测

为了对结构进行复核计算,需了解混凝土强度和混凝土构件配筋情况。此项工作为结构分析计算提供结构材料性能的技术指标。

(4) 结构分析

根据调查、检测得到的技术参数,对该建筑的主要结构构件进行承载力计算,为结构安全等级评估提供科学依据。

(5) 结构安全性与可靠性鉴定

根据现场测绘、勘察、测试得到的结构信息,结合计算分析结果,参照国家标准《民用建筑可靠性鉴定标准》(GB 50292)及相关研究结果对结构的可靠现状做出评价;并对加固维修方案提出建议。

(6) 鉴定所依据的主要技术规范

①《民用建筑可靠性鉴定标准》(GB 50292),

②《建筑抗震鉴定标准》(GB 50023),

③《建筑结构荷载规范》(GB 50009),

④《砌体结构设计规范》(GB 50003),

⑤《混凝土结构设计规范》(GB 50010),

⑥《建筑地基基础设计规范》(GB 50007),

⑦《建筑抗震设计规范》(GB 50011)。

6.4.1.2 结构一般情况调查

(1) 地基与基础

据调研,该建筑在1953年加建过一层,一年后对地下室加固过一次,就现场观测判断,该建筑使用至今未发现明显不均匀沉降的迹象,房屋基本无倾斜,上部结构也未发现地基不均匀沉降引起的裂缝等现象。故对该场地未做地质勘查。

(2) 主体结构

① 混凝土柱

该建筑为典型的钢筋混凝土框架结构,共三层。柱截面尺寸从下至上依次减小。

对主要混凝土柱的配筋情况进行了抽样检测。一层抽取3根柱,其中位置1×B处柱(410 mm×410 mm)所配箍筋为Φ8@151,每边纵筋为2根边长为26 mm的方钢,保护层厚度为42 mm,碳化深度为62 mm,纵筋和箍筋已明显锈蚀;位置(1/9)×(G)处柱(250 mm×610 mm)所配箍筋为Φ6@161,加密区长450 mm,每边纵筋为3根边长为26 mm的方钢,保护层厚度为57 mm,碳化深度为19.5 mm,纵筋和箍筋轻微锈蚀;位置(21)×(K)处柱(410 mm×410 mm)所配箍筋为Φ6@159,每边纵筋为3根边长为22 mm的方钢,保护层厚度为45 mm,碳化深度为42 mm,纵筋和箍筋轻微锈蚀;二层抽取3根柱,其中位置(2)×(K)处柱(410 mm×410 mm)所配箍筋为Φ6@155,每边纵筋为2根边长为26 mm的方钢,保护层厚度为33 mm,碳化深度为35 mm,纵筋和箍筋已明显锈蚀;其中位置(14)×(A)处柱(250 mm×990 mm)所配箍筋为Φ6@155,每边纵筋为2根边长为26 mm的方钢,保护层厚度为49 mm,碳化深度为43 mm,纵筋和箍筋轻微锈蚀;其中位置(12)×(1/K)处柱(310 mm×310 mm)所配箍筋为Φ6@163,加密区长度为735 mm,每边纵筋为2根边长为16 mm的方钢,保护层厚度为27 mm,碳化深度为28.5 mm,纵筋和箍筋已明显锈蚀;三层抽取3根柱,其中位置(21)×(K)处柱(300 mm×300 mm)所配箍筋为Φ6@110,每边纵筋为2根边长为16 mm的方钢,保护层厚度为56 mm,碳化深度为56.5 mm,纵筋和箍筋已明显锈蚀;位置(1/3)×(C)处柱(300 mm×300 mm)所配箍筋为Φ6@159,每边纵筋为2根边长为16 mm的方钢,保护层厚度为42 mm,碳化深度为24.5 mm,纵筋和箍筋轻微锈蚀;位置(19)×(C)处柱(250 mm×250 mm)所配箍筋为Φ6@154,每边纵筋为2根边长为22 mm的方钢,保护层厚度为34 mm,碳化深度为54.5 mm,纵筋和箍筋已严重锈蚀。与原始图纸比较发现,柱尺寸及配筋情况基本与图纸相符合。

根据现场检测,混凝土柱外观较完整,但多数柱的碳化深度接近或超过保护层厚度,内部钢筋已开始锈蚀,且部分柱已出现混凝土胀裂,如图6.17所示。

② 混凝土梁

该建筑为钢筋混凝土框架结构,二层楼面含有次梁,三层楼面则不含次梁,屋面则只有边梁。

对主要混凝土梁的配筋情况进行了现场检测。对二层楼面和局部四层楼面各取两根梁。二层楼面位置(1/9—1/14)×(G)处二层楼面主梁(300 mm×860 mm)所配箍筋为Φ8@161,底部双排纵筋(测得第一排为3根边长为26 mm的方钢),保护层厚度为31 mm,碳化深度为26 mm,纵筋和箍筋轻微锈蚀;位置(1/9—1/14)×(1/G)处二层楼面主梁(300 mm×

(a) 柱内部钢筋锈蚀　　　　　　　　　　　　(b) 柱身角部胀裂

图 6.17　钢筋混凝土柱的残损病害

860 mm)所配箍筋为 Φ8@181,底部双排纵筋(测得第一排为 3 根边长为 26 mm 的方钢),
保护层厚度为 27.6 mm,碳化深度为 27 mm,纵筋和箍筋轻微锈蚀;三层梁位置(9)×(K-
L)处梁(250 mm×560 mm)所配箍筋为 Φ8@308,底部双排纵筋(测得第一排为 3 根边长为
26 mm 的方钢,第二排为 2 根边长 22 mm 的方钢),保护层厚度为 18.3 mm,碳化深度为
32 mm,纵筋和箍筋明显锈蚀;位置(7-9)×(K)处梁(250 mm×560 mm)所配箍筋为 Φ8@
182,只测得底部纵筋为边长 16 mm 的方钢,保护层厚度为 52 mm,碳化深度为 76 mm,纵筋
和箍筋明显锈蚀。

根据现场检测,混凝土梁外观较完整,多数梁的碳化深度接近或超过保护层厚度,部分
梁内部钢筋出现明显锈蚀现象,如图 6.18 所示。

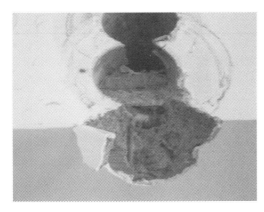

(a) 梁内部钢筋锈蚀　　　　　　　　　　　　(b) 梁碳化深度过大

图 6.18　钢筋混凝土梁的残损病害

③ 现浇混凝土楼板

该建筑的楼、屋面为钢筋混凝土现浇楼板,其中一层局部、二层大部分楼面采取密肋楼
盖形式,板厚 100 mm。

根据现场查看,混凝土板外观较完整,但部分板已出现渗水霉变或露筋的现象,如图
6.19 所示。

④ 屋架

该建筑屋面为机平瓦四坡顶,屋架为三角形钢木豪式屋架,上弦杆、下弦杆及斜腹杆均

（a）楼板渗水霉变　　　　　　　　　　　　　　（b）楼板露筋

图 6.19　钢筋混凝土板的残损病害

为木杆件,竖腹杆为圆钢筋。

由于测量场地受限,仅对屋架的跨度和矢高进行量测,与图纸设计尺寸完全吻合,故初步认为三角形钢木屋架具体尺寸与原始设计图纸一样。屋架损伤情况未能观测到。

6.4.1.3　结构材料抽样试验

根据初步调查得到的结构基本情况和组成特点,对混凝土和砖进行了材料性能试验。

（1）混凝土强度

混凝土材料性能检测采用了钻孔取芯法,共抽取了 9 根柱和 4 根梁,其中一层、二层、三层柱各 3 根,二层、三层梁各 2 根,每根柱和梁各取 2 个芯样,共 26 个试样,测得一层混凝土抗压强度最小值为 9.0 MPa,二层混凝土抗压强度最小值为 12.2 MPa,三层混凝土抗压强度最小值为 9.5 MPa。

（2）砌体强度

砖的抗压强度检测采用回弹法,现场抽取 2 片墙体,其中一层、二层墙体各 1 片,参照《回弹仪评定烧结普通砖强度等级的方法》(JC/T 796—2013),初步判定砖的强度等级能达到 MU15。

6.4.1.4　主体结构承载力复核

（1）结构参数

结构验算时,结构布置、构件几何尺寸、构件自重等按测绘结果取。屋面活荷载按南京市基本雪压取 $s_0 = 0.65$ kN/m^2,楼面活荷载标准值取 $q_K = 2.0$ kN/m^2,基本风压取 $w_0 = 0.40$ kN/m^2,考虑 7 度抗震设防。材料强度根据检测结果并参考本书的研究结果,混凝土抗压强度设计值为 6.06 MPa。纵筋和箍筋的屈服强度设计值参考本书的研究结果,分别按 208.69 MPa 和 251.65 MPa 考虑。

（2）混凝土构件验算结果

计算结果表明,部分混凝土梁、柱及板的实际承载力不能满足理论计算要求。表 6.1 为部分现场检测的梁、柱配筋实际值与计算值的比对。

6.4.1.5　结构安全性现状评价

该建筑仅包含一个鉴定单元,划分为地基基础、上部承重结构和围护系统的承重部分等三个子单元。根据本次鉴定的目的,围护系统的可靠性不做评定,而将围护系统的承重部分并入上部承重结构。

表 6.1　部分现场检测的梁、柱配筋实际值与计算值的比对

构件编号	配筋实测值		计算值	
	纵筋	箍筋	纵筋	箍筋
一层柱 1×B/410 mm×410 mm	4 根 26/ 2 122 mm²	Φ8@151/ 662 mm²/m	3 240 mm²	600 mm²/m
一层柱 1/9×G /250 mm×610 mm	8 根 26/ 4 245 mm²	Φ6@161/ 354 mm²/m	3 600 mm²	700 mm²/m
一层柱 21×K /410 mm×410 mm	8 根 22/ 3 041 mm²	Φ6@159/ 358 mm²/m	5 040 mm²	1 000 mm²/m
二层柱 2×K /410 mm×410 mm	4 根 26/ 2 122 mm²	Φ6@155/ 367 mm²/m	2 480 mm²	500 mm²/m
二层柱 14×A /250 mm×990 mm	4 根 26/ 2122 mm²	Φ6@155/ 367 mm²/m	3 000 mm²	900 mm²/m
二层柱 12×1/K /310 mm×310 mm	4 根 16/ 804 mm²	Φ6@163/ 349 mm²/m	2360 mm²	300 mm²/m
三层柱 1/3×C /300 mm×300 mm	4 根 16/ 804 mm²	Φ6@159/ 358 mm²/m	1 960 mm²	350 mm²/m
三层柱 19×C |/250 mm×250 mm	4 根 16/ 804 mm²	Φ6@154/ 370 mm²/m	1 760 mm²	250 mm²/m
三层柱 21×K /300 mm×300 mm	4 根 22/ 1 521 mm²	Φ6@110/ 518 mm²/m	2 360 mm²	400 mm²/m
二层梁 1/9−1/14×G /300 mm×860 mm	5 根 26/ 2 653 mm²	Φ8@161/ 631 mm²/m	3 700 mm²	200 mm²/m
二层梁 1/9−1/14×1/G /300 mm×860 mm	5 根 26/ 2 653 mm²	Φ8@181/ 558 mm²/m	2 900 mm²	200 mm²/m
三层梁 7−9×K /250 mm×560 mm	3 根 26/ 1 592 mm²	Φ8@182/ 554 mm²/m	2 100 mm²	150 mm²/m
三层梁 9×K−L /250 mm×560 mm	2 根 16/ 402 mm²	Φ8@308/ 327 mm²/m	600 mm²	150 mm²/m

（1）地基基础

地基基础子单元的安全性鉴定包括地基、桩基和斜坡三个检查项目，以及基础和桩两种主要构件。

该建筑场地平整，无斜坡。故只需评定地基和基础。根据现场观测，房屋使用至今未发现明显沉降裂缝、变形或位移等不均匀沉降迹象，表明地基是稳定的，地基的安全性等级可评为 A_u 级；基础的安全性等级可评为 B_u 级。地基基础子单元的安全性等级按地基、基础其中的最低一级确定，评为 B_u 级。

（2）上部承重结构

上部承重结构的安全性鉴定等级根据各种构件的安全性等级、结构的整体性等级以及结构侧向位移等级进行评定。其中各种构件的安全性等级根据单个构件的安全性等级及所占比例，分主要构件和一般构件进行评定。

① 各种构件的安全性等级

本工程的结构构件包括钢筋混凝土构件（混凝土梁、板、柱）、屋架和砖墙。其中混凝土梁、板、柱、屋架为主要构件。

a. 混凝土梁

混凝土梁的安全性鉴定，应按承载能力、构造以及不适于继续承载的位移（或变形）和裂缝等四个检查项目，分别评定每一受检构件的等级，并取其中最低一级作为该构件安全性等级。

经验算大部分混凝土梁的抗力与作用效应之比小于 0.9，故承载能力项目的安全性等级定为 d_u 级。混凝土梁构造项目的安全性等级定为 b_u 级。根据现场观察，混凝土梁没有明显的挠度，不适合继续承载的位移或变形项目安全性等级可以定为 b_u 级。未见明显受力裂缝及不适合继续承载的裂缝，故裂缝项目的安全性等级可定为 b_u 级。

混凝土梁属主要构件，每一楼层评为 d_u 级的构件数量均超过 5%，混凝土梁构件的安全性等级评为 D_u 级。

b. 混凝土板

混凝土板的安全性鉴定，应按承载能力、构造以及不适于继续承载的位移（或变形）和裂缝等四个检查项目，分别评定每一受检构件的等级，并取其中最低一级作为该构件安全性等级。

经验算大部分混凝土板的抗力与作用效应之比小于 0.9，故承载能力项目的安全性等级定为 d_u 级。混凝土板构造项目的安全性等级定为 b_u 级。根据现场观察，混凝土板没有明显的挠度，不适合继续承载的位移或变形项目安全性等级可以定为 b_u 级。局部混凝土楼面板因为主筋锈蚀而导致混凝土保护层严重脱落，局部屋面板已出现渗水的现象，故裂缝项目的安全性等级可定为 d_u 级。

混凝土板属主要构件，每一楼层评为 d_u 级的构件数量均超过 5%，混凝土板构件的安全性等级评为 D_u 级。

c. 混凝土柱

混凝土柱的安全性鉴定，应按承载能力、构造以及不适于继续承载的位移（或变形）和裂缝等四个检查项目，分别评定每一受检构件的等级，并取其中最低一级作为该构件安全性等级。

经验算大部分混凝土柱的抗力与作用效应之比小于 0.9，故承载能力项目的安全性等级定为 d_u 级。混凝土柱构造项目的安全性等级定为 b_u 级。根据现场观察，混凝土柱没有明显的变形，不适合继续承载的位移或变形项目安全性等级可以定为 b_u 级。个别柱出现明显受力裂缝及不适合继续承载的裂缝，故裂缝项目的安全性等级可定为 c_u 级。

混凝土柱属主要构件，每一楼层评为 d_u 级的构件数量均超过了 5%，混凝土柱构件的安全性等级评为 D_u 级。

d. 钢木豪式屋架

屋架的安全性鉴定，按承载能力、构造以及不适于继续承载的位移和裂缝以及危险性的腐朽和虫蛀等六个检查项目，分别评定每一受检构件等级，并取其中最低一级作为该构件的安全性等级。

通过计算分析，屋架部分杆件的抗力与作用效应之比大于 1.0，故其承载力项目的安全性等级可以定为 b_u 级。

屋架连接方式基本正确，构造基本合理，故构造项目的安全性等级可定为 b_u 级。

根据现场观测,屋架没有明显挠度,故不适于继续承载的位移项目的安全性等级为 b_u 级。

根据现场观测,屋架没有明显裂缝,故不适于继续承载的裂缝项目的安全性等级暂定为 b_u 级。屋架也没有明显腐朽,故危险性腐朽项目的安全性等级暂定为 b_u 级。屋架没有明显虫蛀现象,故危险性虫蛀项目的安全性等级暂定为 b_u 级。

综合 6 个项目,屋架的安全性等级评为 B_u 级。

② 结构的整体性等级

结构的整体性等级按结构布置、支撑系统、圈梁构造和结构间联系四个检查项目确定。若四个检查项目均不低于 B_u 级,可按占多数的等级确定;若仅一个检查项目低于 B_u 级,根据实际情况定为 B_u 级或 C_u 级;若不止一个检查项目低于 B_u 级,根据实际情况定为 C_u 级或 D_u 级。

该建筑的结构布置中存在结构错层及受力不利的短柱,故结构布置项目评定为 C_u 级。

该建筑为钢筋混凝土框架结构,故支撑系统的构造项目等级评为 B_u 级。

该建筑每层均有混凝土框架梁,故圈梁构造项目的等级评为 A_u 级。

结构间的联系设计基本合理,连接方式基本正确,结构间的联系项目评为 B_u 级。

结构的整体性等级评为 C_u 级。

③ 结构侧向位移等级

根据现场观测,该建筑最大倾斜率为 1.5‰(向西),小于限值,结构不适于继续承载的侧向位移等级评为 B_u 级。

④ 上部承重结构的安全性等级

一般情况下,上部承重结构的安全性等级按各种主要构件和结构侧向位移中最低一级作为评定等级。根据上述分项评定结果,上部承重结构的安全性等级为 D_u 级。

(3)鉴定单元安全性等级

根据地基基础和上部承重结构的评定结果,鉴定单元的安全性等级为 D_{su} 级。

6.4.1.6 结构抗震性评价

(1)地基和基础

根据《建筑抗震鉴定标准》(GB 50023—2009)第 4.2.2 条,本建筑可不进行地基基础的抗震鉴定。

(2)上部结构

① 抗震措施(表 6.2)

表 6.2　抗震措施检查

检查项目		实际情况	鉴定结果
最大高度及层数		最大高度为 11.89 m,主体 3 层	满足第 6.1.1 条要求
外观和内在质量		填充墙有多处开裂及渗水现象	不满足第 6.1.3 条要求
结构体系	承重方案	双向框架承重	满足第 6.2.1 条第 1 款要求
	结构布置	非单跨框架结构	满足第 6.2.1 条第 2 款要求
梁柱混凝土强度等级		一层混凝土抗压强度最小值为 9.0 MPa,二层混凝土抗压强度最小值为 12.2 MPa,三层混凝土抗压强度最小值为 9.5 MPa	不满足第 6.2.2 条要求

续表

检查项目		实际情况	鉴定结果
构件配筋	配筋量	箍筋最大间距为 308 mm,最小直径为 6 mm	不满足第 6.2.4 条第 2 款要求
	梁端加密区	多数梁无加密区	不满足第 6.2.4 条第 1 款要求
	柱端加密区	多数柱无加密区	不满足第 6.2.4 条第 2 款要求
	短柱	短柱处箍筋直径为 6 mm	不满足第 6.2.4 条第 3 款要求
	柱截面尺寸	存在宽度为 250 mm 的角柱	不满足第 6.2.4 条第 5 款要求
填充墙连接构造	填充墙连接	无拉结筋	不满足第 6.2.7 条第 2 款要求

② 抗震承载力验算

通过计算分析,结果表明:大部分混凝土构件的配筋验算结果不满足要求。

(3) 综合抗震能力评定

综合考虑抗震承载力验算结果和上述抗震构造措施的不足项,该建筑不能满足后续使用年限为 30 年(A 类房屋)的抗震鉴定要求。

6.4.1.7　鉴定结论及加固意见

(1) 鉴定结论

① 该房屋的安全性等级为 D_{su} 级,严重影响整体承载,必须立即采取加固措施。

② 该建筑不满足后续使用年限为 30 年(A 类房屋)的抗震鉴定要求。

③ 与现行国家相关标准和要求相比,该建筑结构目前存在的主要问题是:

a. 由于建造年代久远,柱、梁、板等混凝土构件老化问题严重,部分构件已经出现严重的钢筋锈蚀甚至胀裂等现象,耐久性遭受严重损伤;

b. 由于原设计和建造标准偏低,主体结构材料实际强度普遍偏低,其混凝土强度低于现行标准的最低要求;

c. 大部分混凝土构件承载力已经不满足要求。

(2) 加固维修建议

结合上述鉴定结果和结构特点,同时考虑该建筑系民国历史建筑,建议结合此次建筑修缮,重点对混凝土构件的耐久性进行全面维护,延长耐久年限;对承载力不足和钢筋严重锈蚀的构件进行加固修缮,以满足安全性的要求,故提出以下加固修缮措施,供参考:

① 对于混凝土梁、柱,可先剔除混凝土碳化层和钢筋锈蚀部分,再采用加大截面法或其他方法进行耐久性修复和结构补强;

② 对于混凝土楼、屋面板,可在板下部采用新增叠合板的方法或其他方法进行耐久性修复和结构补强;

③ 对于梁柱节点进行构造加固,以提高其抗震整体性能;

④ 对各层外墙墙体内侧采用钢筋网聚合物砂浆抹面或其他方法进行整体性和防渗加固;

⑤ 对内侧填充墙可采用钢筋网聚合物砂浆抹面或其他方法进行整体性加固。

6.4.2　案例 2　南京首都大戏院旧址结构可靠性鉴定

南京首都大戏院旧址位于南京市夫子庙贡院街 84 号,于 1927 年(民国十六年)开始建造,

1931年(民国二十年)2月建成开业。该建筑在民国时期属建造时间最长,投资最大的豪华型戏院。首都大戏院旧址总建筑面积约 2 270 m²,共有 1 400 个左右的座位。1931 年隆重开业之时,在当时的《中央日报》上刊发广告:"东方最富丽的天国,首都最堂皇的剧场",1937 年底日本侵略者入侵南京后,归属日本人组建"中华电影公司",成为该公司直营影院,改名为中华戏院。1945 年被原国民政府收回,恢复原名。2005 年左右停业,其放映大厅楼下部分出租给夫子庙商业街经营。楼上部分保留为南京市电影剧场有限公司老电影拷贝库和内部放映厅。

首都大戏院旧址门厅南北朝向,长约 26.6 m,宽约 12.7 m,建筑面积约 570 m²(图6.20)。主体结构为三层,系钢筋混凝土框架结构,除二层和三层南北两侧耳房楼面为木楼面外,其余楼屋面均为现浇钢筋混凝土。底层层高 5.24 m,二层层高 3.00 m,三层层高3.80 m。影院门厅内的栏杆、天花以及外墙装饰,具有浓郁的时代特色,为南京民国优秀建筑之一,对于民国影院建筑的研究具有重要的研究价值。

(a)　　　　　　　　　　　　　　　　　(b)

图 6.20　南京首都大戏院旧址外观

首都大戏院旧址门厅使用至今已近 90 年,远超出现行国家设计规范的合理使用年限,已出现较为严重和明显的老化现象,存在结构安全隐患。南京夫子庙文化旅游集团有限公司计划对该建筑进行加固修缮改造。为了解该建筑的安全现状、提供加固修缮改造的技术依据,对该建筑进行结构安全现状评价。

6.4.2.1　鉴定的主要工作内容

依据相关规范标准,对首都大戏院旧址门厅进行了现场初步查看,根据建筑现状以及改造的要求,进行了检测、鉴定工作,主要内容如下:

(1)现场测绘

测绘内容包括结构布置(轴线、标高)、结构形式、截面尺寸、支承与连接构造、结构材料等。该项工作的成果是得到较为完整的结构布置图,为下面各项工作提供基础。

(2)结构普查

对结构的现状进行一般调查,包括结构上的作用,建筑物内外环境的调查;对各种构件(混凝土梁、板、柱、砖墙)的外观结构缺陷进行逐个检查。此项工作为评定结构构件的安全现状提供依据。

(3)结构检测

为了对结构进行复核计算,需了解混凝土强度和混凝土构件配筋情况。此项工作为结构分析计算提供结构材料性能的技术指标。

（4）结构分析

根据调查、检测得到的技术参数,对该建筑的主要结构构件进行承载力计算,为结构安全现状评价提供科学依据。

（5）结构安全性与可靠性鉴定

根据现场测绘、勘察、测试得到的结构信息,结合计算分析结果,参照国家标准《民用建筑可靠性鉴定标准》(GB 50292)及相关研究结果对结构的可靠现状做出评价;并对加固维修方案提出建议。

（6）鉴定所依据的主要技术规范

①《民用建筑可靠性鉴定标准》(GB 50292),

②《建筑抗震鉴定标准》(GB 50023),

③《建筑结构荷载规范》(GB 50009),

④《砌体结构设计规范》(GB 50003),

⑤《混凝土结构设计规范》(GB 50010),

⑥《建筑地基基础设计规范》(GB 50007),

⑦《建筑抗震设计规范》(GB 50011)。

6.4.2.2　结构一般情况调查

（1）地基与基础

该建筑使用至今未发现明显不均匀沉降的迹象,房屋基本无倾斜,上部结构也未发现地基不均匀沉降引起的裂缝等现象。据了解,门厅修缮后使用荷载基本不会增加,故对该场地未做地质勘查。

（2）主体结构

① 混凝土柱

门厅主体为钢筋混凝土框架结构,框架柱基本为钢筋混凝土矩形柱。

对部分混凝土柱的配筋情况及碳化程度进行了现场检测。一层柱(1/2)/(C)轴线柱箍筋为 Φ6@114/163,纵筋为 8 根边长为 20 mm 的方钢,碳化深度为 120 mm,远远大于钢筋保护层厚度,纵筋和箍筋已见明显锈蚀;二层柱(3)/(B)轴线柱箍筋为 Φ6@198,纵筋为 8 根边长为 16 mm 的方钢,碳化深度为 45 mm,大于钢筋保护层厚度,纵筋和箍筋已见锈蚀;三层柱(1/2)/(C)轴线柱箍筋为 Φ6@115/175,纵筋为 4 根边长为 14 mm 的方钢,碳化深度为 27 mm,大于钢筋保护层厚度,纵筋和箍筋已见锈蚀;根据现场查看,混凝土柱整体外观较完整,但多根柱已见明显损伤现象,如混凝土剥落、开裂或露筋,如图 6.21 所示。

② 混凝土梁

门厅主体为钢筋混凝土框架结构,楼、屋面基本为钢筋混凝土主次梁承重体系。

对部分混凝土梁的配筋情况及碳化程度进行了现场检测。三层(5)/(A-C)梁所配箍筋为 Φ6@168,底部纵筋为 5 根边长为 20 mm 的方钢,碳化深度为 48 mm,大于钢筋保护层厚度,纵筋和箍筋已明显锈蚀。

根据现场查看,混凝土梁整体外观虽较完整,但多根梁已见明显损伤现象,如混凝土剥落、开裂或露筋,如图 6.22 所示。

③ 混凝土楼、屋面板

该建筑的楼、屋面主要为钢筋混凝土现浇楼板,局部南北耳房二层和三层楼面为木楼面。楼面混凝土板与屋面混凝土板板厚约 150 mm。

根据现场查看,混凝土板外观虽较完整,但局部已出现开裂渗水或露筋的现象,如图 6.23 所示。

（a）角部钢筋露筋　　　　　　　　　（b）中部钢筋露筋

图 6.21　钢筋混凝土柱的残损病害

（a）角部钢筋露筋　　　　　　　　　（b）中部钢筋露筋

图 6.22　钢筋混凝土梁的残损病害

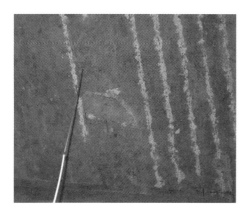

（a）楼板开裂渗水　　　　　　　　　（b）楼板露筋

图 6.23　钢筋混凝土板的残损病害

6.4.2.3 结构材料抽样试验

根据初步调查得到的结构基本情况和组成特点,对混凝土进行了材料性能试验。

混凝土材料性能检测采用了钻孔取芯法,共抽取了 3 根柱和 2 根梁,每根柱和梁各取 2 个芯样,共 10 个试样,测得混凝土抗压强度最小值为 10.8 MPa。

6.4.2.4 主体结构承载力复核

(1)结构参数

结构验算时,结构布置、构件几何尺寸、构件自重等按测绘结果取。屋面活荷载按南京市基本雪压取 $s_0 = 0.65$ kN/m²,楼面活荷载标准值取 $q_K = 3.5$ kN/m²,基本风压取 $w_0 = 0.40$ kN/m²,考虑 7 度抗震设防。材料强度根据检测结果并参考本书的研究结果,混凝土抗压强度设计值为 6.06 MPa。纵筋和箍筋的屈服强度设计值参考本书的研究结果,分别按 208.69 MPa 和 251.65 MPa 考虑。

(2)混凝土构件验算结果

混凝土柱和板的承载力基本能满足要求;部分混凝土梁的承载力不能满足要求。

6.4.2.5 结构安全性现状评价

该房屋仅包含一个鉴定单元,划分为地基基础、上部承重结构和围护系统的承重部分等三个子单元。根据本次鉴定的目的,围护系统的可靠性不做评定,而将围护系统的承重部分并入上部承重结构。

(1)地基基础

地基基础子单元的安全性鉴定包括地基、桩基和斜坡三个检查项目,以及基础和桩两种主要构件。

该建筑场地平整,无斜坡。故只需评定地基和基础。根据现场观测,门厅使用至今未发现明显沉降裂缝、变形或位移等不均匀沉降迹象,表明地基是稳定的,地基的安全性等级可评为 A_u 级;基础的安全性等级可评为 B_u 级。地基基础子单元的安全性等级按地基、基础其中的最低一级确定,评为 B_u 级。

(2)上部承重结构

上部承重结构的安全性鉴定等级根据各种构件的安全性等级、结构的整体性等级以及结构侧向位移等级进行评定。其中各种构件的安全性等级根据单个构件的安全性等级及所占比例,分主要构件和一般构件进行评定。

① 各种构件的安全性等级

本工程的结构构件包括钢筋混凝土构件(混凝土梁、板、柱)。混凝土梁、板、柱为主要构件。

a. 混凝土梁

混凝土梁的安全性鉴定,应按承载能力、构造以及不适于继续承载的位移(或变形)和裂缝等四个检查项目,分别评定每一受检构件的等级,并取其中最低一级作为该构件安全性等级。

混凝土梁承载能力项目的安全性等级定为 c_u 级。构造项目的安全性等级定为 b_u 级。根据现场观察,混凝土梁没有明显的挠度,不适合继续承载的位移或变形项目安全性等级可以定为 b_u 级。虽未见明显受力裂缝及不适合继续承载的裂缝,但部分混凝土梁已出现主筋锈蚀,故裂缝项目的安全性等级可定为 c_u 级。

混凝土梁属主要构件,混凝土梁构件的安全性等级评为 C_u 级。

b. 混凝土板

混凝土板的安全性鉴定,应按承载能力、构造以及不适于继续承载的位移(或变形)和裂缝等四个检查项目,分别评定每一受检构件的等级,并取其中最低一级作为该构件安全性等级。

混凝土板承载能力项目的安全性等级定为 b_u 级。混凝土板构造项目的安全性等级定为 b_u 级。根据现场观察,混凝土板没有明显的挠度,不适合继续承载的位移或变形项目安全性等级可以定为 b_u 级。局部混凝土板因为主筋锈蚀而导致混凝土保护层脱落或出现露筋现象,故裂缝项目的安全性等级可定为 c_u 级。

混凝土板属主要构件,混凝土板构件的安全性等级评为 C_u 级。

c. 混凝土柱

混凝土柱的安全性鉴定,应按承载能力、构造以及不适于继续承载的位移(或变形)和裂缝等四个检查项目,分别评定每一受检构件的等级,并取其中最低一级作为该构件安全性等级。

混凝土柱承载能力项目的安全性等级定为 b_u 级。混凝土柱构造项目的安全性等级定为 b_u 级。根据现场观察,混凝土柱没有明显的变形,不适合继续承载的位移和变形等级项目安全性等级可以定为 b_u 级。虽未见明显受力裂缝及不适合继续承载的裂缝,但部分混凝土柱已出现主筋锈蚀或露筋现象,裂缝项目的安全性等级可定为 c_u 级。

混凝土柱属主要构件,混凝土柱构件的安全性等级评为 C_u 级。

② 结构的整体性等级

结构的整体性等级按结构布置、支撑系统、圈梁构造和结构间联系四个检查项目确定。若四个检查项目均不低于 B_u 级,可按占多数的等级确定;若仅一个检查项目低于 B_u 级,根据实际情况定为 B_u 级或 C_u 级;若不止一个检查项目低于 B_u 级,根据实际情况定为 C_u 级或 D_u 级。

该建筑的结构布置基本满足规范要求,故结构布置项目评定为 B_u 级。

该建筑混凝土构件长细比及连接构造基本符合规范要求,整体结构能传递各种侧向荷载。故支撑系统的构造项目等级评为 B_u 级。

该建筑结构构件截面尺寸及配筋构造基本满足规范要求,故构造项目的等级评为 B_u 级。

结构间的联系设计基本合理,连接方式基本正确,结构间的联系项目评为 B_u 级。

结构的整体性等级评为 B_u 级。

③ 结构侧向位移等级

根据现场观测,门厅各观测点的最大倾斜率为 2.9‰(向东),在 4‰范围以内,因此结构不适于继续承载的侧向位移等级综合评为 B_u 级。

④ 上部承重结构的安全性等级

一般情况下,上部承重结构的安全性等级按各种主要构件和结构侧向位移中最低一级作为评定等级。根据上述分项评定结果,上部承重结构的安全性等级为 C_u 级。

(3) 鉴定单元安全性等级

根据地基基础和上部承重结构的评定结果,鉴定单元的安全性等级为 C_{su} 级。

6.4.2.6　结构抗震性评价

(1) 地基和基础

根据《建筑抗震鉴定标准》(GB 50023—2009)第4.2.2条,本建筑可不进行地基基础的抗震鉴定。

（2）上部结构

① 抗震措施（表 6.3）

表 6.3　抗震措施检查

检查项目		实际情况	鉴定结果
最大高度及层数		最大高度为 12.04 m,主体 3 层	满足第 6.1.1 条要求
外观和内在质量		多根梁、柱及其节点的混凝土存在不同程度的剥落和露筋情况；填充墙有开裂及渗水现象	不满足第 6.1.3 条要求
结构体系	承重方案	双向框架承重	满足第 6.2.1 条第 1 款要求
	结构布置	非单跨框架结构	满足第 6.2.1 条第 2 款要求
梁柱混凝土强度等级		混凝土抗压强度最小值为 10.8 MPa	不满足第 6.2.2 条要求
构件配筋	梁纵筋在柱内锚固长度	锚固长度 15d 左右	不满足第 6.2.3 条第 1 款要求
	配筋量	纵向钢筋总配筋率:0.9%;箍筋最大间距 198 mm,最小直径为 6 mm	满足第 6.2.4 条第 2 款要求
	梁端加密区	箍筋最大间距为 168 mm,直径为 6 mm	不满足第 6.2.4 条第 1 款要求
	柱端加密区	加密区箍筋最大间距为 114 mm,直径为 6 mm	满足第 6.2.4 条第 2 款要求
	短柱	短柱处箍筋直径为 6 mm	不满足第 6.2.4 条第 3 款要求
	柱截面尺寸	西北角柱宽度为 250 mm	不满足第 6.2.4 条第 5 款要求
填充墙连接构造	填充墙连接	无拉结筋	不满足第 6.2.7 条第 2 款要求

② 抗震承载力验算

对该建筑进行计算分析,结果表明:部分混凝土构件的配筋验算结果不满足要求。

（3）综合抗震能力评定

综合考虑抗震承载力验算结果和上述抗震构造措施的不足项,首都大戏院旧址门厅不能满足后续使用年限为 30 年（A 类房屋）的抗震鉴定要求。

6.4.2.7　鉴定结论及建议

（1）首都大戏院旧址门厅的安全性等级为 C_{su} 级,显著影响整体承载,应采取措施,且可能有少数构件必须立即采取措施。

（2）该建筑不满足后续使用年限为 30 年（A 类房屋）的抗震鉴定要求。

（3）与现行国家相关标准和要求相比,门厅结构目前存在的主要问题是:

① 由于建造年代久远,柱、梁、板等混凝土构件炭化严重,部分构件已经出现严重的钢筋锈蚀甚至胀裂等现象,耐久性遭受严重损伤;

② 由于原设计和建造标准偏低,门厅主体结构材料实际强度普遍偏低,其混凝土强度低于现行标准的最低要求;

③ 部分混凝土构件承载力已经不满足要求。

结合上述鉴定结果和结构特点,同时考虑该建筑系民国历史建筑,建议结合此次建筑修缮,重点对混凝土构件的耐久性进行全面维护,延长耐久年限;对承载力不足和钢筋严重锈蚀的构件进行局部加固补强,以力求达到或基本达到现行标准对安全性的要求。

6.4.3 案例3 南京陵园新村邮局旧址建筑结构可靠性鉴定

南京陵园新村邮局旧址始建于1934年,位于南京市东郊中山陵风景区苗圃路西端,南临沪宁高速公路,为原国民政府高级官员别墅区陵园新村内配套建设的专用邮局,是按照中山陵附近的环境进行设计建造的。1937年冬,因侵华日军进攻南京,与陵园新村一同遭战火焚毁。1947年重建,1976年后曾一度作为南京市邮政局职工住宅,后住户陆续搬迁,建筑逐渐空置荒废至今。陵园新村邮局旧址于2006年6月被列为南京市文物保护单位,同年被列为江苏省文物保护单位。陵园新村邮局旧址所处地理位置和政治地位特殊,它的规划、布局、设计风格具有鲜明的特色,融人文与自然于一体,是中国传统建筑艺术文化与环境美学相结合的典范,具有重要的历史价值、艺术价值和科学价值,是优秀的民国历史文化遗存。

陵园新村邮局旧址主楼为两层钢筋混凝土结构,采用仿古建筑风格,檐下置蓝色琉璃斗拱,雀替和梁架上均施彩画,屋顶为方形重檐攒尖顶,覆以绿色琉璃瓦(图6.24)。建筑平面呈正方形,长和宽均为12.85 m,建筑面积约193 m²,钢筋混凝土框架结构,楼屋面均为现浇钢筋混凝土。底层层高4.10 m,二层层高4.70 m,柱基础均为钢筋混凝土独立基础。

(a)　　　　　　　　　　　　(b)

图6.24 陵园新村邮局旧址主楼外观

陵园新村邮局旧址主楼使用至今已超过70年,已超出现行国家设计规范的合理使用年限。出现了较为严重的老化现象,存在结构安全隐患。南京市邮政局计划对该建筑进行加固修缮,修缮后的建筑将作为邮政博物馆功能使用。为了解该建筑的安全现状、为加固修缮工作提供技术依据,对该建筑进行安全性现状鉴定。

6.4.3.1 鉴定的主要工作内容

依据相关规范标准,对陵园新村邮局旧址进行了现场初步查看,根据建筑现状和保护要求,提出了检测、鉴定工作计划,主要内容包括:

(1)现场测绘

因无原始设计图纸及其他资料,需要进行现场测绘。测绘内容包括结构布置、结构形式、截面尺寸、支承与连接构造、结构材料等,为后续各项工作提供基础。

（2）结构普查

对结构的现状进行一般调查,包括结构上的作用,建筑物内外环境的调查;对各种构件(混凝土梁、板、柱)的外观结构缺陷进行逐个检查。此项工作为评定结构构件的安全性等级提供依据。

（3）结构检测

为了对结构进行复核计算,需了解混凝土强度和混凝土构件配筋情况。此项工作为结构分析计算提供结构材料性能的技术指标。

（4）结构分析

根据测绘、普查、检测得到的技术参数,对该建筑的主体结构安全性进行计算分析,为结构安全等级评估提供科学依据。

（5）结构安全性与可靠性鉴定

根据现场测绘、勘察、测试得到的结构信息,结合计算分析结果,参照国家标准《民用建筑可靠性鉴定标准》(GB 50292)及其他相关研究结果对结构的可靠现状做出评价;并对加固维修方案提出建议。

（6）鉴定所依据的主要技术规范

①《民用建筑可靠性鉴定标准》(GB 50292),

②《建筑结构荷载规范》(GB 50009),

③《混凝土结构设计规范》(GB 50010),

④《建筑地基基础设计规范》(GB 50007),

⑤《建筑抗震设计规范》(GB 50011)。

6.4.3.2　结构一般情况调查

（1）地基与基础

该建筑使用至今未发现明显不均匀沉降的迹象,也无明显倾斜,上部结构也未发现地基不均匀沉降引起的裂缝等现象。该建筑基础为柱下独立基础,基础基本完好,无明显损伤。

（2）主体结构

① 混凝土柱

该建筑为四方重檐攒尖顶钢筋混凝土框架结构,共有四根圆形中柱($D=400$ mm),十二根方形边柱($b\times h=300$ mm$\times300$ mm)。

对主要钢筋混凝土柱的配筋情况进行了现场检测。底层(2)轴/(C)轴中柱所配箍筋为Φ8@152,纵筋为 8 根边长为 26 mm 的方钢;底层(3)轴/(D)轴边柱所配箍筋为 Φ8@152,纵筋为 8 根边长为 26 mm 的方钢;底层(1/2)轴/(C)轴梯柱所配箍筋为 Φ8@150,纵筋为 6 根边长为 18 mm 的方钢。柱保护层厚度平均为 50 mm,碳化深度平均为 65 mm,纵筋和箍筋多数已见明显锈蚀。

根据现场查看,混凝土柱大部分外观较完整,但局部几根柱出现明显开裂露筋和混凝土剥落的现象。底层(2)轴/(C)轴柱、(2)轴/(D)轴柱及(3)轴/(D)轴柱均存在明显开裂露筋和混凝土剥落的现象,如图 6.25 所示。

② 混凝土梁

该建筑为钢筋混凝土框架结构,梁和枋均为钢筋混凝土构件。

对主要混凝土梁的配筋情况进行了现场检测。标高 3.90 m 处(2)—(3)轴/(C)轴梁所配箍筋为 Φ6@225,底部纵筋为 3 根边长为 27 mm 的方钢;标高 3.90 m 处(A)—(B)轴/

（2）轴梁所配箍筋为 Φ6@152,底部纵筋为 3 根边长为 18 mm 的方钢;标高 3.90 m 处 (2)—(3) 轴/(B)轴梁所配箍筋为 Φ6@178,底部纵筋为 3 根边长为 27 mm 的方钢。梁保护层厚度平均为 50 mm,碳化深度平均为 55 mm,纵筋和箍筋多数已开始出现锈蚀现象。

根据现场查看,混凝土梁外观较完整,但内部钢筋已开始出现锈蚀的现象,如图 6.26 所示。

（a）角部钢筋露筋　　　　　　　（b）中部钢筋露筋

图 6.25　钢筋混凝土柱的残损病害

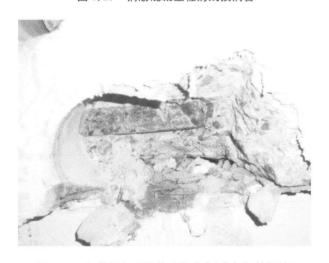

图 6.26　钢筋混凝土梁的残损病害(内部钢筋锈蚀)

③ 现浇混凝土屋面板

该建筑楼、屋面均为钢筋混凝土现浇楼板,板厚约 95 mm。

对混凝土板的配筋情况进行了现场检测。配筋为单层双向布置,短跨方向配筋为 Φ9.5 @100,长跨方向配筋为 Φ12.5@350,板保护层厚度为 20 mm,碳化深度为 40 mm,板筋已开始锈蚀。

根据现场检查情况,混凝土板外观较完整,但内部钢筋已开始出现锈蚀,局部出檐的屋面板存在混凝土剥落情况,如图 6.27 所示。

（3）围护系统

该建筑围护系统主要是四周的围护墙体和琉璃瓦屋面,围护墙采用红砖和石灰砂浆砌筑,厚度约 240 mm,屋面采用绿色琉璃瓦铺设。

经现场检查,该建筑四周围护墙体完好,未见明显的开裂现象,屋面瓦总体保存较好,局部勾头和滴水存在脱落情况。

图 6.27　钢筋混凝土板的残损病害(局部混凝土剥落)

6.4.3.3　结构材料抽样试验

根据初步调查得到的结构基本情况和组成特点,对混凝土进行了材料性能试验。

对混凝土梁和柱的材料性能检测采用了钻孔取芯法,共抽取了 1 根柱和 1 根梁,每根柱和梁各取 2 个芯样,共 4 个试样,测得混凝土抗压强度最小值为 13.9 MPa。

6.4.3.4　主体结构承载力复核分析

(1) 结构参数

结构验算时,结构布置、构件几何尺寸、构件自重等按测绘结果取。屋面活荷载取 $s_0=0.70$ kN/m²,屋面恒荷载取 $s_1=5.0$ kN/m²,基本风压取 $w_0=0.40$ kN/m²,考虑 7 度抗震设防。材料强度根据检测结果并参考本书的研究结果,混凝土抗压强度设计值为 6.06 MPa。纵筋和箍筋的屈服强度设计值参考本书的研究结果,分别按 208.69 MPa 和 251.65 MPa 考虑。

(2) 验算结果

混凝土柱、梁和板的承载力基本能满足要求。

6.4.3.5　结构安全性现状评价

该建筑仅包含一个鉴定单元,划分为地基基础、上部承重结构和围护系统的承重部分等三个子单元。根据本次鉴定的目的,围护系统的可靠性不做评定,而将围护系统的承重部分并入上部承重结构。

(1) 地基基础

地基基础子单元的安全性鉴定包括地基、桩基和斜坡三个检查项目,以及基础和桩两种主要构件。

该建筑场地平整,无斜坡,故只需评定地基和基础。根据现场观测,建筑使用至今未发现明显沉降裂缝、变形或位移等不均匀沉降迹象,表明地基是稳定的,因此地基的安全性等级可评为 A_u 级;基础保存情况较好,基础的安全性等级可评为 B_u 级。地基基础子单元的安全性等级按地基、基础中的最低一级确定,评为 B_u 级。

(2) 上部承重结构

上部承重结构的安全性鉴定等级根据各种构件的安全性等级、结构的整体性等级以及结构侧向位移等级进行评定。其中各种构件的安全性等级根据单个构件的安全性等级及所占比例,分主要构件和一般构件进行评定。

① 各种构件的安全性等级

本工程的结构构件包括钢筋混凝土构件（混凝土柱、梁、板）。其中混凝土柱、梁、板均为主要构件。

a. 混凝土柱

混凝土柱的安全性鉴定，应按承载能力、构造以及不适于继续承载的位移（或变形）和裂缝等四个检查项目，分别评定每一受检构件的等级，并取其中最低一级作为该构件安全性等级。

混凝土柱承载能力项目的安全性等级定为 b_u 级。混凝土柱抗压强度较低，且碳化深度多数已超过钢筋保护层厚度，故混凝土柱构造项目的安全性等级定为 c_u 级。根据现场观测，混凝土柱没有明显的变形，不适合继续承载的位移或变形项目安全性等级可以定为 b_u 级。底层(2) 轴/(C)轴柱、(2) 轴/(D)轴柱及(3) 轴/(D)轴柱均存在明显开裂露筋和混凝土剥落的现象，故裂缝项目的安全性等级可定为 c_u 级。

混凝土柱属主要构件，混凝土柱构件的安全性等级评为 C_u 级。

b. 混凝土梁

混凝土梁的安全性鉴定，应按承载能力、构造以及不适于继续承载的位移（或变形）和裂缝等四个检查项目，分别评定每一受检构件的等级，并取其中最低一级作为该构件安全性等级。

混凝土梁承载能力项目的安全性等级定为 b_u 级。混凝土梁抗压强度较低，且碳化深度接近或超过钢筋保护层厚度，故构造项目的安全性等级定为 c_u 级。根据现场观察，混凝土梁没有明显的挠度，不适合继续承载的位移或变形项目安全性等级可以定为 b_u 级。未见明显受力裂缝及不适合继续承载的裂缝，故裂缝项目的安全性等级可定为 b_u 级。

混凝土梁属主要构件，混凝土梁构件的安全性等级综合评为 C_u 级。

c. 混凝土板

混凝土板的安全性鉴定，应按承载能力、构造以及不适于继续承载的位移（或变形）和裂缝等四个检查项目，分别评定每一受检构件的等级，并取其中最低一级作为该构件安全性等级。

混凝土板承载能力项目的安全性等级定为 b_u 级。混凝土板抗压强度较低，且碳化深度基本已超过钢筋保护层厚度，故混凝土板构造项目的安全性等级定为 c_u 级。根据现场观察，混凝土板没有明显的挠度，不适合继续承载的位移或变形项目安全性等级可以定为 b_u 级。未见明显受力裂缝及不适合继续承载的裂缝，故裂缝项目的安全性等级可定为 b_u 级。

混凝土板属主要构件，混凝土板构件的安全性等级综合评为 C_u 级。

② 结构的整体性等级

结构的整体性等级按结构布置、支撑系统、圈梁构造和结构间联系 4 个检查项目确定。若 4 个检查项目均不低于 B_u 级，可按占多数的等级确定；若仅一个检查项目低于 B_u 级，根据实际情况定为 B_u 级或 C_u 级；若不止一个检查项目低于 B_u 级，根据实际情况定为 C_u 级或 D_u 级。

该建筑的结构布置基本满足规范要求，故结构布置项目评定为 B_u 级。

该建筑混凝土构件长细比及连接构造基本符合规范要求，整体结构能传递各种侧向荷载。故支撑系统的构造项目等级评为 B_u 级。

该建筑结构构件截面尺寸基本满足规范要求，梁箍筋布置不满足抗震构造要求，混凝土抗压强度较低，部分混凝土柱存在明显的开裂露筋和混凝土剥落情况，故构造项目的等

级评为 C_u 级。

结构间的联系设计基本合理,连接方式基本正确,故结构间的联系项目评为 B_u 级。

结构的整体性等级评为 C_u 级。

③ 结构侧向位移等级

根据现场观测,该建筑最大倾斜率为 1.6‰(向东),结构侧向位移值小于限值,因此结构不适于继续承载的侧向位移等级综合评为 B_u 级。

④ 上部承重结构的安全性等级

一般情况下,上部承重结构的安全性等级按各种主要构件和结构侧向位移中最低一级作为评定等级。根据上述分项评定结果,上部承重结构的安全性等级为 C_u 级。

(3)鉴定单元安全性等级

根据地基基础和上部承重结构的评定结果,鉴定单元的安全性等级为 C_{su} 级。

6.4.3.6 结构抗震性评价

(1)地基和基础

根据《建筑抗震鉴定标准》(GB 50023—2009)第 4.2.2 条,本建筑可不进行地基基础的抗震鉴定。

(2)上部结构

① 抗震措施(表 6.4)

表 6.4 抗震措施检查

检查项目		实际情况	鉴定结果
最大高度及层数		最大高度为 11.46 m,主体 2 层	满足第 6.1.1 条要求
外观和内在质量		多根柱的混凝土存在不同程度的剥落和露筋情况	不满足第 6.1.3 条要求
结构体系	承重方案	双向框架承重	满足第 6.2.1 条第 1 款要求
	结构布置	非单跨框架结构	满足第 6.2.1 条第 2 款要求
梁柱混凝土强度等级		混凝土抗压强度最小值为 13.9 MPa	满足第 6.2.2 条要求
构件配筋	梁纵筋在柱内锚固长度	锚固长度 15d 左右	不满足第 6.2.3 条第 1 款要求
	配筋量	纵向钢筋总配筋率:4.3%;箍筋最大间距为 140 mm,最小直径为 8 mm	满足第 6.2.4 条第 2 款要求
	梁端加密区	箍筋最大间距为 160 mm,直径为 6 mm	满足第 6.2.4 条第 1 款要求
	柱端加密区	加密区箍筋最大间距为 130 mm,直径为 8 mm	满足第 6.2.4 条第 2 款要求
	柱截面尺寸	矩形柱 300 mm×300 mm,圆形柱直径为 400 mm	满足第 6.2.4 条第 5 款要求
填充墙连接构造	填充墙连接	无拉结筋	不满足第 6.2.7 条第 2 款要求

② 抗震承载力验算

对该建筑进行计算分析,结果表明:混凝土构件的配筋验算结果基本满足要求。

（3）综合抗震能力评定

综合考虑抗震承载力验算结果和上述抗震构造措施的不足项,陵园新村邮局旧址主楼不能满足后续使用年限为 30 年(A 类房屋)的抗震鉴定要求。

6.4.3.7　鉴定结论及建议

根据上述现场检查、检测及安全性鉴定结果,对陵园新村邮局旧址主楼结构可以得出如下结论:

（1）该建筑的安全性等级为 C_{su} 级,显著影响整体承载,应采取措施,且可能有少数构件必须立即采取措施。

（2）该建筑不满足后续使用年限为 30 年(A 类房屋)的抗震鉴定要求。

（3）与现行国家相关标准和要求相比,该主楼结构目前存在的主要问题是:

① 由于建造年代久远,柱、梁、板及斗拱等混凝土构件的碳化深度普遍超过保护层厚度,部分构件已经出现严重的钢筋锈蚀甚至胀裂等现象,耐久性遭受严重损伤;

② 由于原设计和建造标准偏低,该主楼结构材料实际强度普遍偏低,其混凝土强度低于现行标准的最低要求;

③ 部分构件由于钢筋锈蚀严重,其承载力已经不满足要求。

结合上述鉴定结果和结构特点,同时考虑该建筑系省级文物保护单位,建议结合此次文物修缮,重点对混凝土构件的耐久性进行全面维护,延长耐久年限;对钢筋严重锈蚀的构件进行局部加固补强,以力求达到或基本达到现行标准对安全性的要求。

6.4.4　案例 4　大华大戏院门厅结构可靠性鉴定

大华大戏院位于南京市中山南路 67 号,于 1934 年开始建造,是由美籍华人司徒英铨集资建造,著名建筑大师杨廷宝主持设计,1936 年 5 月 29 日对外营业,是当时南京最大、最豪华的影剧院。2002 年 12 月,大华大戏院被江苏省人民政府列为省级文物保护单位。

大华大戏院门厅东西朝向,长约 21.3 m,宽约 33.0 m,建筑面积约 1 136 m²(图 6.28)。主体结构为二层,系钢筋混凝土框架结构,除二层南北两侧耳房楼面为木楼面外,其余楼屋面均为现浇钢筋混凝土。底层层高 4.20 m,二层层高 3.81 m。门厅中间为共享空间,东边设有一个钢筋混凝土楼梯。柱基础均为钢筋混凝土独立基础(下设木桩),南北两侧外墙基础为钢筋混凝土条形基础(下设木桩)。门厅内的圆柱、栏杆、天花、墙壁、梁枋彩绘以及栏杆扶手雕饰,具有浓郁的民族特色,为南京近代优秀建筑之一,对于当代民国建筑的研究具有重要的研究价值。

大华大戏院门厅使用至今已超过 80 年,远超出现行国家设计规范的合理使用年限,已出现较为严重和明显的老化现象,存在结构安全隐患。南京文化投资控股(集团)有限责任公司计划对该建筑进行加固修缮改造。为了解该建筑的安全现状、提供加固修缮改造的技术依据,对该建筑进行结构安全现状评价。

6.4.4.1　鉴定的主要工作内容

依据相关规范标准,对大华大戏院门厅进行了现场初步查看,根据建筑现状以及加固修缮的要求,进行了检测、鉴定工作,主要内容包括:

（1）现场测绘

测绘内容包括结构布置(轴线、标高)、结构形式、截面尺寸、支承与连接构造、结构材料等。该项工作的成果是得到较为完整的结构布置图,为下面各项工作提供基础。

图 6.28　大华大戏院门厅外观

（2）结构普查

对结构的现状进行一般调查，包括结构上的作用，建筑物内外环境的调查；对各种构件（混凝土梁、板、柱、砖墙）的外观结构缺陷进行逐个检查。此项工作为评定结构构件的安全现状提供依据。

（3）结构检测

为了对结构进行复核计算，需了解混凝土强度和混凝土构件配筋情况。此项工作为结构分析计算提供结构材料性能的技术指标。

（4）结构分析

根据调查、检测得到的技术参数，对该建筑的主要结构构件进行承载力计算，为结构安全现状评价提供科学依据。

（5）结构安全性与可靠性鉴定

根据现场测绘、勘察、测试得到的结构信息，结合计算分析结果，参照国家标准《民用建筑可靠性鉴定标准》(GB 50292)及相关研究结果对结构的可靠现状做出评价；并对加固维修方案提出建议。

（6）鉴定所依据的主要技术规范

①《民用建筑可靠性鉴定标准》(GB 50292)，

②《建筑抗震鉴定标准》(GB 50023)，

③《建筑结构荷载规范》(GB 50009)，

④《砌体结构设计规范》(GB 50003)，

⑤《混凝土结构设计规范》(GB 50010)，

⑥《建筑地基基础设计规范》(GB 50007)，

⑦《建筑抗震设计规范》(GB 50011)。

6.4.4.2　结构一般情况调查

（1）地基与基础

该建筑门厅柱下基础采用钢筋混凝土独立基础(下设木桩)，南北两侧外墙基础采用钢筋混凝土条形基础(下设木桩)。根据现场检查结果，该建筑使用至今未发现明显不均匀沉降的迹象,房屋基本无倾斜,上部结构也未发现地基不均匀沉降引起的裂缝等现象。据了解,门厅修缮后使用荷载基本没有变动,因此,对该场地未做地质勘查。

（2）主体结构

① 混凝土柱

门厅主体为钢筋混凝土框架结构,中部有 12 根直径为 610 mm 的钢筋混凝土圆柱,其余基本为钢筋混凝土矩形柱,截面尺寸多数为 300 mm×300 mm。

对主要混凝土柱的配筋情况进行了现场检测。直径为 600 mm 的圆柱所配箍筋为 Φ8@100,纵筋为 8 根边长为 20 mm 的方钢,保护层厚度为 43 mm,碳化深度为 25 mm,纵筋和箍筋未见明显锈蚀;南北耳房矩形柱所配箍筋为 Φ6@100,每边纵筋为 2 根边长为 20 mm 的方钢,保护层厚度为 23 mm,碳化深度为 56 mm,纵筋和箍筋已开始锈蚀;根据现场查看,混凝土柱外观较完整,未见明显损伤现象,但部分柱内部已开始出现钢筋锈蚀,如图 6.29 所示。

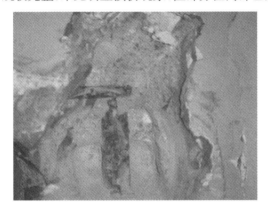 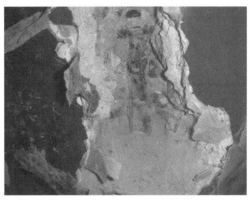

（a）   （b）

图 6.29 钢筋混凝土柱的残损病害（内部钢筋锈蚀）

② 混凝土梁

门厅主体为钢筋混凝土框架结构,楼屋面基本为钢筋混凝土主次梁承重体系。

对部分混凝土梁的配筋情况进行了现场检测。南北耳房屋面主梁所配箍筋为 Φ6@200,底部纵筋为 2 根边长为 22 mm 的方钢,保护层厚度为 28 mm,碳化深度大于 29 mm,纵筋和箍筋已开始锈蚀。

根据现场查看,混凝土梁外观较完整,但部分梁内部已开始出现钢筋锈蚀,如图 6.30 所示。

 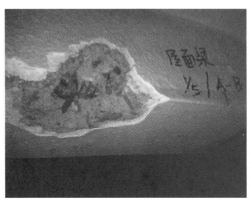

（a）楼面梁钢筋锈蚀   （b）屋面梁钢筋锈蚀

图 6.30 钢筋混凝土梁的残损病害

③ 混凝土楼、屋面板

该建筑的楼、屋面主要为钢筋混凝土现浇楼板,局部南北耳房二层楼面为木楼面。二层楼面混凝土板板厚 100～200 mm 不等,屋面混凝土板板厚 50～100 mm 不等。

对部分混凝土板的配筋情况进行了现场检测。南北耳房屋面板短向配筋为 Φ7.5@158,长向配筋 Φ7.5@205(单层双向),保护层厚度为 15 mm,碳化深度大于 30 mm,板筋已开始锈蚀。

根据现场查看,混凝土板外观较完整,但局部已出现露筋或开裂渗水的现象,如图 6.31 所示。

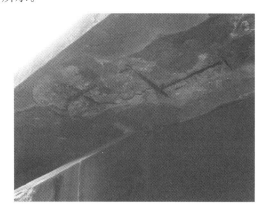 

(a) 露筋　　　　　　　　　　　　　(b) 开裂渗水

图 6.31　钢筋混凝土板的残损病害

6.4.4.3　结构材料抽样试验

根据初步调查得到的结构基本情况和组成特点,对混凝土进行了材料性能试验。

混凝土材性检测采用了钻孔取芯法,共抽取了 6 根柱,其中一层、二层各 3 根,每根柱各取 2 个芯样,共 12 个试样,测得混凝土抗压强度最小值为 14.01 MPa。

6.4.4.4　主体结构承载力复核

(1) 结构参数

结构验算时,结构布置、构件几何尺寸、构件自重等按测绘结果取。屋面活荷载按南京市基本雪压取 $s_0 = 0.65$ kN/m²,楼面活荷载标准值取 $q_K = 3.5$ kN/m²,基本风压取 $w_0 = 0.40$ kN/m²,考虑 7 度抗震设防。材料强度根据检测结果并参考本书的研究结果,混凝土抗压强度设计值为 6.06 MPa。纵筋和箍筋的屈服强度设计值参考本书的研究结果,分别按 208.69 MPa 和 251.65 MPa 考虑。

(2) 混凝土构件验算结果

根据计算结果,混凝土柱和板的承载力基本能满足现行规范要求;部分混凝土梁的承载力不能满足现行规范要求。

6.4.4.5　结构安全性现状评价

该房屋仅包含一个鉴定单元,划分为地基基础、上部承重结构和围护系统的承重部分等三个子单元。根据本次鉴定的目的,围护系统的可靠性不做评定,而将围护系统的承重部分并入上部承重结构。

(1) 地基基础

地基基础子单元的安全性鉴定包括地基、桩基和斜坡三个检查项目,以及基础和桩两种主要构件。

该建筑场地平整,无斜坡。故只需评定地基和基础。根据现场观测,门厅使用至今未发现明显沉降裂缝、变形或位移等不均匀沉降迹象,表明地基是稳定的,地基的安全性等级可评为 A_u 级;基础的安全性等级可评为 B_u 级。地基基础子单元的安全性等级按地基、基础中的最低一级确定,评为 B_u 级。

（2）上部承重结构

上部承重结构的安全性鉴定等级根据各种构件的安全性等级、结构的整体性等级以及结构侧向位移等级进行评定。其中各种构件的安全性等级根据单个构件的安全性等级及所占比例,分主要构件和一般构件进行评定。

① 各种构件的安全性等级

本工程的结构构件包括钢筋混凝土构件（混凝土梁、板、柱）。混凝土梁、板、柱为主要构件。

a. 混凝土梁

混凝土梁的安全性鉴定,应按承载能力、构造以及不适于继续承载的位移（或变形）和裂缝等四个检查项目,分别评定每一受检构件的等级,并取其中最低一级作为该构件安全性等级。

混凝土梁承载能力项目的安全性等级定为 c_u 级。构造项目的安全性等级定为 b_u 级。根据现场观察,混凝土梁没有明显的挠度,不适合继续承载的位移或变形项目安全性等级可以定为 b_u 级。虽未见明显受力裂缝及不适合继续承载的裂缝,但部分混凝土梁已出现主筋锈蚀,故裂缝项目的安全性等级可定为 c_u 级。

混凝土梁属主要构件,混凝土梁构件的安全性等级评为 C_u 级。

b. 混凝土板

混凝土板的安全性鉴定,应按承载能力、构造以及不适于继续承载的位移（或变形）和裂缝等四个检查项目,分别评定每一受检构件的等级,并取其中最低一级作为该构件安全性等级。

混凝土板承载能力项目的安全性等级定为 b_u 级。混凝土板构造项目的安全性等级定为 b_u 级。根据现场观察,混凝土板没有明显的挠度,不适合继续承载的位移或变形项目安全性等级可以定为 b_u 级。局部混凝土板因为主筋锈蚀而导致混凝土保护层脱落,故裂缝项目的安全性等级可定为 c_u 级。

混凝土板属主要构件,混凝土板构件的安全性等级评为 C_u 级。

c. 混凝土柱

混凝土柱的安全性鉴定,应按承载能力、构造以及不适于继续承载的位移（或变形）和裂缝等四个检查项目,分别评定每一受检构件的等级,并取其中最低一级作为该构件安全性等级。

混凝土柱承载能力项目的安全性等级定为 b_u 级。混凝土柱构造项目的安全性等级定为 b_u 级。根据现场观察,混凝土柱没有明显的变形,不适合继续承载的位移或变形项目安全性等级可以定为 b_u 级。虽未见明显受力裂缝及不适合继续承载的裂缝,但部分耳房混凝土柱已出现主筋锈蚀,裂缝项目的安全性等级可定为 c_u 级。

混凝土柱属主要构件,混凝土柱构件的安全性等级评为 C_u 级。

② 结构的整体性等级

结构的整体性等级按结构布置、支撑系统、圈梁构造和结构间联系 4 个检查项目确定。若 4 个检查项目均不低于 B_u 级,可按占多数的等级确定;若仅一个检查项目低于 B_u 级,根据实际情况

定为 B_u 级或 C_u 级;若不止一个检查项目低于 B_u 级,根据实际情况定为 C_u 级或 D_u 级。

该建筑的结构布置基本满足规范要求,故结构布置项目评定为 B_u 级。

该建筑混凝土构件长细比及连接构造基本符合规范要求,整体结构能传递各种侧向荷载。故支撑系统的构造项目等级评为 B_u 级。

该建筑结构构件截面尺寸及配筋构造基本满足规范要求,故构造项目的等级评为 B_u 级。

结构间的联系设计基本合理,连接方式基本正确,结构间的联系项目评为 B_u 级。

结构的整体性等级评为 B_u 级。

③ 结构侧向位移等级

根据现场观测,门厅框架柱和墙体的最大倾斜率均在 4‰ 以内,小于限值,因此结构不适于继续承载的侧向位移等级综合评为 B_u 级。

④ 上部承重结构的安全性等级

一般情况下,上部承重结构的安全性等级按各种主要构件和结构侧向位移中最低一级作为评定等级。根据上述分项评定结果,上部承重结构的安全性等级为 C_u 级。

(3)鉴定单元安全性等级

根据地基基础和上部承重结构的评定结果,鉴定单元的安全性等级为 C_{su} 级。

6.4.4.6 结构抗震性评价

(1)地基和基础

根据《建筑抗震鉴定标准》(GB 50023—2009)第 4.2.2 条,本建筑可不进行地基基础的抗震鉴定。

(2)上部结构

① 抗震措施(表 6.5)

表 6.5 抗震措施检查

检查项目		实际情况	鉴定结果
最大高度及层数		最大高度为 11.4 m,主体 2 层,局部 3 层	满足第 6.1.1 条要求
外观和内在质量		梁、柱及其节点的混凝土基本无剥落,钢筋无露筋情况;填充墙无明显开裂或与框架脱落;主体结构构件无明显变形、倾斜和歪扭	满足第 6.1.3 条要求
结构体系	承重方案	双向框架承重	满足第 6.2.1 条第 1 款要求
	结构布置	非单跨框架结构	满足第 6.2.1 条第 2 款要求
梁柱混凝土强度等级		混凝土抗压强度最小值为 14.01 MPa	满足第 6.2.2 条要求
构件配筋	梁纵筋在柱内锚固长度	锚固长度 15d 左右	不满足第 6.2.3 条第 1 款要求
	配筋量	纵向钢筋总配筋率:2.3%;箍筋最大间距为 200 mm,最小直径为 8 mm	满足第 6.2.4 条第 2 款要求
	梁端加密区	加密区箍筋间距为 130 mm	满足第 6.2.4 条第 1 款要求
	柱端加密区	加密区箍筋最大间距为 100 mm,直径为 6 mm	满足第 6.2.4 条第 2 款要求
	短柱	无	满足第 6.2.4 条第 3 款要求
	柱截面尺寸	边柱截面宽度为 305 mm	满足第 6.2.4 条第 5 款要求

续表

检查项目		实际情况	鉴定结果
填充墙连接构造	砖填充墙	填充墙嵌砌于框架平面内,厚度为 300 mm,砂浆强度 M0.8	不满足第 6.2.7 条第 1 款要求
	填充墙连接	无拉结筋	不满足第 6.2.7 条第 2 款要求

② 抗震承载力验算

对该建筑进行计算分析,结果表明:部分混凝土构件的配筋验算结果不满足要求。

(3) 综合抗震能力评定

综合考虑抗震承载力验算结果和上述抗震构造措施的不足项,大华大戏院门厅不能满足后续使用年限为 30 年(A 类房屋)的抗震鉴定要求。

6.4.4.7　鉴定结论及建议

(1) 大华大戏院门厅结构的安全性等级为 C_{su} 级,显著影响整体承载,应采取措施,且可能有少数构件必须立即采取措施。

(2) 大华大戏院门厅结构不满足后续使用年限为 30 年(A 类房屋)的抗震鉴定要求;

(3) 与现行国家相关标准和要求相比,大华大戏院门厅结构目前存在的主要问题是:

① 由于建造年代久远,柱、梁、板等混凝土构件炭化严重,部分构件已经出现严重的钢筋锈蚀甚至胀裂等现象,耐久性遭受严重损伤;

② 由于建造年代较早,原设计和建造标准偏低,门厅主体结构材料强度偏低;

③ 部分混凝土构件承载力已经不满足现行规范的要求。

结合上述鉴定结果和结构特点,同时考虑该建筑系省级文物保护单位,建议结合此次文物修缮,重点对混凝土构件的耐久性进行全面维护,延长耐久年限;对承载力不足和钢筋严重锈蚀的构件进行局部加固补强,以力求达到或基本达到现行标准对安全性的要求。

6.5　本章小结

民国时期的钢筋混凝土建筑在材料性能、构造做法、设计方法等方面均明显不同于现代的钢筋混凝土建筑,因此,不能一味地完全采用现行规范标准对民国钢筋混凝土建筑进行结构安全评估。本章参考现行国家相关规范标准,基于对民国钢筋混凝土结构的材料性能、构造做法、设计方法的研究,提出了较为准确且适用于民国钢筋混凝土建筑的结构安全评估方法,主要包括结构检测和安全鉴定两部分,其中安全鉴定内容主要包括结构可靠性鉴定和抗震性能鉴定。对于民国钢筋混凝土建筑的结构检测,主要包括混凝土强度的检测、裂缝的检测、结构变形的检测、混凝土耐久性的检测、混凝土中钢筋的布置、外围护墙体与混凝土柱之间的拉接情况、外承重墙体砖和砂浆的抗压强度等相关检测项目。对于民国钢筋混凝土建筑的安全鉴定,主要包括现场测绘、结构普查、结构分析、结构安全鉴定等。其中现场测绘的工作主要包括结构布置(轴线、标高)、结构形式、截面尺寸、支承与连接构造、结构材料等。该项工作的成果是得到完整的结构布置图,为下面各项工作提供基础。结构普查的工作主要是对结构上的作用、建筑物内外环境的调查,对各种构件(混凝土梁、板、柱、砖墙)的外观结构缺陷进行逐个检查。此项工作为评定结构构件的安全性等级提供依据。结构分析的工作主要是根据调查、检测得到的技术参数,综合考虑民国钢筋混凝土结构的材料性能、构造做法和设计方法,对建筑的主要结构构件进行承载力计算,为结构安全等级评估提供科学依据。结构安全鉴定的工作主要是根据现场测绘、勘察、检测得到的结构信息,结合计算分析结果,参照国家标准《民用建筑可靠性鉴定标准》(GB 50292—2015)及本书相关研究结果对结构的可靠现状做出评价,并对加固维修方案提出建议。

参考文献

[1] 中华人民共和国住房和城乡建设部,国家市场监督管理总局. 建筑结构检测技术标准:GB/T 50344—2019[S]. 北京:中国建筑工业出版社,2020.

[2] 中华人民共和国住房和城乡建设部. 混凝土结构加固设计规范:GB 50367—2013[S]. 北京:中国建筑工业出版社,2014.

[3] 中国工程建设标准化协会. 钢结构加固技术规范:CECS 77:96[S]. 北京:中国计划出版社,1996.

[4] 中华人民共和国住房和城乡建设部. 砌体结构加固设计规范:GB 50702—2011[S]. 北京:中国计划出版社,2012.

[5] 中华人民共和国住房和城乡建设部. 建筑抗震加固技术规程:JGJ 116—2009[S]. 北京:中国建筑工业出版社,2009.

[6] 中华人民共和国住房和城乡建设部. 既有建筑地基基础加固技术规范:JGJ 123—2012[S]. 北京:中国建筑工业出版社,2013.

[7] 中华人民共和国住房和城乡建设部. 民用建筑可靠性鉴定标准:GB 50292—2015[S]. 北京:中国建筑工业出版社,2016.

[8] 中华人民共和国住房和城乡建设部. 工业建筑可靠性鉴定标准:GB 50144—2019[S]. 北京:中国建筑工业出版社,2009.

[9] 中华人民共和国住房和城乡建设部,中华人民共和国国家质量监督检验检疫总局. 建筑抗震鉴定标准:GB 50023—2009[S]. 北京:中国建筑工业出版社,2009.

[10] 中华人民共和国住房和城乡建设部. 构筑物抗震鉴定标准:GB 50117—2014[S]. 北京:中国建筑工业出版社,2015.

第七章 民国钢筋混凝土建筑的适应性保护技术研究

7.1 引言

民国钢筋混凝土建筑使用至今,都已超过 70 年,大部分建筑都存在不同程度的耐久性问题和结构安全问题,迫切需要对其进行加固修缮,以延长其使用寿命。现代钢筋混凝土结构的加固修缮技术已比较成熟,但不一定都适用于民国钢筋混凝土建筑;此外,当前大部分民国钢筋混凝土建筑已被列为不同保护等级的文物建筑或历史建筑,因此,针对此类建筑遗产的文物属性或保护价值,加固修缮设计需满足以下几个原则:① 依法保护的原则:依据和遵循文物保护法或其他相关法规,有效保护文物本体或历史建筑本体,使文物本体或历史建筑本体获得有效的加固修缮;② 真实性的原则:在设计和施工过程中,应对文物本体或历史建筑本体进行全面深入的调研,最大限度地原位保存历史原物,修缮尽可能按照"原形制、原结构、原材料和原工艺"的方法进行,通过最小限度地干预,保存尽可能多的真实历史信息;③ 完整性的原则:在加固修缮时,不增加也不删减任何文物或历史建筑的结构构件,确保文物或历史建筑组成部分的完整性;④ 安全有效的原则:通过最小干预且有效安全的加固修缮措施,确保文物或历史建筑在后续使用过程中的本体安全和人员安全。

在国外,尤其是欧美发达国家在钢筋混凝土历史建筑方面有着较为深入的研究,对其评估及保护技术研究也较为成熟。20 世纪 90 年代开始,欧美国家就开始对钢筋混凝土历史建筑的加固修缮技术进行针对研究,1998 年,德国的 Kleist Andreas[1] 等针对一栋有 60 年历史的建筑钢筋混凝土结构进行了修复研究,发现采用全面注入丙烯酸酯不仅可以阻止锈蚀发展,并有利于混凝土的长久保存。2003 年,西班牙的 Borchardt[2] 使用了碳纤维复合材料(CFRP)技术对马德里一处历史建筑进行加固,加固效果良好。后来,针对历史钢筋混凝土的无损检测技术、系统加固修缮方案,以及聚合物复合材料的应用均有了较为成熟的研究成果[3-5]。2016 年,波兰的 Miszczyk 等[6] 针对两处钢筋混凝土历史建筑的混凝土柱进行现状评估,指出了 10 年之前加固方法的不足,发现后加固的部分和原始部分的混凝土界面之间存在明显裂缝,并提出了改进的加固方法。在国内,目前对民国钢筋混凝土建筑的保护技术研究尚处于起步阶段,基本都是针对近代城市发展较早的地区和城市,例如北京[7]、天津[8-9]、武汉[10]、济南[11]、苏浙沪地区[12-14]、岭南地区[15] 等,这些研究对地区内的近代钢筋混凝土建筑进行了加固修缮设计方法或施工技术的研究,但大多是关于个案的介绍。此外,近年来,国内也陆续有些学者针对近代钢筋混凝土建筑的保护材料[16-19] 进行了一些探索和研究。

综上所述,目前国内关于民国钢筋混凝土建筑保护技术的研究缺乏系统性,尚没有形成普遍适用的理论和方法,且许多加固修缮技术虽然适用于现代钢筋混凝土建筑,但忽略了民国钢筋混凝土建筑的历史价值,对其干预过大,因此,这些加固修缮技术并不适用于民国钢筋混凝土建筑。而国外关于钢筋混凝土历史建筑的保护技术的研究虽然较为成熟,但国内外钢筋混凝土历史建筑在建筑形制、结构体系、材料性能、构造做法等方面存在明显的差异,因此,不能简单地照搬国外的研究成果。本章根据上述加固修缮设计原则,针对民国钢筋混凝土建筑中的主要结构构件的不同残损程度,提出了适用于民国钢筋混凝土建筑中的混凝土柱、混凝土梁与混凝土板的适应性保护技术。

7.2 民国钢筋混凝土建筑的适应性保护技术

民国钢筋混凝土建筑的结构构件加固修缮的程序一般包括基层处理(清除松散层、污物,钢筋除锈等)、界面处理(考虑新旧界面结合等)、修复处理(修复、加固、裂缝处理等)、表层处理等步骤。根据残损原因、残损程度、施工条件及环境条件的不同,各个步骤应选择与其相适应的配套修复技术。当民国钢筋混凝土建筑的结构构件外观状况较好且承载力满足后续使用荷载要求时,为了提高耐久性也可仅进行基层及表层处理。其中,基层处理通常先用高压水、喷砂或磨刷除去混凝土表面油污和原有涂层,剔除修复局部劣化混凝土(如空鼓起壳、剥落和顺筋裂缝等),然后用表面渗透型阻锈剂(如瑞士化学建材公司 Sika 研制的 ForroGard-903,可同时吸附到钢筋的阴阳二极进行保护,如图 7.1 所示,在阳极保护膜阻止铁离子的流失;在阴极保护膜形成对氧的屏障,阻碍氧气进入,另外还可以将钢筋表面已有的氯离子置换出来。)喷涂或涂刷在混凝土表面上,待混凝土表面干燥 2~6 h 后,涂第二遍,待 2~6 h 再涂第三遍,每遍涂刷用量 0.1~0.2 kg/m²,三遍共 0.5 kg/m²,等待渗透 24 h,将混凝土表面残留物冲掉,不影响以后涂刷彩色涂料。使用这种渗透型阻锈剂不改变混凝土 pH,在碳化混凝土中也证明有效,不影响混凝土对钢筋的握裹力,不影响混凝土的渗透性。据 Sika 公司资料介绍,使用 903 阻锈剂涂层后,结构使用寿命可延长 15 年左右[20]。

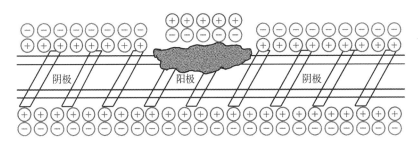

图 7.1 渗透型阻锈剂的防护作用[20]

表层处理一般在混凝土表面涂刷特定防护涂料,以防止有害离子侵入、减小混凝土结构破坏、提高混凝土结构耐久性[21]。按照所用黏合剂的化学成分的不同,可将表面防护涂层分为三类:无机类、有机类和混合类。其中,无机类包括各种硅酸盐水泥。有机类主要是各种聚合物材料,包括合成树脂和合成橡胶,如环氧树脂、丙烯酸酯和有机硅等。混合类主要是指聚合物与硅酸盐水泥混合。按照作用方式的不同,亦可分为成膜型(物理方式)和渗透型(化学方式)涂料。成膜型是利用防护涂层自身成膜来阻挡腐蚀介质进入混凝土,这种涂层方式的混凝土防护效果与形成膜的性质密切相关,膜的性质好坏直接影响混凝土耐久性优劣。渗透型涂料是指混凝土防护剂渗入混凝土内部,与水泥石孔隙中的水泥水化产物发生复杂的物理化学反应生成新的物质,这种新的物质具有较强的憎水性,能够改变水泥石孔壁与水的润湿角,进而有效阻止以水为载体的腐蚀性介质侵入。目前,应用较为广泛的渗透型表面防护涂层主要有两种,即水泥基渗透结晶型[22]和有机硅类渗透型[23]。

7.2.1　混凝土柱的适应性保护技术

对于民国钢筋混凝土建筑中的混凝土柱构件,可根据不同的损伤程度制定以下加固修缮方案:

（1）若检测结果表明混凝土碳化深度小于钢筋保护层厚度时,可采用表面涂抹渗透型混凝土耐久性防护涂料。涂料要求:必须具有很好的抗侵蚀性和抗老化性,能与混凝土表面良好的结合,尽可能不影响混凝土柱的色泽特别是彩绘的色彩,建议采用有机硅类渗透型涂料进行防护处理。有机硅渗透型涂料可阻止水分及氯离子的渗透,从而对混凝土腐蚀与破坏起关键作用。如硅烷,其组合基团能与水发生水解反应脱去醇,形成三维交联有机硅树脂,其羟基与混凝土有很好的亲和力,从而使它和混凝土牢固地连接起来,非极性的有机基团向外排列形成憎水层,改变混凝土的表面特性,又能起疏水作用,如图 7.2 所示。可在混凝土表面 2～10 mm 内的毛细孔内壁形成一层均匀致密且明显的立方憎水网络结构,降低有害离子的渗透速度,防止钢筋锈蚀,提高材料的耐候和耐腐蚀性能,并且混凝土不受涂料的侵蚀,色泽不受影响,保色性良好[24]。

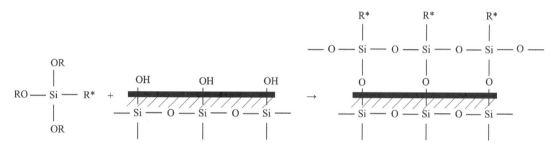

图 7.2　硅烷类渗透型涂料作用原理示意图[24]

（2）若检测结果表明混凝土碳化深度接近钢筋保护层厚度,钢筋尚未锈蚀。可采用满裹碳纤维布（图 7.3）或外包钢板（图 7.4）的方法进行加固。这样一方面隔绝了空气与混凝土柱的直接接触,避免碳化的进一步发展;另一方面提高了混凝土柱的承载力。

（3）若检测结果表明混凝土碳化深度大于钢筋保护层厚度,且钢筋已开始锈蚀。可先将表面混凝土碳化层凿除,对已经锈蚀的钢筋进行除锈处理,视情况和结构需要加补钢筋。

图 7.3　满裹碳纤维布加固柱

(a)　　　　　　　　　　　　　　　(b)

图 7.4　外包钢板加固柱

然后采用聚合物砂浆或灌浆料进行修复(图 7.5)。加固修复后的结果：一方面恢复或提高了混凝土柱的承载能力，另一方面确保了混凝土柱的耐久性，达到了阻止或尽可能减缓外界有害气体进入混凝土内侵蚀，使其内部和钢筋一直处在碱性环境中。

(a)　　　　　　　　　　　　　　　(b)

图 7.5　灌浆料加固柱

7.2.2　混凝土梁的适应性保护技术

对于民国钢筋混凝土建筑中的混凝土梁构件，可根据不同的损伤程度制定以下加固修缮方案：

(1) 若检测结果表明混凝土碳化深度小于钢筋保护层厚度时，可采用表面涂抹渗透型混凝土耐久性防护涂料。涂料要求：必须具有很好的抗侵蚀性和抗老化性，能与混凝土表面良好的结合，并对下一道的外装饰工序和工程的整体外观无不利影响。若混凝土梁表面存在彩绘，则建议采用有机硅类渗透型涂料进行防护处理。若混凝土梁表面无彩绘，可采用水泥基的无机涂料(如水泥基渗透结晶型涂料)对混凝土进行防护处理，待涂抹防护涂料结束后，再重新进行混凝土梁的油漆工序或装饰工程。水泥基渗透结晶型涂料是一种刚性防水材料，是由硅酸盐水泥、石英砂、特殊的活性化学物质以及各种添加剂组成的无机粉末状防水材料[25]，涂在混凝土表面能发生物理化学反应并形成大量不溶于水的枝蔓状晶体，它吸水膨胀好比一个"弹性体"起到密实和防护的作用。而且其中含有低分子量的可溶性物质，可通过表面水对结构内部的浸润，带入内部孔隙中，与混凝土中的 $Ca(OH)_2$ 生成膨胀的硅酸盐凝胶，堵塞了混凝土内部的孔隙，使混凝土结构从表面至纵深逐渐形成一个致密区域,可阻止水分子和有害物质的侵入[26],如图 7.6 所示。

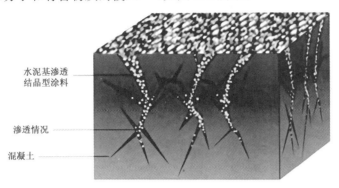

图 7.6　渗透结晶示意图[27]

（2）若检测结果表明混凝土碳化深度接近钢筋保护层厚度,钢筋尚未锈蚀。可采用满裹碳纤维布(图 7.7)或外包钢板的方法进行加固。这样一方面隔绝了空气与混凝土梁的直接接触,避免碳化的进一步发展;另一方面适当地提高了混凝土梁的承载力。

（a）　　　　　　　　　　　　　　　　（b）

图 7.7　满裹碳纤维布加固梁

（3）若检测结果表明混凝土碳化深度大于钢筋保护层厚度,且钢筋已开始锈蚀。可先将表面混凝土碳化层凿除,对已经锈蚀的钢筋进行除锈处理,视情况和结构需要加补钢筋。然后采用聚合物砂浆或灌浆料进行修复(图 7.8)。加固修复后的结果:一方面恢复或提高了混凝土梁的承载能力,另一方面确保了混凝土梁的耐久性,达到了阻止或尽可能减缓外界有害气体进入混凝土内侵蚀,使其内部和钢筋一直处在碱性环境中。

（a）　　　　　　　　　　　　　　　　（b）

图 7.8　灌浆料加固梁

7.2.3 混凝土板的适应性保护技术

根据作者多年的工程实践经验,民国钢筋混凝土建筑的楼、屋面板一般损坏较为严重,容易出现开裂或漏水现象,会影响到楼、屋面板的结构安全。对于民国钢筋混凝土建筑中的板构件,可根据不同的损伤程度制定以下加固修缮方案:

(1) 当混凝土板损伤程度不大时,可采用钢筋网聚合物砂浆修复技术在原混凝土板底部新增一层 30 mm 厚的叠合板进行加固(图 7.9)。加固修复后的结果:一方面恢复或提高了混凝土板的承载能力,另一方面确保了混凝土板的耐久性和防水性。

图 7.9　钢筋网聚合物砂浆修复

(2) 当混凝土板损伤程度较大时,可将混凝土板采用无损切割技术进行拆除,然后采用植筋技术重新配置钢筋,浇筑新的混凝土板(图 7.10),这种方法可以最大限度地提高混凝土板的耐久性和承载力。

(a)　　　　　　　　　　　　　　　　　(b)

图 7.10　混凝土板置换

7.2.4 钢筋混凝土构件的牺牲阳极法保护技术

钢筋锈蚀是影响混凝土结构耐久性的主要指标之一,由于材料自身和自然环境双重因素的长期影响下,钢筋混凝土中的钢筋不可避免地会面临锈蚀的问题,一旦钢筋开始锈蚀,随之引发的钢筋混凝土结构锈胀开裂对结构安全性十分不利。本节通过对钢筋混凝土防锈中常用的牺牲阳极法研究与应用以及研究成果进行回顾,梳理清楚其脉络,从应用趋势转变中提出牺牲阳极法在钢筋混凝土文物保护工程中应用的可行性,提出该法在钢筋混凝土文物保护中的应用原理与设计方法。

7.2.4.1　牺牲阳极法研究与应用综述

钢筋的锈蚀原理和过程在本书 5.3 节已经有过阐述,主要过程为钢筋表面的钝化膜遭受破坏后,空气中的 CO_2 与 H_2O 进而扩散到钢筋表面并以钝化膜破坏处作为阳极、未破坏处作为阴极在其上发生电化学腐蚀,生成的 $Fe(OH)_3$ 失水生成 Fe_2O_3,并在钝化膜破坏处形成 $Fe_2O_3 \cdot 3H_2O$,生成的物质体积增大并在钢筋表面与混凝土层之间产生较大压力,迫使混凝土开裂崩落,钢筋因此暴露于空气中,其腐蚀速率与程度也因此增加。目前,钢筋锈蚀的主要方法有:电化学除氯(Electrochemical Chloride Extraction,简称"ECE")与电化学再碱化法、缓蚀剂法、涂层技术法、阴极保护法等;前三种方法目的均是为保护钝化膜完整不被破坏;阴极保护法则是在钝化膜破坏后,发生电化学反应时起到保护钢筋的作用。阴极保护法是目前应用较多、保护效果较好的方法,包括外加电流法与牺牲阳极法。

外加电流法是将钢筋与直流电源的阴极相连,通电后使钢筋极化至保护电位,从而抑制钢筋发生锈蚀,该法不足之处在于需要专人进行维护,成本较高,并需要电源等复杂设备,专业性较高。牺牲阳极法是将电负性更强的材料与钢筋相连,与混凝土层形成回路,阳极材料的牺牲锈蚀提供电流使钢筋极化至保护电位,免除钢筋遭受锈蚀。通常作为阳极材料的有 Al、Zn、Mg 及其作为基体的合金等。相比外加电流法,牺牲阳极法保护效果显著,安装简易且不会产生过保护现象。

（1）从"水利管线"到"路桥建筑":应用对象的转变

纵观牺牲阳极法应用实践历程,在 20 世纪上、中叶时期均以水利工程、管线工程为主,应用上仍依托于阴极保护技术。1928 年被称为美国"电化学之父"的罗伯特·J·柯恩在新奥尔良的一条长距离输气管道上安装了第一套牺牲阳极保护装置,此举为阴极保护的现代技术奠定了基础,此后阴极保护在美国和一些发达国家开展了应用与研究[28];1961 年克拉玛依—独山子输油管道停产并施加了阴极保护,此后连续运行了 20 多年未出现漏油现象;1960 年以来,我国先后在新疆、大庆、四川、胜利、华北等油气田的地下输油和输气管道工程中,以及在北京、上海、天津、哈尔滨等十几个大中城市新建的输气管线和输水管线等工程中采用了阴极保护技术,取得了较明显的防腐蚀效果[29];1966 年江苏的三河闸、射阳河挡潮闸和安徽裕溪口船闸闸门上进行了现场"涂料与外加电流阴极保护及牺牲阳极"试验并获得成功[30];1971 年混合型金属氧化物阳极首次应用于海水中,埋在海床泥浆中发挥着阴极保护作用[31]。

1973 年阴极保护法首次应用于桥梁防锈中:Strufull 等对美国 50 号公路位于加州斯莱公园的一座钢筋混凝土公路桥进行了外加电流阴极保护。当时牺牲阳极法的研究还较为落后,主要是由于混凝土层很厚且电阻很高时牺牲阳极提供的保护电流不易达到保护要求[5]。1978 年利用牺牲阳极系统进行保护某座混凝土桥的桥面,效果不佳[32]。此后到 1990 年间阴极保护较多应用于桥梁工程,但牺牲阳极法应用较少,主要以研究开发为主[33-34]。

1995 年佛罗里达州皮尔斯堡的桥墩上安装了第一个锌箔/导电黏结剂牺牲阳极保护系统,面积约为 100 m^2,3 年后保护系统仍然运行良好[35]。20 世纪末开始大量采用牺牲阳极法进行桥梁工程的保护。1999 年美国内布拉斯加州奥马哈桥墩、美国北达科他州迈诺特高架桥下部结构、加拿大魁北克省魁北克市桥墩、加拿大安大略省伦弗鲁桥,以及加拿大曼尼托巴省温尼伯市预应力混凝土梁均使用了埋入式牺牲阳极保护系统进行修复保护[35]。与此同时,也出现了少量应用在钢筋混凝土建筑物上的案例,如:1996 年澳大利亚悉尼歌剧院对钢筋腐蚀造成破坏的钢筋混凝土下部结构进行维修,除了在结构物的桥墩和拱腹上安装阴极保护系统,还在重新制作的新的预制构件上安装了阴极保护系统[36]。这标志着牺牲阳极法以阴极保护技术为依托从水利、管线工程上的应用逐步转向桥梁、建筑工程上的应用。该技术逐步发展成熟。

(2)实践与研究并举的发展进程

牺牲阳极法的发展应用进程总体上是基于阴极保护法这一大的发展框架下,作为其中一种方法而不断发展,亦是一个实践与研究并举的进程。

从1890年爱迪生根据法拉第原理提出了强制电流阴极保护的思路,到1902年K·柯恩采用爱迪生的思路,使用外加电流成功地实现了实际的阴极保护;再到1910至1919年间德国人保尔和佛格尔在柏林的材料试验站确定了阴极保护所需要的电流密度;有了诸如此类的试验探索,在20世纪70年代前才有了众多对于牺牲阳极法乃至阴极保护法在水利、管线、海湾工程上的应用实践。牺牲阳极法不仅对电化学领域理论进行完善,同时还带动电学、材料学等相关学科的应用研究的发展。

20世纪下叶,1979年布劳尔发表了使用有限元法进行阴极保护设计的第一篇论文[37];1982年国家建材局苏州水泥制品研究所率先在营口的一条穿越盐田、已经爆裂的预应力混凝土管道上,开展了阴极保护技术的研究[38];同年,美国联邦公路管理局指出:阴极保护是已经被证实的唯一能够制止盐污染桥面板腐蚀的维修技术,无论混凝土中的氯化物含量如何;同时菲尤发表了第一篇关于边界元法在阴极保护设计上应用的文章[39]。可以看出,与应用方面有类似之处,在初始与中期阶段,牺牲阳极法的具体研究还依托于阴极保护法,而未完全转变为独立的研究,真正作为独立技术科学深入研究与应用大体上到了20世纪90年代才不断涌现。

20世纪90年代,一批对于牺牲阳极法的深入研究开始出现,从初期的理论研究,到中期的方法研究,再到后期逐步将研究视角转向材料研究与革新,牺牲阳极技术的发展突破逐步转向对于阳极材料的性能研究。

1992年美国联邦公路管理局成功研发了锌箔/水凝胶牺牲阳极保护系统;1994年美国3M公司研制了具有良好导电性能和黏结性能的水凝胶黏结剂;同年,美国联邦公路管理局资助开展了新型牺牲阳极材料的研究,开发了电弧喷铝-锌-钢合金牺牲阳极保护系统,喷涂层的组成为80%铝、20%锌、0.2%钢[40];英国阿斯顿大学最早开展了埋入式牺牲阳极保护系统的研究并将其进一步发展,英国Fosroc国际有限公司和加拿大马尼托巴湖Vector Onstruction Group共同开发研制了可供市售的Galvashield埋入式牺牲阳极专利产品[41]。近些年印度Karaikudi电化学中心研究所对镁合金阳极保护法进行了3年的长期试验,发现该法在预防钢筋腐蚀方面效果显著[42]。

(3)应用层面的拓宽及在文物保护中的机遇

随着牺牲阳极法、阴极保护技术理论的不断完善、材料领域的研究不断进步,在应用层面上也有所拓宽:随着当下由增量时代逐步迈入存量时代,大量历史建筑、文化遗产等均面临着修缮保护,其中关于钢筋保护尤为突出,从侧面反映牺牲阳极法在类似文物保护中出现了应用与发展的新机遇。

在国内,2016年9月至10月,对地处辽宁省丹东市的"丹东一号"沉舰(致远舰)遗址进行了清理并对该文物采用牺牲阳极法进行保护[43];在国外,1999年,英国莱斯特大桥(Leicester Bridge)在使用牺牲阳极进行保护的同时,完成了对嵌入阳极的首次监控应用,其数据对后续牺牲阳极的监控有着深远的意义[44];由哈利·费尔德霍斯特以新古典主义风格设计的阿克赖特之家作为曼彻斯特建筑遗产之一使用了外加电流阴极保护;该法在砖石复合框架建筑中亦有应用,如:马歇尔菲尔德公司百货商店等[45];美国库斯湾大桥于 2007 年、2013 年分别对其南北引桥、悬臂桁架北部的钢筋混凝土实施了外加电流阴极保护[46]。同时,在相关保护标准中对阴极保护技术有明确规定,有的基于经验[47]、有的基于理论考虑[48]。美国腐蚀工程师协会(NACE)阴极保护标准对处理腐蚀活动所需的电流密度与极化验收标准有明确规定,在应用上体现了较高的保护效果[49]。

综上所述:牺牲阳极法依托阴极保护技术,发展进程中凸显了实践与研究并举的特征,应用对象从水利管线工程和道路桥梁工程发展到建筑工程和文物保护,其应用层面的不断拓宽,为牺牲阳极法在文物保护中创造了新的机遇。目前国外有一些应用案例与技术标准,但国内牺牲阳极应用于文物保护的案例较少,且鲜有对钢筋混凝土文物保护的应用。

7.2.4.2 牺牲阳极法的应用原理与设计方法

（1）牺牲阳极法的应用原理

由电化学保护原理可知,在阴极保护的过程中:给金属补充大量电子需要负电位,以使被保护金属整体处于电子过剩的状态,其表面各点达到同一负电位,金属原子因此不易失去电子而形成离子溶蚀。能够抑制或使金属腐蚀停止的电位值为保护电位;被保护钢筋单位面积上所需的保护电流称为保护电流密度。

牺牲阳极法利用一种比被保护金属电负性更强的金属或合金阳极材料与被保护金属连接,并处于同一电解质中,阳极材料因金属性强而优先被溶蚀,释放出电流以供被保护金属阴极化,随着电流不断流动,阳极材料不断消耗使得被保护金属处于保护状态。

新修混凝土中钢筋电位较高,钢筋表面会形成一层致密的钝化膜保护其免受侵蚀,随着有害物质入侵破坏钝化膜,电位降低,若立即进行砂浆修补,新修砂浆部位电位高于未修补钢筋电位,此后修补周边部位形成"阳极环"而出现腐蚀破坏。采用牺牲阳极后,阳极块电位较低,腐蚀优先发生在牺牲阳极之上,保护混凝土中钢筋不锈蚀。各阶段不同部位电位值及电极属性见表 7.1。增设牺牲阳极前后的不同腐蚀原理见图 7.11、图 7.12 所示。

表 7.1　不同部位电位值及电极属性表

部位	电位/mV	钢筋腐蚀	牺牲阳极腐蚀
新修混凝土	−100～−200	阴极	阴极
受蚀混凝土	−300～−500	阳极	阴极
修补混凝土	−100～−200	阴极	阴极
牺牲阳极区	−1 020～−1 100	—	阳极

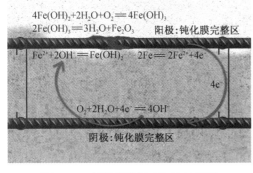

图 7.11　钢筋锈蚀原理(腐蚀后期)

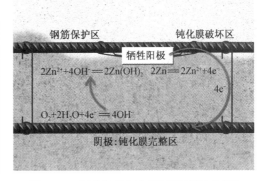

图 7.12　牺牲阳极工作原理(以锌块为例)

（2）钢筋混凝土文物保护中牺牲阳极法的设计方法

① 对钢筋混凝土文物进行详细勘察与分析,明确残损病害类型与钢筋锈蚀情况,如碳化深度,腐蚀电位,化学成分分析等。

② 对于混凝土碳化深度过大、钢筋锈蚀严重的文物,考虑去碳化层、钢筋除锈后采用牺牲阳极控制腐蚀;若结构承载力不足,需要植筋时,可在新钢筋上采用牺牲阳极法防止腐蚀;对于碳化深度较浅但混凝土并未破坏的文物,可采用牺牲阳极法进行预防钢筋锈蚀。

③ 由保护钢筋面积确定阳极用量:具体可依据下述计算过程:

a. 计算被保护钢筋面积 A:

$$A = \pi \times D \times L \tag{7.1}$$

式中:D 为被保护钢筋直径;L 为被保护钢筋长度。

b. 计算阴极保护电流 I:

$$I = A \times C_d \times (1 - E) \tag{7.2}$$

式中:C_d 为保护电流密度;E 为涂层效率(通常被保护的为既有钢筋,一般无涂层)。

c. 根据设计寿命 t、理论电容量 Z 计算阳极用量:

$$W = (8760 \times I \times t)/(Z \times U \times Q) \tag{7.3}$$

式中:W 为阳极质量;U 为电流效率;Q 为阳极使用率。

④ 依据上述计算被保护钢筋面积与保护电流密度,结合现场可达性、环境与所需电流需求等选取合适的牺牲阳极系统。

⑤ 根据计算阳极用量与选取的系统类型,优化阳极排布方式(数量与间距等),并设计试点安装方案避免安装后对文物外部观感造成过大影响。

7.2.4.3　牺牲阳极保护法在钢筋混凝土文物建筑上的工程应用

本小节以作者主持的"不可移动文物"南京长江大桥的双曲拱桥段文物修缮为例,介绍牺牲阳极法在钢筋混凝土文物建筑保护中的工程应用,南京长江大桥双曲拱桥虽然不是民国钢筋混凝土建筑,但由于其建成年代较早,呈现的耐久性问题与民国钢筋混凝土建筑较为相似,因此,该方法同样适用于民国钢筋混凝土建筑的耐久性保护。

（1）工程背景

南京长江大桥建成于1968年,是我国自主设计和建造的第一座长江大桥,具有极高的历史价值、科学价值、艺术价值和社会价值。南京长江大桥在2014年7月入选不可移动文物,2016年9月入选"首批中国20世纪建筑遗产名录",2018年1月入选"第一批中国工业遗产保护名录"。由于长期过载使用,南京长江大桥存在较多的结构病害和安全隐患。2016年,南京市政府决定对大桥公路桥进行大修,将其存在的病害和安全隐患彻底解决。维修从2016年10月起,至2018年12月底竣工,一共持续27个月。

南京长江大桥双曲拱桥作为历史文物的一部分,既要保证修缮后的安全使用,又要依法保护、最大限度地保持其原真性与完整性。结合双曲拱桥的结构特征与病害特点,应用了牺牲阳极法进行耐久性保护,具体步骤如下:

南京长江大桥引桥双曲拱桥位于主线桥端部,内侧同T梁桥相接,外侧连接引道,共计22孔,其中北岸4孔,长137.0 m;南岸18孔,长623.2 m。南岸和北岸引桥双曲拱桥全桥宽20.1 m,车行道宽15.0 m,两侧各有2.55 m宽(含栏杆)的人行道。各孔均为等截面悬链线无铰拱。引桥双曲拱桥主拱圈由16根拱肋、15个拱波组成,拱板为填平式现浇构件,与拱波形成整体;拱肋之间的横向连杆为预制构件,抗震加固时增设大拉杆(每孔1～3根不等）。拱上填料为石灰煤渣土，顶面为沥青混凝土与沥青砂面层。

南京长江大桥回龙桥双曲拱桥始于南岸引桥 T 梁桥和引桥双曲拱桥交会点，同新建匝道桥相连接。回龙桥全桥宽 13.1 m，车行道宽 8.0 m，两侧各有 2.55 m 宽（含栏杆）的人行道。回龙桥双曲拱桥总计 12 孔，桥梁总长 328.2 m。桥梁跨径分 32.7 m 和 22.0 m 两种，上部结构采用有填料的空腹式双曲拱，由 10 根拱肋、9 个拱波组成。拱肋为钢筋混凝土预制构件，群肋总宽 11.96 m。拱波为混凝土预制圆弧拱。顶面浇筑填平式混凝土。拱肋之间的横向连杆为预制构件。拱上填料为石灰煤渣土，顶面为沥青混凝土与沥青砂面层。

（2）加固前结构状态评估

在修缮设计初期，对南京长江大桥引桥双曲拱桥、回龙桥双曲拱桥进行了详细的现状勘察，对各个结构的安全隐患进行了记录与分析（具体见表 7.2 所列的主要残损病害情况），以便为后续保护性修缮设计提供依据。图 7.13～图 7.15 为部分双曲拱桥现状调研照片。

表 7.2　南京长江大桥引桥双曲拱桥、回龙桥双曲拱桥主要病害汇总表

桥梁名称	拱肋混凝土胀裂、剥落、露筋比例	拱肋竖向裂缝/条	拱波纵向裂缝/条	腹拱波横向裂缝/条	腹拱波纵向裂缝/条	腹拱墩裂缝/条
南引桥	中肋：17% 边肋：81%	—	252	66	17	横向 2 条 竖向 34 条 纵向 3 条
北引桥	中肋：29% 边肋：100%	—	—	26	15	竖向 2 条
回龙桥	中肋：9% 边肋：63%	16	65	—	—	横向 1 条

图 7.13　南引桥幕府西路 50 号孔

图 7.14　北引桥浦珠北路 37 号孔

图 7.15　回龙桥跨金川河 H12 号孔

图 7.16　拱肋混凝土剥落露筋

图 7.17 拱肋混凝土渗水露筋   图 7.18 拱波纵向鼓胀开裂

双曲拱桥除桥面普遍存在车辙、坑槽、高低不平等问题外,急需解决的是主拱圈的结构安全问题。主拱圈是结构受力的主要构件,是桥梁是否安全的关键。目前主拱圈存在的主要病害包括混凝土开裂和剥落、钢筋露筋和锈蚀等,主要原因是混凝土强度偏低,保护层偏薄、暴露在自然环境中。混凝土碳化深度部分已超过钢筋表面保护层厚度。由于截面削弱,承载能力和刚度也有所下降。典型病害特征如图 7.16～图 7.18 所示。

勘察过程中对北引桥 38 孔的钢筋腐蚀电位差进行了测量,其中拱肋-1♯、拱肋-4♯、拱肋-15♯(从拱肋下游开始编号)处的钢筋腐蚀电位差分别为-390 mV、-436 mV、-523 mV。一方面说明其高电位已经形成了锈蚀的条件;另一方面为确定牺牲阳极的电位差提供依据。

综合考虑工程实施与保护效果,采用牺牲阳极法进行双曲拱桥文物本体的耐久性保护,以期让钢筋混凝土双曲拱桥延年益寿,控制其钢筋发生锈蚀以及阳极环效应,延长其使用寿命。

(3) 实施机制

南京长江大桥双曲拱桥主拱圈采用高碱性埋置式牺牲阳极法,直接绑扎于原钢筋或修补后的钢筋表面,呈点状或条带状分布。牺牲阳极型号为 FH-XPT 电化学材料(牺牲阳极),锌芯最小质量为 60 g,电线总长度 600 mm,阳极标称尺寸为 125 mm×25 mm×25 mm,预防性防腐间距≤750 mm。具体绑扎与安装流程如图 7.19 所示。

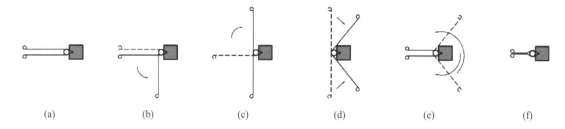

(a)   (b)   (c)   (d)   (e)   (f)

图 7.19 牺牲阳极绑扎与安装流程示意图

图 7.19 中:(a)将牺牲阳极贴于钢筋旁边适当的位置并在各边放置一根电线;(b)向相反的方向弯曲一侧的电线;(c)向相反的方向弯曲另一侧电线;(d)以反方向缠绕电线;(e)按(d)步骤缠绕数次;(f)将两根电线拧为一股,注意勿折断电线。

南京长江大桥双曲拱桥牺牲阳极安装具体施工流程大致如下:① 对出现混凝土开裂、剥落、碳化严重的部分及钢筋露筋、锈蚀的部分进行充分的清理;对碳化深度较大的,凿除碳化部分并对钢筋进行除锈防腐处理;对碳化深度较小的部分采用涂料进行封闭。② 对承载力较低的部分绑扎布置新钢筋。③ 测量牺牲阳极电位差,确定其有效性与完整性。
④ 按计算与布置方案在对应位置处间隔绑扎牺牲阳极,将阳极固定在暴露钢筋的侧面或下
方,尽可能靠近周围混凝土(100 mm 为宜),牺牲阳极绑扎与安装流程按图 7.19 所示步骤操
作。⑤ 采用仪表验证修补区域内阳极和钢筋之间、钢筋和钢筋之间的电连续性,无连续性钢
筋应用扎丝固定在有电连续性的钢筋上,电阻值在 0~1.0 Ω 之间判定为合格。⑥ 浇筑高标
号新混凝土,覆盖厚度至少为 20 mm,其作为修补材料的电阻率应低于 150 000 Ω·cm,在填
充之前,需预先湿润混凝土基底与阳极以获得饱和干燥状态,而后进行修补,达到原有形制
观感。现场绑扎牺牲阳极和绑扎后的牺牲阳极分别如图 7.20 和图 7.21 所示。

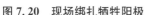

图 7.20　现场绑扎牺牲阳极　　　　　　　图 7.21　绑扎后的牺牲阳极

　　未设置牺牲阳极单纯进行混凝土加厚补强的措施会由于在既有混凝土与新混凝土之
间产生电位差从而造成既有混凝土中的钢筋较快发生锈蚀。而采用牺牲阳极进行保护后,
因为牺牲阳极的电位较高(锌芯可达−1 100 mV),所以会大大减少既有混凝土中的钢筋以
及新钢筋的锈蚀情况出现。

　　南京长江大桥公路桥维修文物保护工程已于 2018 年 12 月 8 日顺利竣工,验收专家组
给出了较好的评价与总结,整体施工过程按照文物修缮的要求开展,符合设计方案的要求。
总体做到了修旧如故的效果。采用牺牲阳极法进行保护的南京长江大桥双曲拱桥能在未
来使用过程中提升其耐久性。

7.3　案例研究

7.3.1　案例 1　绍兴大禹陵禹庙大殿加固修缮设计

　　绍兴大禹陵禹庙大殿位于浙江省绍兴市东南 6 km 的会稽山麓,现为全国重点文物保
护单位。该大殿系民国二十二年(1933 年)重建,为钢筋混凝土仿清初木构建筑形式,建筑
面积 512 m²,主体结构系二重檐歇山顶仿古钢筋混凝土框架结构,外填充墙为青砖砌体。
该建筑气势雄伟,斗拱密集,画栋朱梁,高 20 m,宽 23.9 m,进深 21.45 m,正中央大禹塑像
高 5.85 m,是近代最早的几个钢筋混凝土仿木构形式建筑之一,是近代民族形式建筑的重
要实例,也是研究近代建筑彩绘艺术发展、演变不可多得的实物资料,具有重要的文物价
值。图 7.22 和图 7.23 分别为该建筑的现状及剖面图。

7.3.1.1　检测鉴定

　　该建筑使用至今已超过 80 年,远超出现行国家设计规范的合理使用年限。其间虽经过
多次修缮,但原始设计资料不全,修缮资料也不完整。为了解该建筑的安全现状,提供加固

(a)　　　　　　　　　　　　　　(b)

图 7.22　禹庙大殿现状(修缮前)

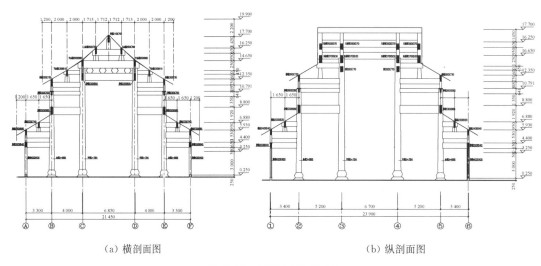

(a) 横剖面图　　　　　　　　　　　(b) 纵剖面图

图 7.23　禹庙大殿剖面图

修缮的技术依据,对其进行了结构安全性鉴定。绍兴地区抗震设防烈度为 6 度,设计基本地震加速度值为 0.10g(第一组),该建筑抗震设防类别为丙类。

(1) 检测内容

由于缺少原始设计资料,因此对该建筑先进行了现场量测,包括结构布置、结构形式、截面尺寸、支承与连接构造、结构材料等。然后,对该建筑主体结构的现状进行一般调查,包括结构上的作用,建筑物内外环境的调查;对各种构件(混凝土梁、板、柱、砖墙)的外观结构缺陷进行逐个检查。混凝土柱外观较完整,无明显损伤现象;混凝土梁和板局部存在开裂露筋的现象。

为了对主体结构进行复核计算,需了解材料强度和构件配筋情况。采用钻孔取芯法测得混凝土梁柱的抗压强度最小值为 12.4 MPa,混凝土板的抗压强度最小值为 10.7 MPa。对混凝土主要构件的保护层厚度和碳化深度的检测结果为:柱的碳化深度为 23～40 mm,保护层厚度为 35～47 mm,虽没有明显锈蚀或开裂现象,但碳化深度已接近保护层厚度。梁的碳化深度为 35～50 mm,保护层厚度为 33～50 mm,碳化深度已接近甚至超过保护层厚度,部分梁纵筋和箍筋出现轻微锈蚀,局部梁已出现开裂露筋的严重现象,如图 7.24 所示,角梁开裂现象严重。板的碳化深度约为 40 mm,保护层厚度约为 30 mm,碳化深度已超过保护层厚度,板筋已开始锈蚀,屋面板底部普遍存在渗水、老化、局部剥落、开裂露筋现象,如图 7.25 所示。

图 7.24 混凝土梁开裂露筋　　　　图 7.25 混凝土板开裂露筋

（2）鉴定内容

该建筑仅包含一个鉴定单元，划分为地基基础、上部承重结构两个子单元，上部承重结构中的主要构件包括混凝土柱、梁、板。综合现场检测和计算分析，得出鉴定结论：该建筑主体结构布局合理，传力路线基本明确；地基基础较稳定，未发现明显沉降裂缝、变形或位移等不均匀沉降迹象；梁和板等混凝土构件由于混凝土碳化深度过大且局部破损较为严重，对内部钢筋已丧失保护作用，同时混凝土强度较低，并存在钢筋锈蚀膨胀、混凝土剥落等现象，加之早期设计时构件构造的不尽合理，其承载能力、抗震性能及耐久性均不满足现行规范要求；外墙没有与混凝土主体结构进行可靠连接，且出现渗水现象，不满足现行规范规定的构造和耐久性的要求。

（3）有限元模拟分析

近代混凝土结构不同于现代混凝土结构，其材料、构造及建筑形式均与现代结构有所不同，一般不能采用常规的结构计算软件（如 PKPM）进行分析，这时需要采用三维有限元计算软件进行计算分析，如 SAP2000，MIDAS 等软件。本书通过对绍兴大禹陵禹庙大殿的详细计算分析，为近代钢筋混凝土结构计算分析提供典型参考。

① 计算参数

采用 SAP2000 有限元软件进行计算分析和结构计算时，结构布置、构件几何尺寸、构件自重等按测绘结果取。屋面活荷载取 $s_0 = 0.70$ kN/m²，屋面恒荷载取 $s_1 = 2.0$ kN/m²（不包括屋面板自重），基本风压取 $w_0 = 0.45$ kN/m²，考虑 6 度抗震设防。

② 有限元分析结果

禹庙大殿为空间杆件结构体系，结构主要由柱、梁、檩条、斗拱、屋面板等构件组成，图 7.26 为禹庙大殿的 SAP2000 有限元计算模型，结构阻尼比取 0.05。模型中包含连接节点单元 259 个，杆件单元 570 个。

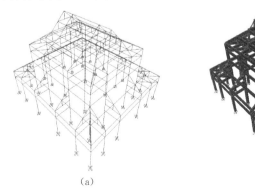

（a）　　　　　　　　　　　（b）

图 7.26 禹庙大殿有限元计算模型

通过对大殿结构的模态分析,得出其前四阶振型,如图 7.27 所示。其前十阶自振频率在 2.764 7～9.017 1 Hz 之间,如表 7.3 所示。

表 7.3　大殿前十阶自振周期和自振频率

振型	自振周期/s	自振频率/Hz	振型	自振周期/s	自振频率/Hz
1	0.361 7	2.764 7	6	0.137 0	7.299 3
2	0.355 0	2.816 9	7	0.125 4	7.974 5
3	0.313 3	3.191 8	8	0.114 4	8.741 3
4	0.176 5	5.665 7	9	0.112 8	8.865 2
5	0.173 8	5.753 7	10	0.110 9	9.017 1

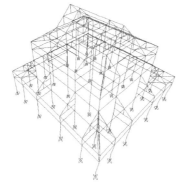

（a）第一阶振型（面阔向平动）

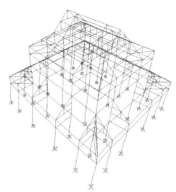

（b）第二阶振型（进深向平动）

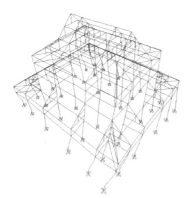

（c）第三阶振型（扭转）

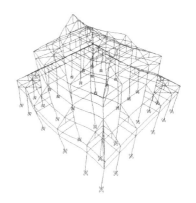

（d）第四阶振型（进深方向对称弯曲振动）

图 7.27　大殿模态振型

从动力分析的结果可以看出,大殿在风荷载或地震荷载作用下,最容易出现的变形依次是面阔向平动、进深向平动或扭转振动,扭转振型出现在第三阶,大殿的整体结构布置符合结构抗震要求。

此外,通过 SAP2000 对大殿结构进行了静力计算,对比构件实际配筋检测结果,大殿构件配筋基本能满足计算要求。大殿中柱、金柱和檐柱轴压均满足规范要求。

最后,综合实际检测鉴定结果以及计算结果进行分析。对于柱构件:虽然承载力和轴压比均满足要求,但耐久性存在问题,考虑到四根中柱的受力最大,而四根角柱在地震时承受双向作用,扭转效应对内力影响较大,受力复杂,故对大殿四根中柱及四根角柱进行加固。对于梁构件:虽然承载力和刚度均满足要求,但耐久性存在较大问题,考虑到梁构件表面基本均有彩画,为最大限度地保护彩画,故对主要受力梁进行加固,对非受力梁基本不做处理,仅对裂缝灌注结构胶。对于板构件:由于板破损严重且板筋构造不当,因此对屋面板进行全面加固。

7.3.1.2　保护设计

（1）保护设计原则

该建筑为全国重点文物保护单位,因此本次加固修缮设计严格按照《中华人民共和国文物保护法》(以下简称《文物保护法》)、《中华人民共和国文物保护法实施条例》(以下简称《文物保护法实施条例》)和《文物保护工程管理办法》的有关规定执行,即不改变建筑原有立面和初始格局,同时在加固修缮设计中确保结构安全。加固修缮设计原则主要有:① 依法保护的原则;② 真实性的原则;③ 完整性的原则;④ 安全与有效的原则。

（2）加固修缮内容

根据加固设计原则和综合分析的结果,对各种加固方案进行比较选择,针对不同构件加固补强的要求,采用适应性的加固方法。

① 混凝土柱加固

大殿四根中柱及四根角柱采用钢丝网聚合物砂浆抹面的方法进行加固。凿除原柱四周 20 mm 后,挂 Φ4@50×50 镀锌钢丝网后采用聚合物砂浆抹面 20 mm。这样既使得柱的面层再碱化,避免碳化进一步发展而导致钢筋锈蚀,又适当地提高了混凝土柱的承载力,而且柱的尺寸也没有改变。图 7.28 和图 7.29 分别为混凝土柱加固做法示意图和现场施工。

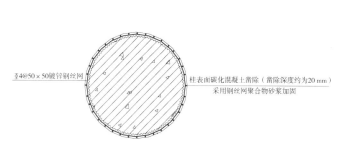

图 7.28　混凝土柱加固做法示意图　　　图 7.29　混凝土柱加固现场施工

② 混凝土梁加固

大殿主要受力梁同样采用钢丝网聚合物砂浆抹面进行加固。对于梁架构件:凿除原梁两侧及顶面 15 mm、底面 10 mm 后,挂 Φ4@50×50 镀锌钢丝网后采用聚合物砂浆抹面 20 mm;对于檩条构件:凿除原梁两侧 15 mm、底面 10 mm 后,挂 Φ4@50×50 镀锌钢丝网后采用聚合物砂浆抹面 20 mm。这样一方面大大提高了受力梁的耐久性,另一方面又适当提高了受力梁的承载力,而且没有改变梁的截面尺寸。图 7.30 和图 7.31 分别为混凝土梁加固做法示意图和现场施工。

③ 混凝土板加固

混凝土屋面板底部采用钢筋网聚合物砂浆抹面进行加固,新增板筋植入两端梁中。板面增设一道刚性防水层和一道柔性防水层。这样不仅可以提高板的承载能力,而且大大提高板的耐久性能。图 7.32 和图 7.33 分别为混凝土板加固做法示意图和现场施工。

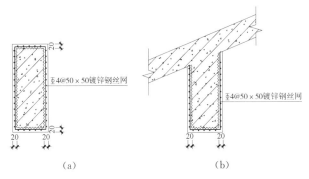

图 7.31　混凝土梁加固现场施工

图 7.30　混凝土梁加固做法示意图

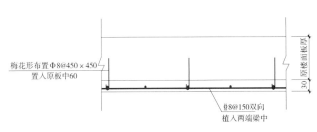

图 7.32　混凝土板加固做法示意图

图 7.33　混凝土板加固现场施工

④ 墙体加固

该建筑外墙采用青砖和石灰砂浆砌筑,外墙内侧为清水墙,而外侧为石灰抹面混水墙。外墙与框架主体构件之间未采取拉结措施,局部墙体出现渗水现象。因此,在本次加固修缮中,外墙外侧采用单面钢丝网聚合物砂浆抹面进行加固,一方面提高外墙的整体性和主体结构的可靠连接,另一方面解决了外墙的渗水现象。图 7.34 和图 7.35 分别为墙体加固做法示意图和现场施工。

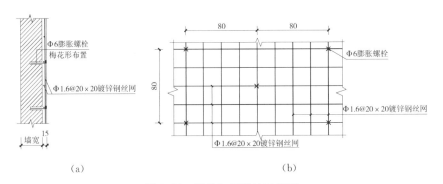

图 7.34　墙体加固做法示意图

图 7.35　墙体加固现场施工

7.3.1.3　结语

绍兴大禹陵禹庙大殿是较为典型的民国仿木构钢筋混凝土建筑,这种类型的民国建筑基本都是具有重要历史文化价值的文物建筑,但大多存在混凝土碳化和内部钢筋锈蚀等严重耐久性问题。因此,迫切需要进行加固修缮。作者希望通过对大禹陵禹庙大殿加固设计的介绍,能够给同行提供类似工程加固设计方法的参考。希望重点注意以下几点:

（1）在加固设计前,应对建筑物进行详细的检测和鉴定,为加固设计提供可靠的依据。

（2）仿木构钢筋混凝土建筑,可采用 SAP2000 进行三维建模计算分析,综合检测鉴定结论及计算分析结果,确定需要进行加固修缮处理的结构构件。

（3）在加固设计中,应充分考虑文物建筑加固修缮的原则要求,选择符合文物保护原则下的技术可行、施工方便和经济合理的适应性加固方法。应在满足结构安全和功能使用要求的同时,尽可能保留和利用原构件,并充分发挥其潜能。

（4）加固设计中应采取有效构造措施保证新老结构之间实现可靠连接,确保共同工作。

（5）在加固方案中尽量使用无机材料,提高加固后结构的耐久性。

7.3.2　案例 2　大华大戏院门厅加固修缮设计

大华大戏院建筑的具体介绍先见 6.4.4 节。该建筑现状及平面图分别见图 7.36、图 7.37。

（a）　　　　　　　　　　　　　　　　　（b）

图 7.36　大华大戏院建筑现状图

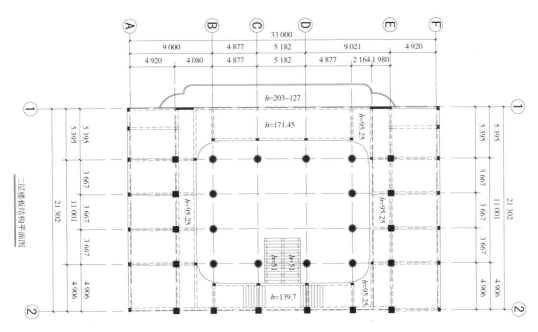

图 7.37　大华大戏院二层结构平面图

7.3.2.1　检测鉴定

大华大戏院门厅使用至今已超过 80 年,远超出现行国家设计规范的合理使用年限,已出现较为严重的老化现象,存在结构安全隐患。为了解该建筑的安全现状,提供加固改造的技术依据,对其进行了结构安全性鉴定。南京地区抗震设防烈度为 7 度,设计基本地震加速度值为 0.10g(第一组),该建筑抗震设防类别为丙类。

(1)检测内容

由于该建筑的原始设计图纸资料不全,因此先进行了现场量测,包括结构布置、结构形式、截面尺寸、支承与连接构造、结构材料等。然后,对该建筑主体结构的现状进行一般调查,包括结构上的作用,建筑物内外环境的调查;对各种构件(混凝土梁、板、柱、砖墙)的外观结构缺陷进行逐个检查。梁、柱承重构件外观虽然较完整,但部分构件内部已开始出现钢筋锈蚀,部分板构件出现明显露筋现象,局部外墙出现渗水现象,如图 7.38 所示。

(a)　　　　　　　　　　　　　　　　　(b)

图 7.38　混凝土构件露筋和外墙渗水

为了对主体结构进行复核计算,需了解材料强度和构件配筋情况。采用钻孔取芯法测得混凝土抗压强度推定值为 14.01 MPa。采用贯入法对外墙砂浆的抗压强度进行了检测,测得砂浆强度等级为 M0.8。对混凝土主要构件的保护层厚度和碳化深度的检测结果为:柱保护层厚度为 20～40 mm,梁保护层厚度为 20～30 mm,板保护层厚度约为 15 mm;混凝土柱平均碳化深度为 63 mm,最大碳化深度为 85 mm;混凝土梁平均碳化深度为 40 mm,最大碳化深度为 52 mm;混凝土板平均碳化深度为 30 mm,最大碳化深度为 46 mm,已超过保护层厚度,导致混凝土构件内的钢筋出现锈蚀现象,如图 7.39 所示。

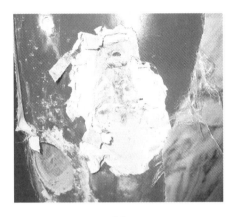

(a)　　　　　　　　　　　　　　　　(b)

图 7.39　混凝土构件内部钢筋锈蚀和碳化深度较大

(2) 鉴定内容

该建筑仅包含一个鉴定单元,划分为地基基础、上部承重结构两个子单元,上部承重结构中的主要构件包括混凝土柱、梁、板。综合现场检测和计算分析,得出鉴定结论:该建筑主体结构布局合理,传力路线基本明确;地基基础较稳定,未发现明显沉降裂缝、变形或位移等不均匀沉降迹象;柱、梁和板等混凝土构件由于混凝土碳化深度过大且局部破损较为严重,同时混凝土强度较低,并存在钢筋锈蚀膨胀、混凝土剥落等现象,加之早期设计时构件构造不尽合理,其部分构件承载能力、整体耐久性均不满足现行规范要求;外墙没有与混凝土主体结构进行可靠连接,且出现渗水现象,不满足现行规范规定的构造和耐久性的要求。该建筑主体结构计算模型见图 7.40。

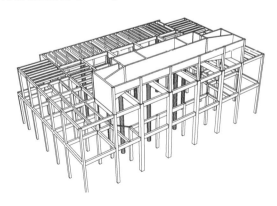

图 7.40　大华大戏院主体结构计算模型

7.3.2.2 加固修缮设计

（1）加固修缮设计原则

该建筑为江苏省重点文物保护单位，因此本次加固修缮设计严格按照《文物保护法》《文物保护法实施条例》和《文物保护工程管理办法》的有关规定执行，即不改变建筑原有立面和初始格局，同时在加固修缮设计中满足业主对该建筑赋予新功能的要求，确保结构安全。加固修缮设计原则主要有：① 依法保护的原则；② 真实性的原则；③ 完整性的原则；④ 安全有效的原则。

（2）加固内容

根据加固设计原则和现场检测鉴定的结果，对各种加固方案进行比较选择，针对不同构件加固补强的要求，采用优化的加固方法以满足建筑物各项功能要求。

① 基础加固

该建筑框架柱基础均为钢筋混凝土独立基础（下设短木桩复合地基），外墙基础为条形基础（下设短木桩复合地基）。考虑到在本次加固修缮过程中，楼、屋面板采用聚合物砂浆面层加固，荷载有一定程度增加，故采用钢筋混凝土加大截面法和增设基础连梁进行基础加固，以提高基础的承载力和整体性。图 7.41 和图 7.42 分别为框架柱基础加固做法示意图和现场施工图。

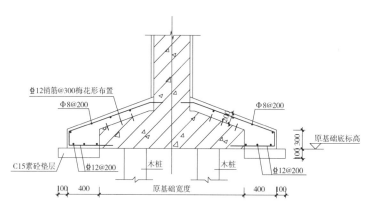

图 7.41　框架柱基础加固做法示意图

图 7.42　框架柱基础加固现场施工

② 混凝土柱加固

加固对于混凝土柱构件，尤其是中庭 12 根圆柱最为重要。由于混凝土强度等级为 C14，且柱构件的碳化深度均已超过保护层厚度，内部钢筋已开始出现不同程度的锈蚀。因此，迫切需要对其进行加固处理。考虑到中庭圆柱在建筑中的比例和尺度非常协调，要求加固不能改变其直径，因此，采用外包钢方法对柱构件进行加固，以提高柱构件的承载能力和耐久性能。图 7.43 和图 7.44 分别为混凝土柱加固做法示意图和现场施工图。

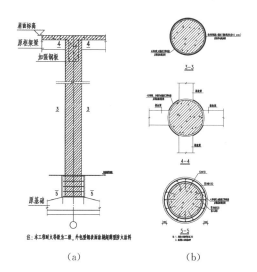

图 7.44　混凝土柱加固现场施工

（a）　　　　　（b）

图 7.43　混凝土柱加固做法示意图

③ 混凝土梁加固

对于混凝土梁构件,同样由于混凝土强度较低,且构件的碳化深度均已超过保护层厚度,内部钢筋已开始出现不同程度的锈蚀,部分梁构件出现明显露筋现象。因此,迫切需要对其进行加固处理,除部分屋面处的密肋梁采用满裹碳纤维布进行加固外,其余梁构件均采用钢筋混凝土增大截面法进行加固。为了最大限度地保存文物建筑本体,仅将构件表面保护层凿除,露出箍筋和纵筋,进行钢筋表面除锈处理后,采用加固型混凝土进行浇筑,这种加固材料具有早强高强、自流态免振捣、微膨胀无收缩、耐久性和耐候性好、低碱耐蚀的优点,能满足较小的浇筑尺寸要求。图 7.45 和图 7.46 分别为混凝土梁加固做法示意图和现场施工图。

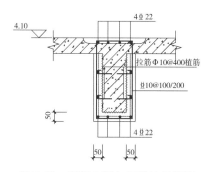

图 7.45　混凝土梁加固做法示意图

图 7.46　混凝土梁加固现场施工

④ 混凝土板加固

对于混凝土板构件,由于板筋锈蚀明显以及布置不尽合理,故对其进行加固。除门厅入口处悬挑雨篷板采用钢筋网聚合物砂浆修复技术在原板顶新增一层 30 mm 厚的叠合板外,其余均采用钢筋网聚合物砂浆修复技术在原楼、屋面板底部新增一层 30 mm 厚的叠合板。加固修复后的结果:一方面恢复或提高了混凝土板的承载能力,另一方面确保了混凝土板的耐久性和防水性。图 7.47 和图 7.48 分别为混凝土板加固做法示意图和现场施工图。

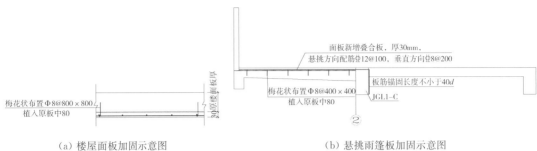

（a）楼屋面板加固示意图　　　　　　　　（b）悬挑雨篷板加固示意图

图 7.47　混凝土板加固做法示意图

（a）　　　　　　　　　　　　　（b）

图 7.48　混凝土板加固现场施工

⑤ 混凝土楼梯加固

该建筑的楼梯为钢筋混凝土梁式楼梯，为了增加楼梯的耐久性，且不影响楼梯的原有风貌，故对其下部进行加固处理，采用钢筋混凝土增大截面法进行加固，采用的加固材料也为加固型混凝土。图 7.49 和图 7.50 分别为混凝土楼梯加固做法示意图和现场施工图。

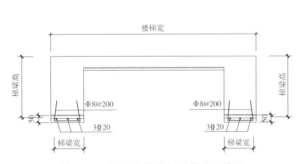

图 7.49　混凝土楼梯加固做法示意图　　　图 7.50　混凝土楼梯加固现场施工

⑥ 墙体加固

该建筑外墙采用烧结黏土青砖和石灰砂浆砌筑，青砖和砂浆风化较为严重。且外墙与框架主体构件之间未采取拉结措施，多片墙体出现渗水现象。因此，在本次加固修缮中，对外墙采用单面钢筋网水泥砂浆抹面进行加固，一方面提高外墙的整体性和主体结构的可靠连接，另一方面解决了外墙的渗水现象。图 7.51 和图 7.52 分别为外墙加固做法示意图和现场施工图。

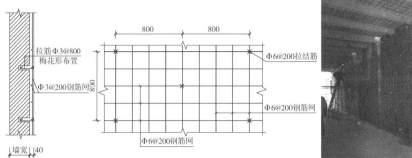

图 7.51　外墙加固做法示意图　　　　图 7.52　外墙加固现场施工

7.3.2.3　结语

南京大华大戏院门厅是较为典型的钢筋混凝土框架结构民国建筑,这种类型的民国建筑大多为文物建筑,留存至今不仅有承载力不足的问题,而且存在混凝土碳化和内部钢筋锈蚀等耐久性问题。因此,迫切需要进行加固修缮,作者希望通过对大华大戏院门厅加固设计的介绍,能够给同行提供类似工程加固设计方法的参考。希望重点注意以下几点:

(1) 在加固设计前,应对建筑物进行详细的检测和鉴定,为加固设计提供可靠的依据。

(2) 在加固设计中,应充分考虑文物建筑加固的原则要求,选择符合文物保护原则下的技术可行、施工方便和经济合理的加固方法。应在满足结构安全和功能使用要求的同时,尽可能保留和利用原构件,并充分发挥其潜能。

(3) 加固设计中应采取有效构造措施保证新老结构之间实现可靠连接,确保共同工作。

(4) 在加固方案中尽量使用无机材料,提高加固后结构的耐久性。

7.3.3　案例 3　交通银行南京分行旧址加固修缮设计

交通银行南京分行旧址于 1933 年由上海缪凯伯工程司主持设计,1935 年 7 月竣工,1937 年抗战期间,日军占领南京,这里成为汪伪中央储备银行所在地,当时在顶部平台的中央增建了两层。该建筑现为工商银行南京市中山支行。1991 年,国家建设部、国家文物局将交通银行南京分行旧址评为近代优秀建筑。2002 年 10 月,江苏省人民政府将其列为江苏省重点文物保护单位。该建筑坐北朝南,长约 35.4 m,宽约 31.5 m,建筑面积约 3 000 m²。主体结构为三层,系钢筋混凝土框架结构,楼屋面为现浇钢筋混凝土。底层和二层层高 4.30 m,三层层高 5.82 m。该建筑中部有矩形的大型采光井,其一、二层挑空,三层处有横梁结构,四层以上现有两坡顶天窗。建筑物西南角和东北角各有一个钢筋混凝土楼梯。交通银行南京分行旧址是南京民国建筑的优秀代表,具有很高的建筑艺术价值,其平面布局、立面比例造型、施工工艺、细部装饰处理使之时刻呈现出雄浑细致的建筑美感,对于当代民国建筑的研究具有重要的研究价值。该建筑现状面及平面图分别见图 7.53、图 7.54。为了更好地利用交通银行南京分行旧址,业主单位决定将其功能转变为工商银行财富中心,同时开辟出一定空间为展览和公共使用空间。

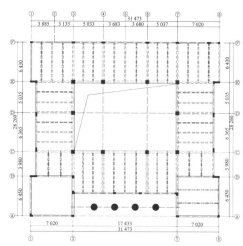

图 7.53　交通银行南京分行旧址现状图　　　　图 7.54　交通银行南京分行旧址底层平面图

7.3.3.1　检测鉴定

该建筑使用至今已超过 80 年,远超出现行国家设计规范的合理使用年限。其间虽经过多次修缮,但原始设计资料不全,修缮资料也不完整。为了解该建筑的安全现状,提供加固改造的技术依据,对其进行了结构安全性鉴定。南京地区抗震设防烈度为 7 度,设计基本地震加速度值为 0.10g(第一组),该建筑抗震设防类别为丙类。

(1) 检测内容

由于该建筑的原始设计图纸资料不全,先进行了现场量测,包括结构布置、结构形式、截面尺寸、支承与连接构造、结构材料等。然后,对该建筑主体结构的现状进行一般调查,包括结构上的作用,建筑物内外环境的调查;对各种构件(混凝土梁、板、柱、砖墙)的外观结构缺陷进行逐个检查。混凝土柱整体外观较完整,但局部有蜂窝、麻面的现象,且局部柱出现露筋的现象,混凝土梁和板局部也存在露筋的现象,如图 7.55 所示。

(a)　　　　　　　　　　　　　　　　　　(b)

图 7.55　混凝土构件露筋

为了对主体结构进行复核计算,需了解材料强度和构件配筋情况。采用钻孔取芯法测得混凝土抗压强度最小值为 8.3 MPa。采用回弹法对外墙砖的抗压强度进行了检测,测得砖强度等级为 MU10。采用贯入法对外墙砂浆的抗压强度进行了检测,测得砂浆强度等级为 M0.7。对混凝土主要构件的保护层厚度和碳化深度的检测结果为:柱保护层厚度为20～50 mm,梁保护层厚度为 20～30 mm,板保护层厚度约为 15 mm;碳化深度约为60 mm,

已超过保护层厚度,导致混凝土构件内的钢筋出现锈蚀现象,如图 7.56 所示。

（a）　　　　　　　　　　　　　　　　（b）

图 7.56　混凝土构件内部钢筋锈蚀

（2）鉴定内容

该建筑仅包含一个鉴定单元,划分为地基基础、上部承重结构两个子单元,上部承重结构中的主要构件包括混凝土柱、梁、板。综合现场检测和计算分析,得出鉴定结论:该建筑主体结构布局合理,传力路线基本明确;地基基础较稳定,未发现明显沉降裂缝、变形或位移等不均匀沉降迹象,但部分柱基础承载力不满足设计要求;柱、梁和板等混凝土构件由于混凝土碳化深度过大且局部破损较为严重,对内部钢筋已丧失保护作用,同时混凝土强度较低,并存在钢筋锈蚀膨胀、混凝土剥落等现象,加之早期设计时构件构造的不尽合理,其承载能力、抗震性能及耐久性均不满足现行规范要求;外墙没有与混凝土主体结构进行可靠连接,且出现渗水现象,不满足现行规范规定的构造和耐久性的要求。该建筑主体结构计算模型见图 7.57。

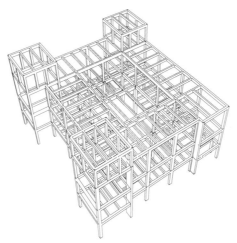

图 7.57　交通银行南京分行旧址主体结构计算模型

7.3.3.2　加固修缮设计

（1）加固修缮设计原则

该建筑为江苏省重点文物保护单位,因此本次加固修缮设计严格按照《文物保护法》《文物保护法实施条例》和《文物保护工程管理办法》的有关规定执行,即不改变建筑原有立面和初始格局,同时在加固修缮设计中满足业主对该建筑赋予新功能的要求,确保结构安全。加固修缮设计原则主要有:① 依法保护的原则;② 真实性的原则;③ 完整性的原则;④ 安全与有效的原则。

(2) 加固内容

根据加固设计原则和现场检测鉴定的结果,对各种加固方案进行比较选择,针对不同构件加固补强的要求,采用优化的加固方法以满足建筑物各项功能要求。

① 基础加固

该建筑框架柱基础均为钢筋混凝土独立基础,内外填充墙基础均为大放脚基础。考虑到本次加固修缮过程中,将该建筑(3)—(7) ～(C)—(E)三楼楼面洞口补起来,因此,对于中间框架柱而言,竖向荷载增加,故采用钢筋混凝土增大截面法进行基础加固,以提高基础的承载能力。对于外围框架柱而言,由于楼面和屋面的使用荷载并未增大,且采用的上部结构加固方法对结构质量增加不大,又考虑到老地基土经过80多年,地基承载力有所提高,因此,地基承载力满足要求,基础基本上不需要加固处理,仅对填充墙大放脚基础进行加固,采用新增钢筋混凝土条形基础的方法,以提高填充墙基础的整体性。图 7.58 和图 7.59 为框架柱独立基础和填充墙大放脚基础加固方法和现场施工图。

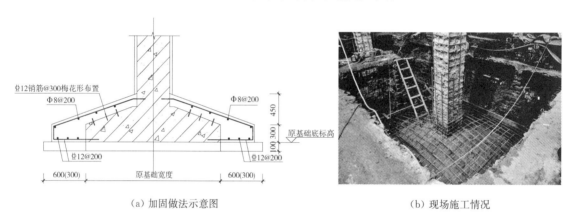

(a) 加固做法示意图　　　　　　　　(b) 现场施工情况

图 7.58　框架柱独立基础加固方法和现场施工图

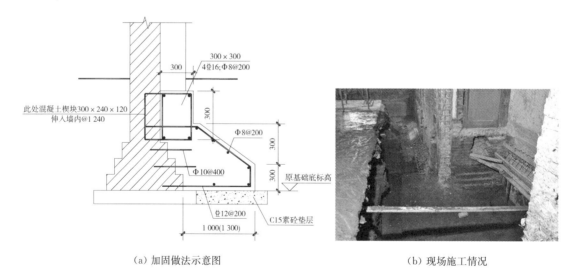

(a) 加固做法示意图　　　　　　　　(b) 现场施工情况

图 7.59　填充墙大放脚基础加固方法和现场施工图

② 混凝土梁、柱加固

对于混凝土梁、柱构件,由于该建筑混凝土强度较低,且梁柱构件的碳化深度均已超过保护层厚度,内部钢筋均已开始出现不同程度的锈蚀。且在梁柱节点核心区未设置水平箍筋,节点核心区抗震性能非常薄弱。因此,迫切需要对其进行加固处理,采用钢筋混凝土增大截面法对梁柱构件进行加固,在梁柱节点核心区增设加密水平箍筋,以提高构件和节点的承载能力和耐久性能。为了最大限度地保存文物建筑本体,仅将梁柱构件表面保护层凿除,露出箍筋和纵筋,进行钢筋表面除锈处理后,采用加固型混凝土进行浇筑,这种加固材料具有早强高强、自流态免振捣、微膨胀无收缩、耐久性和耐候性好、低碱耐蚀的优点,能满足较小的浇筑尺寸要求。图 7.60～图 7.63 分别为混凝土梁和柱加固做法示意图以及现场施工图。

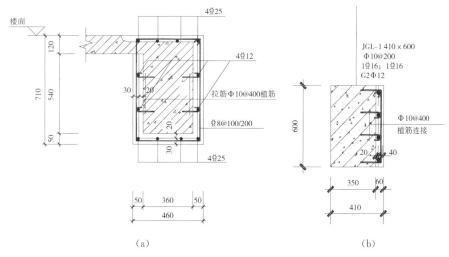

(a)　　　　　　　　　　　　　(b)

图 7.60　混凝土梁加固做法示意图

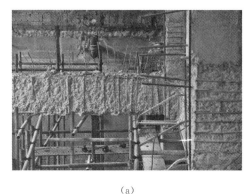

(a)　　　　　　　　　　　　　(b)

图 7.61　混凝土梁加固现场施工情况

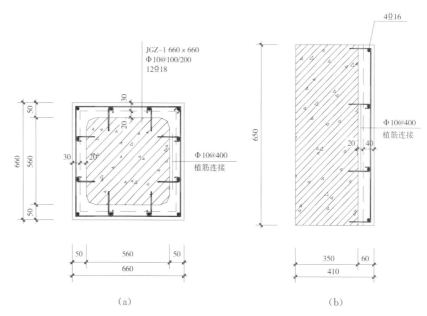

（a）   （b）

图 7.62　混凝土柱加固做法示意图

（a）   （b）

图 7.63　混凝土柱加固现场施工情况

③ 混凝土板加固

对于混凝土板构件,一方面混凝土强度等级仅为 C8,碳化深度基本等同于板的厚度,板筋已开始出现不同程度的锈蚀;另一方面混凝土板筋构造不尽合理,仅为单层双向布置。因此,采用置换法进行混凝土板加固,双层双向配筋,以提高板的承载能力、耐久性能和构造合理性。对原楼板采用静力无损切割的方法进行拆除,确保对相邻结构不产生损坏。在拆除施工时,板与混凝土梁交接处,部分原板筋保留,长度 30 cm,以增加新老结构的连接性。新增板筋采用植筋的方式与四周混凝土梁进行连接。为了确保植筋连接的可靠性,植筋胶必须满足加固规范的 A 级胶标准;必须有化学成分报告,其化学成分应满足加固规范要求;要求植筋胶的完全凝固时间尽量短;满足相应的耐火等级;通过 200 万次疲劳试验检测;通过动荷载测试和抗老化测试,满足不少于 50 年耐久性的要求;通过无毒性检测,达到实际无毒等级。图 7.64 为混凝土板加固现场施工情况。

（a）　　　　　　　　　　　　　　　　（b）

图 7.64　混凝土板现场加固施工情况

④ 混凝土楼梯加固

该建筑的楼梯为钢筋混凝土梁式楼梯，地面为大理石地面，栏杆为铸铁栏杆，均保留了原有的民国风格。但由于混凝土强度较低，内部钢筋锈蚀，严重影响到结构安全。因此，必须对其进行加固，为了不影响到楼梯的原有风貌，对其下部进行加固处理，采用钢筋混凝土增大截面法进行加固，采用的加固材料也为加固型混凝土。图 7.65、图 7.66 分别为混凝土楼梯加固做法和现场施工示意图。

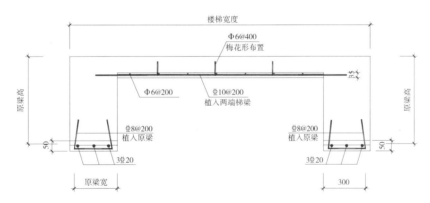

图 7.65　混凝土楼梯加固做法示意图

（a）　　　　　　　　　　　　　　　　（b）

图 7.66　混凝土楼梯加固现场施工情况

⑤ 墙体加固

该建筑外墙采用烧结黏土红砖和石灰砂浆砌筑，砂浆强度较低，强度等级仅为 M0.7，且多处出现碎砖现象。外墙与框架主体构件之间未采取拉结措施,多片墙体出现渗水现象。因此,在本次加固修缮中,对外墙采用单面钢筋网水泥砂浆抹面进行加固,一方面提高外墙的整体性和主体结构的可靠连接,另一方面解决了外墙的渗水现象。为了便于在门窗洞口内侧安装石材门窗套和提高门窗套的安装效果,采用钢筋网水泥砂浆抹面对墙体加固时,在距离门窗洞口 8 cm 处停止,采用钢板条封闭的方法进行洞口加强处理。图 7.67 和图 7.68 分别为墙体加固做法和现场施工示意图。

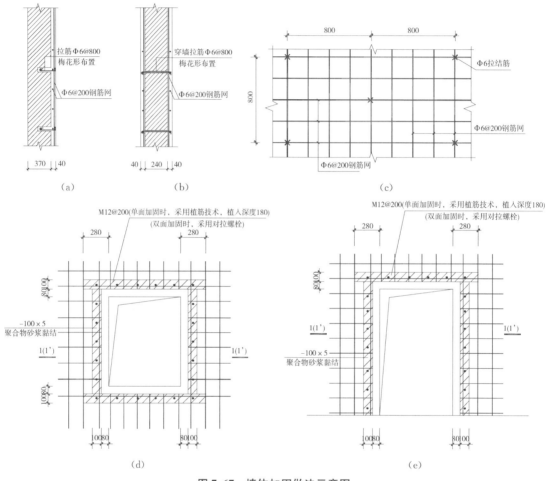

图 7.67 墙体加固做法示意图

图 7.68 墙体加固现场施工情况

7.3.3.3　结语

交通银行南京分行旧址是较为典型的钢筋混凝土结构类型的民国建筑,这种类型的民国建筑目前不仅有承载力不足的问题,而且存在混凝土碳化和内部钢筋锈蚀等耐久性问题。因此,迫切需要进行加固修缮,作者希望通过对交通银行南京分行旧址加固设计的介绍,能够给同行提供类似工程加固设计方法的参考。希望重点注意以下几点:

(1) 在加固设计前,应对建筑物进行详细的检测和鉴定,为加固设计提供可靠的依据。

(2) 在加固设计中,应充分考虑文物建筑加固的原则要求,选择符合文物保护原则下的技术可行、施工方便和经济合理的加固方法。应在满足结构安全和功能使用要求的同时,尽可能保留和利用原构件,并充分发挥其潜能。

(3) 加固设计中应采取有效构造措施保证新老结构之间实现可靠连接,确保共同工作。

(4) 在加固方案中尽量使用无机材料,提高加固后结构的耐久性。

7.4　本章小结

民国钢筋混凝土结构大多为文物建筑或保护性历史建筑,承载着一些历史文化信息,对其加固修缮要在充分保存历史信息的前提下合理进行结构性能和耐久性的提升。本章根据民国钢筋混凝土建筑的典型残损病害特征及程度,基于对这些建筑遗产的历史价值、艺术价值和科学价值的保护考虑,提出了民国钢筋混凝土建筑中的混凝土柱、混凝土梁以及混凝土板构件的适应性加固技术,同时提出了牺牲阳极法在钢筋混凝土历史建筑耐久性保护的应用方案,可为民国钢筋混凝土建筑的加固修缮提供针对性的技术参考。本章节的主要结果如下:

(1) 对于混凝土柱、梁构件,若混凝土碳化深度小于钢筋保护层厚度时,可采用表面涂抹渗透型混凝土耐久性防护涂料;若混凝土碳化深度接近钢筋保护层厚度,钢筋尚未锈蚀时,可采用满裹碳纤维布或外包钢板的方法进行加固;若混凝土碳化深度大于钢筋保护层厚度,且钢筋已开始锈蚀时,可先将表面混凝土碳化层凿除,对已经锈蚀的钢筋进行除锈处理,视情况和结构需要加补钢筋。然后采用聚合物砂浆或灌浆料进行修复。对于混凝土板构件,若损伤程度不大时,可采用钢筋网聚合物砂浆修复技术在原混凝土板底部新增一层30 mm 厚的叠合板进行加固;若损伤程度较大时,可采用置换法更新原混凝土板。

(2) 牺牲阳极法利用一种比被保护金属电负性更强的金属或合金阳极材料与被保护金属连接,并处于同一电解质中,阳极材料因金属性强而优先被溶蚀,释放出电流以供被保护金属阴极化,随着电流不断流动,阳极材料不断消耗使得被保护金属处于保护状态。在民国钢筋混凝土建筑的一些重要构件中埋入阳极材料,可以显著降低钢筋锈蚀的概率,从而大大提升这些建筑遗产的耐久性,牺牲阳极保护法对民国钢筋混凝土建筑的保护具有极强的适应性与可行性。

参考文献

[1] Kleist A,Breit W,Littmann K. Restoration methods preserve history [J]. Concrete International,1998,20:47-50.

[2] Borchardt J K. Reinforced plastics help preserve historic buildings [J]. Reinforced Plastics,2003,47(1):30-32.

［3］ Van Gemert D. Contribution of concrete-polymer composites to sustainable construction and conservation procedures［J］. Restoration of Buildings and Monuments，2012,18(3/4)：143-150.

［4］ Van Gemert D. New materials,concepts and quality control systems for strengthening concrete constructions［J］. Repair & Renovation of Concrete Structures,2005.

［5］ Cizer O,Van Balen K,Van Gemert D. Competition between hydration and carbonation in hydraulic lime and lime-pozzolana mortars ［J］. Advanced Materials Research,2010,133/134：241-246.

［6］ Miszczyk A,Szocinski M,Darowicki K. Restoration and preservation of the reinforced concrete poles of fence at the former Auschwitz concentration and extermination camp ［J］. Case Studies in Construction Materials,2016,4：42-48.

［7］ 范磊. 北京劝业场建筑特征与修缮技术研究［D］.北京：清华大学,2014.

［8］ 张帆. 近代历史建筑保护修复技术与评价研究［D］. 天津：天津大学,2010.

［9］ 天津市保护风貌建筑办公室.天津市历史风貌建筑保护修缮技术规程:DB/T 29—138—2018［S］. 天津：天津市城乡建设委员会,2018.

［10］ 张向东,肖胜利,夏琪,等.武汉大学近现代文物保护建筑修缮加固技术［J］.施工技术,2012,41(21)：82-84.

［11］ 郑鑫. 保护性建筑的抗震加固方法研究［D］. 济南：山东建筑大学,2009.

［12］ 林沄. 历史建筑保护修复技术方法研究:上海历史建筑保护修复实践研究［D］.上海：同济大学，2005.

［13］ 吴大利. 优秀历史建筑检测评定与加固方法的分析研究［D］. 上海：同济大学，2009.

［14］ 上海市住房保障和房屋管理局,上海市房地产科学研究院,上海市历史建筑保护事务中心. 优秀历史建筑保护修缮技术规程:DG/TJ08—108—2014［S］. 上海：同济大学出版社，2014.

［15］ 陈伟军. 岭南近代建筑结构特征与保护利用研究［D］.广州：华南理工大学,2018.

［16］ 程世卓. 基于原真性的近代历史建筑混凝土材料清洗原则及方法［J］. 混凝土,2017(12)：160-163.

［17］ 李行言. 北京20世纪遗产建筑混凝土材质的预防性保护［D］.北京：北京工业大学,2016.

［18］ 潘梦瑶. 南京近代建筑彩画病害分析及保护研究［D］.南京：南京工业大学,2018.

［19］ 童芸芸,郑逸杨,叶良,等. 对近现代钢筋混凝土建筑文物修复材料的试验研究:以浙江省磐安县道德桥为例［J］. 浙江科技学院学报,2020,32(3)：216-221.

［20］ 张誉,蒋利学,张伟平,等. 混凝土结构耐久性概论［M］.上海：上海科学技术出版社,2003.

［21］ 刘玉军. 混凝土保护涂层性能和测试方法的研究［D］. 北京：中国建筑材料科学研究总院,2004.

［22］ 蒋正武. 混凝土结构的表面防护技术［J］. 新型建筑材料,2004,31(2)：12-14.

［23］ 孙顺杰,洪永顺,张琳. 建筑表面用有机硅防水剂的制备及性能研究［J］. 化学建材,2008(3)：32-35.

［24］ 赵铁军. 渗透型涂料表面处理与混凝土耐久性［M］. 北京：科学出版社,2009.

［25］ 鲍旺,韩冬冬,倪坤,等.水泥基渗透结晶型防水涂料作用机理研究进展和分析［J］. 新型建筑材料,2011,38(9)：79-83.

［26］ 唐婵娟,吴笑梅,樊粤明. 水泥基渗透结晶型防水材料的研究［J］. 广东建材,2007,23(11)：48-52.

［27］ 罗桂娥. 水泥基渗透结晶型防水材料在地下防水工程中的应用［J］. 价值工程,2016,35(26)：131-132.

［28］ 徐峰.铝基合金牺牲阳极的制备及性能研究［D］. 南京：南京工业大学,2004.

［29］ 马昌静. 地埋金属管线和储罐的腐蚀及保护［J］.石油库与加油站,2003,12(2)：39-42,5.

［30］ 颜东洲,黄海,李春燕.国内外阴极保护技术的发展和进展［J］.全面腐蚀控制,2010,24(3)：18-21.

［31］ 段淑娥.地下阴极保护用阳极［J］.材料开发与应用,1990,5(5)：31-36.

［32］ 王伟,季明棠. 钢筋混凝土构筑物牺牲阳极保护研究进展［J］.海洋科学,2001,25(5)：18-20+33.

［33］ 葛燕,朱锡昶.钢筋混凝土阴极保护和阴极防护技术的状况与进展［J］.工业建筑,2004,34(5)：18-20,43.

［34］ 茹以群.混凝土结构阴极保护技术综述［J］.建筑结构,2009,39(S2)：168-171.

［35］葛燕,朱锡昶.氯化物环境钢筋混凝土的腐蚀和牺牲阳极保护[J].水利水电科技进展,2005,25(4)：67-70.

［36］Tettamanti M,Rossini A. Cathodic prevention and protection of concrete elements at the sydney opera house[J]. Materials Performance,1997,36(9)：21-25.

［37］葛燕,朱锡昶.海洋环境钢筋混凝土的腐蚀和阴极保护技术[J].中国港湾建设,2004,24(3)：28-30.

［38］黄永昌.电化学保护技术及其应用第二讲阴极保护原理及其应用[J].腐蚀与防护,2000,21(4)：191-193＋183.

［39］庄新国,孟宪级,梁旭巍.阴极保护系统设计方法的发展和现状[J].港口工程,1996,16(6)：50-54.

［40］Daily S F. Galvanic cathodic protection of reinforced and prestressed concrete using a thermally sprayedaluminum coating[J]. Concrete Repair Bulletin,2003,16(4)：12-15.

［41］Page C L,Sergi G. Developments in cathodic protection applied to reinforced concrete[J]. Journal of Materials in Civil Engineering,2000,12(1)：8-15.

［42］黄河.以镁合金为阳极对混凝土中的钢筋进行阴极保护[J].文物保护与考古科学,2009,21(2)：33.

［43］中国新闻网."丹东一号"水下考古创新使用牺牲阳极法保护致远舰[J].遗产与保护研究,2017,2(1)：21.

［44］Liao H,Concrete bridge corrosion protection with embeded galvanic anodes[C]//The 7th International Conference on Bridge Maintenance,Safety and Management (IABMAS),2014：1951-1957.

［45］Kelley S J,Novesky M E. Dowell G. The potential for application of cathodic protection in masonry-clad,steel-frame buildings[J]. Apt Bulletin,2012,43(4)：33-39.

［46］Bottenberg R. Coos bay (McCullough memorial) bridge rehabilitation[C]//Structures Congress 2015,2015：299-308.

［47］British Standards Institution,BS EN 12696 Cathodic protection of steel in concrete[S]. British Standards Institution,London,UK,2000.

［48］Pourbaix M. Applications of electrochemistry in corrosion science and in practice[J]. Corrosion Science,1974,14(1)：25-82.

［49］NACE International. Impressed current cathodic protection of reinforcing steel in atmospherically exposed concrete structures[S]. NACE SP0290—2007,2007.

第八章 结语与展望

8.1 结 语

钢筋混凝土结构材料不同于传统木构建筑和砖砌体结构建筑材料,在合理的使用年限内,钢筋在混凝土包裹的碱性环境下能够很好地与混凝土共同工作,发挥其优越的抗拉性能,确保整体结构安全。但如果使用年数过长,钢筋的混凝土保护层不断被碳化,碳化深度超过保护层厚度,钢筋的碱性环境丧失,钢筋就会开始生锈,一旦钢筋锈蚀膨胀就易导致混凝土保护层剥落,钢筋与混凝土之间的黏结力失效,钢筋混凝土构件就丧失承载能力,在不利工况或荷载作用下极易局部或整体坍塌,对建筑结构和使用人员造成安全威胁。民国钢筋混凝土建筑使用至今都已超过 70 年了,已超出合理的使用年限,均有不同程度的损伤,如混凝土强度较低、碳化深度过大、钢筋锈蚀、混凝土表面开裂或大面积露筋等现象,而这类建筑遗产大多属于文物建筑或历史建筑,承载了一些重要的历史信息和文化价值,迫切需要得到较好的保护。而民国钢筋混凝土建筑在材料性能、构造做法、设计方法等方面明显不同于现代钢筋混凝土建筑,因此,现代钢筋混凝土建筑的结构安全评估方法和加固修缮技术并不完全适用于民国钢筋混凝土建筑,迫切需要开展适用于民国钢筋混凝土建筑的结构安全评估方法和适应性保护技术的研究。本书针对民国钢筋混凝土建筑的材料性能、构造设计、结构设计方法、残损病害特征及剩余寿命预测等方面做了研究和总结,基于上述研究结果,提出了适用于民国钢筋混凝土建筑的结构安全评估方法及适应性保护技术,得出了如下一些结论:

(1)在构造做法方面:民国钢筋混凝土建筑的地面架空做法与现代做法明显不同,由于架空地面多用木地板,因此地垄墙必须开洞通风,而且外墙底部也要开洞,保持架空层的通风干燥,有利于架空木地板的防腐。民国钢筋混凝土建筑的楼面面层做法与现代钢筋混凝土建筑的楼面面层做法总体较为相似,不同之处主要在于分层材料的厚度方面。民国钢筋混凝土建筑墙体外饰面常用的斩假石墙面、水刷石墙面以及拉毛墙面做法,与现代钢筋混凝土外饰面中的斩假石墙面、水刷石墙面以及拉毛墙面做法均有所不同,在材料、厚度、工艺等方面都有一定差异。民国钢筋混凝土建筑的平屋顶排水坡度略小于现代钢筋混凝土建筑的平屋顶排水坡度。民国钢筋混凝土建筑屋面高级防水做法中的防水材料多用牛毛毡,其防水性能、密封性能和耐久性能远不如现代的防水材料。民国钢筋混凝土建筑的女儿墙混凝土压顶厚度小于现代做法要求,且民国时期的女儿墙没有安全高度要求。民国钢筋混凝土建筑的屋面一般不考虑保温隔热的构造做法,很难满足现行规范中建筑保温节能的要求。民国时期规范对于钢筋混凝土建筑中门窗洞口的过梁尺寸规定了最小长度,而现行规范根据过梁类型限制了过梁最大长度和适用的门窗洞口尺寸。民国时期的门窗过梁主要有砖砌平拱过梁、砖砌弧拱过梁、钢筋混凝土过梁、木过梁 4 种形式。民国楼梯梯段栏杆的高度范围为 860~1 070 mm,个别案例小于现行规范要求的最低高度 900 mm,平台栏杆高度范围为 800～1 090 mm,基本都小于现行规范要求的最低高度 1 100 mm。民国钢筋混凝土建筑的楼梯踏步尺寸构造要求和坡度要求基本符合现行规范要求。民国钢筋混凝土建筑中的混凝土楼梯多采用梁式楼梯,而现代钢筋混凝土建筑中的混凝土楼梯多采用板式楼梯或梁式楼梯。

(2) 在材料性能方面:民国方钢的横肋高度能满足现行规范要求,但横肋间距、横肋之间的间隙总和、相对肋面积均不能满足现行规范要求。民国建筑用方钢和圆钢均属于碳素钢材质,且属低碳钢。民国方钢中 C、Si、Mn 含量均能满足我国和欧美现行规范要求,但 P 和 S 含量均高于我国和欧美现行规范要求。民国圆钢中 C、Si、Mn 和 P 含量均能满足我国和欧美现行规范要求,但 S 含量略高于欧洲规范要求。民国建筑用钢筋横截面和纵截面晶粒均大体呈等轴状,属于热轧钢筋类型。民国建筑用钢筋的断口有明显的宏观塑性变形特征,断口的源区、扩展区和最后断裂区呈现不同形态的韧窝花样,因此,断口整体呈现韧性断裂特征。民国时期的钢筋抗拉容许应力为 110.24 MPa,抗压容许应力为 62.01 MPa。根据对实测结果的统计分析,民国时期方钢屈服强度标准值为 229.56 MPa,设计值为 208.69 MPa;圆钢屈服强度标准值为 276.82 MPa,设计值为 251.65 MPa;钢筋强度检测的样本数据总体均符合正态分布。民国时期的水泥主要成分配比与我国现行规范的规定类似,民国钢筋混凝土建筑使用的水泥质量基本符合现行规范中的要求;但是民国时期的行业规范对混凝土中粗细骨料的公称直径划分与我国现行规范的规定有所不同。民国时期的混凝土中水泥:砂子:石子的体积比主要为 1:2:4。根据对实测结果的统计分析,在不考虑碳化的情况下,现存的民国时期混凝土抗压强度标准值为 8.48 MPa,设计值为 6.06 MPa,混凝土强度样本数据总体均符合正态分布。民国钢筋混凝土的黏结性能远不如现代钢筋混凝土,其受力阶段可以分为微滑移段、滑移段、劈裂段、破坏段、下降段和残余段,各阶段滑移量较大。通过有限元分析,验证了在使用本书提出的方钢-混凝土黏结滑移本构关系的有限元分离式模型中,计算得到的有限元梁构件模型的抗弯承载能力与民国文献和现行规范对于民国钢筋混凝土梁正截面抗弯承载能力的计算结果十分接近;而整体式梁构件模型和不考虑黏结滑移作用的分离式梁构件模型,其抗弯承载能力与规范的计算结果偏差较大。

(3) 在结构设计方法方面:民国时期混凝土结构中的梁构件的设计采用了容许应力设计法,该法忽略了材料的塑性性能。在不考虑风荷载和地震水平荷载作用时,对混凝土梁构件来说:在 1.0%～2.0% 纵筋配筋率范围内,按现行规范计算所得的受弯承载力是按民国规范计算所得受弯承载力的 3.6～4.0 倍;在配箍率 0.1%～1.0% 范围内,按现行规范计算所得的受剪承载力是按民国规范计算所得的受剪承载力的 1.6～2.4 倍;在弯起钢筋配筋率 0.5%～1.5% 范围内,按现行规范计算所得的受剪承载力是按民国规范计算所得的受剪承载力的 2.0～2.4 倍。在不考虑风荷载和地震水平荷载作用时,对于普通箍筋轴心受压混凝土柱,高宽比为 12 时,在 0.5%～2.0% 的配筋率内,按现行规范计算所得的抗压承载力是按民国规范计算所得抗压承载力的 1.50～1.70 倍;对于民国时期螺旋箍筋轴心受压混凝土柱,高宽比为 12 时,按现行规范计算所得的抗压承载力是按民国规范计算所得抗压承载力的 1.57～1.78 倍。在不考虑风荷载和地震水平荷载作用时,肋梁式板构件通常采用的 0.40%～0.80% 配筋率范围内,现行规范计算结果是民国规范计算结果的 3.06～3.31 倍,且倍数变化规律为先减小后增大,当纵筋配筋率为 0.65% 时,出现最小倍数约为 3.06 倍,当纵筋配筋率为 0.80% 时,出现最大倍数约为 3.31 倍。对于无梁式板构件而言,在通常采用的 0.40%～0.80% 配筋率范围内,现行规范计算的板构件弯矩内力与民国方法计算结果的比值分别为柱上板带:2.81～3.05;跨中板带端跨:2.72～2.95;跨中板带内跨:2.88～3.12。民国时期的混凝土梁钢筋保护层厚度、梁下部纵筋间距、梁下部受弯钢筋截断位置、箍筋直径基本满足现行混凝土结构设计规范的要求;而梁上部纵筋间距、梁纵筋的搭接长度、梁上部受弯钢筋截断位置、箍筋布置和间距有可能不满足现行混凝土结构设计规范的要求。民国时期的混凝土矩形柱截面尺寸、柱钢筋保护层厚度、柱纵筋间距、柱纵筋配筋率、箍筋直径、箍筋布置和间距基本满足现行混凝土结构设计规范要求;而圆形柱截面尺寸、柱纵筋的搭接长度和搭接位置有可能不满足现行混凝土结构设计规范要求。民国时期的混凝土板厚度、板筋间距、板分布筋布置方式基本满足现行混凝土结构设计规范要求;而板的钢筋保护层厚度有可能不满足现行混凝土结构设计规范要求。

（4）在残损病害及剩余寿命预测方面:民国钢筋混凝土建筑使用至今,均已超过70年,由于年久失修,加之早期施工技术的限制和材料性能的不足,民国钢筋混凝土建筑大多存在混凝土强度偏低、碳化深度较大、钢筋锈蚀、蜂窝麻面、钢筋露筋、屋顶开裂渗水、围护墙体开裂等典型残损病害现象。民国钢筋混凝土建筑的梁、柱构件的碳化深度一般已接近甚至超过保护层厚度,板构件的碳化深度一般均已超过保护层厚度。钢筋发生锈蚀可能的概率依次为:混凝土板＞混凝土梁＞混凝土柱,梁、柱构件中的钢筋发生锈蚀可能的概率依次为:角部钢筋＞中部钢筋。通过对民国方形钢筋混凝土试件进行电化学加速锈蚀试验,对混凝土保护层锈胀开裂时刻的钢筋锈蚀深度的结果进行数据分析,得到针对民国方形钢筋的临界锈蚀深度的计算方法。根据修正后的碳化系数计算出民国方形钢筋开始锈蚀的时间,然后根据民国方形钢筋的临界锈蚀深度计算出钢筋开始锈蚀到保护层锈胀开裂的时间,从而提出了针对使用方形钢筋的民国钢筋混凝土建筑的锈胀开裂寿命预测的计算方法。民国钢筋混凝土建筑的锈胀开裂寿命基本在55～80年,因此,迫切需要尽快开展对民国钢筋混凝土建筑全面的耐久性检测评估,从而制定出科学合理的保护措施。

（5）在结构安全评估方法方面:本书参考现行国家相关规范标准,基于对民国钢筋混凝土结构的材料性能、构造做法、设计方法的研究,提出了较为准确且适用于民国钢筋混凝土建筑的结构安全评估方法,主要包括结构检测和安全鉴定两部分,其中安全鉴定内容主要包括结构可靠性鉴定和抗震性能鉴定。对于民国钢筋混凝土建筑的结构检测,主要包括混凝土强度的检测、裂缝的检测、结构变形的检测、混凝土耐久性的检测、混凝土中钢筋的布置、外围护墙体与混凝土柱之间的拉接情况、外承重墙体砖和砂浆的抗压强度等相关检测项目。对于民国钢筋混凝土建筑的安全鉴定,主要包括现场测绘、结构普查、结构分析、结构安全鉴定等。其中现场测绘的工作主要包括结构布置(轴线、标高)、结构形式、截面尺寸、支承与连接构造、结构材料等。该项工作的成果是得到完整的结构布置图,为下面各项工作提供基础。结构普查的工作主要是对结构上的作用、建筑物内外环境的调查,对各种构件(混凝土梁、板、柱、砖墙)的外观结构缺陷进行逐个检查。此项工作为评定结构构件的安全性等级提供依据。结构分析的工作主要是根据调查、检测得到的技术参数,综合考虑民国钢筋混凝土结构的材料性能、构造做法和设计方法,对建筑的主要结构构件进行承载力计算,为结构安全等级评估提供科学依据。结构安全鉴定的工作主要是根据现场测绘、勘察、检测得到的结构信息,结合计算分析结果,参照国家标准《民用建筑可靠性鉴定标准》(GB 50292)及本书相关研究结果对结构的可靠现状做出评价,并对加固维修方案提出建议。

（6）在适应性保护技术方面:对于民国钢筋混凝土建筑中的柱、梁构件,若混凝土碳化深度小于钢筋保护层厚度时,可采用表面涂抹渗透型混凝土耐久性防护涂料;若混凝土碳化深度接近钢筋保护层厚度,钢筋尚未锈蚀时,可采用满裹碳纤维布或外包钢板的方法进行加固;若混凝土碳化深度大于钢筋保护层厚度,且钢筋已开始锈蚀时,可先将表面混凝土碳化层凿除,对已经锈蚀的钢筋进行除锈处理,视情况和结构需要加补钢筋。然后采用聚合物砂浆或灌浆料进行修复。对于民国钢筋混凝土建筑中的板构件,若损伤程度不大时,可采用钢筋网聚合物砂浆修复技术在原混凝土板底部新增一层 30 mm 厚的叠合板进行加固;若损伤程度较大时,可采用置换法更新原混凝土板。牺牲阳极法利用一种比被保护金属电负性更强的金属或合金阳极材料与被保护金属连接,并处于同一电解质中,阳极材料因金属性强而优先被溶蚀,释放出电流以供被保护金属阴极化,随着电流不断流动,阳极材料不断消耗使得被保护金属处于保护状态。在民国钢筋混凝土建筑的一些重要构件中埋入阳极材料,可以显著降低钢筋锈蚀的概率,从而大大提升这些建筑遗产的耐久性,牺牲阳极保护法对民国钢筋混凝土建筑的保护具有极强的适应性与可行性。

8.2　展望

由于作者认知和水平的有限,本书在研究过程中难免存在诸多不足之处,今后将会进一步修正和完善。民国钢筋混凝土建筑的保护研究尚处于起步的阶段,还有很多问题没有搞清楚,在此,提出一些相关研究内容的展望:

(1)收集民国时期不同截面类型的历史钢筋,进行物理力学性能试验,获取不同类型钢筋的材料性能与本构模型;

(2)进行不同锈蚀程度下的民国方钢-混凝土的黏结滑移性能研究;

(3)增加碳化系数修正的试验数量和钢筋锈胀开裂的试验数量,进一步提升使用方形钢筋的民国钢筋混凝土结构的锈胀开裂寿命预测模型的准确性;

(4)对民国时期方钢的锈胀开裂力学模型进行理论与试验研究,推导出在实验室条件下准确的锈胀开裂时间预测模型;

(5)对民国钢筋混凝土结构构件的内部钢筋锈蚀程度和锈蚀速率的无损或微损检测技术的研究;

(6)开展民国方钢混凝土构件的性能研究,根据民国时期规范、原始图纸等真实历史资料,依照真实的结构构造设计,对民国方钢混凝土构件(梁、柱)进行承载力的试验与理论研究;

(7)依照真实的节点构造做法,开展民国钢筋混凝土结构梁柱节点的拟静力试验等研究,获得较为准确的民国钢筋混凝土结构的抗震性能评估数据;

(8)进一步开展针对低强度且老化的民国钢筋混凝土结构的耐久性防护涂料、外贴纤维布、外包钢等加固修复技术的研究。

后　记

在我国的大中型城市,如北京、上海、武汉、天津、青岛、西安、厦门、广州、济南、南京、杭州等地,均留存有大量的民国钢筋混凝土建筑遗产。这些民国钢筋混凝土建筑遗产大多由于其重要的历史价值、艺术价值和科学价值而被列为全国重点文物保护单位或省市级文物保护单位。民国时期(1912—1949年)的钢筋混凝土建筑在材料性能、设计方法和建构特征等方面明显不同于现代钢筋混凝土建筑,它们是钢筋混凝土技术的开端,它们见证了我国近代建筑技术的发展历程。由于大多数民国钢筋混凝土建筑遗产使用至今已超过70年,这些建筑遗产基本都有不同程度的残损病害,如混凝土强度较低、碳化深度过大、内部钢筋锈蚀、混凝土表面开裂剥落或大面积露筋等现象,这些残损病害已严重威胁到建筑本体的安全以及使用人员的安全。因此,综合考虑"真实性""完整性""安全性",对这些民国钢筋混凝土建筑的建构特征、结构机制及保护技术进行科学研究,为该类建筑遗产的预防性保护和加固修缮提供科学依据,提升该类建筑遗产的安全性和耐久性,确保建筑本体和使用人员的安全,已是当务之急,《民国钢筋混凝土建筑遗产保护技术》在此契机下应运而生。

在此衷心感谢东南大学王建国教授、朱光亚教授、张十庆教授、陈薇教授、邱洪兴教授、曹双寅教授、周琦教授给予的指导和帮助。

感谢书中案例的项目合作者为这些重要的民国钢筋混凝土建筑遗产保护工程的顺利完成所付出的辛苦和贡献。

感谢金辉博士为本书的排版和校对工作所付出的辛苦。

感谢东南大学出版社的大力支持。

感谢家人的无私奉献和支持。

感谢江苏省重点研发课题项目(项目编号:BE2017717)和江苏省文物局科研课题项目(项目编号:2017SK02)等科研项目的资助。

最后需要指出的是,民国钢筋混凝土建筑遗产保护技术是一项复杂的综合性研究工作,而笔者无论在理论还是实践层面均涉足尚浅。因此,书中内容难免有疏漏或不足之处,敬请各位专家、学者、业界同仁和读者们批评指正。

淳　庆

2021年6月